环境保护与生态化工程建设

张桂娟　解晓敏　钟艳霞　主编

吉林科学技术出版社

图书在版编目（CIP）数据

环境保护与生态化工程建设 / 张桂娟，解晓敏，钟
艳霞主编 . -- 长春 : 吉林科学技术出版社，2023.6
ISBN 978-7-5744-0637-7

Ⅰ . ①环… Ⅱ . ①张… ②解… ③钟… Ⅲ . ①环境保
护—教学研究 Ⅳ . ① X

中国国家版本馆 CIP 数据核字 (2023) 第 136514 号

环境保护与生态化工程建设

主　　编　张桂娟　解晓敏　钟艳霞
出 版 人　宛　霞
责任编辑　袁　芳
封面设计　刘梦杏
制　　版　刘梦杏
幅面尺寸　185mm×260mm
开　　本　16
字　　数　305 千字
印　　张　16.75
印　　数　1-1500 册
版　　次　2023年6月第1版
印　　次　2024年2月第1次印刷

出　　版　吉林科学技术出版社
发　　行　吉林科学技术出版社
地　　址　长春市福祉大路5788号
邮　　编　130118
发行部电话/传真　0431-81629529 81629530 81629531
　　　　　　　　　　81629532 81629533 81629534
储运部电话　0431-86059116
编辑部电话　0431-81629518
印　　刷　三河市嵩川印刷有限公司

书　　号　ISBN 978-7-5744-0637-7
定　　价　101.00元

前 言

　　环保工作与人民生活息息相关，是民生工作中至关重要的一环，一定要把提升人民生活质量作为最初的起点，切实做好环境治理工作，创建并优化环境监管系统，促进中国的环保工作上升到全新的高度。全世界经济水平迅速提升，普通民众非常关心的问题是环境方面的恶劣变化，这方面的问题是全球瞩目的。不断加重的环境污染问题威胁着人类的生活，这是人类无法视而不见的。人类监视环境变化与对其采取有关法律方面的限制是现阶段可做的监测环境的主要举措，人类目的在于保护环境，这必须先对环境开展测评，换句话说，环境监测是人类对环境污染治理的一种最有效的方法。假设人类不采取环境监测措施，所开展的有关环境治理的举措便缺少步骤，显得没有顺序，更加清晰地说，假如不事先进行环境监测，接下来的活动可以说是很难开展的。所以，这项任务是环境治理中必不可少的关键步骤。

　　环境监测活动的开展需要科学合理的监测设备和高科技人员的储备，假如不具备这样的高端设施和人才，便无法有序地开展监测活动，致使下达的指令没办法完成，工作没有进展。所以，环境的科学治理不是一蹴而就的，而是需要长期的积累。我国对环境问题的重视程度与日俱增，对于企业的环保监督工作越来越密集，企业付出的环保成本也在迅速增加，这也迫使企业走向绿色节能产业之路，而回避用污染换利润的行业。环保工作是利国利民的，民众需要长期坚持把环保工作做到位。

　　本书对环境保护与生态化工程建设等相关领域的知识进行了仔细的梳理和分析，希望本书可以为从事相关行业的读者提供一些有益的参考和借鉴。

目　录

第一章
环境规划与管理

第一节 环境管理体制与机制分析

一、环境管理概念

本书将环境管理定义为政府依据法律授权开展的日常行动，包括政府机构的基本职责，以及为提高管理绩效所采取的控制行动。本书主要以环境保护行政主管部门为例进行分析。显然，环境问题还涉及其他政府部门，本书对此不再展开讨论。

中国政府环境保护行政主管部门包括中央政府的生态环境部和省、市、县级政府的环保局（厅），根据我国实际状况，本书把各级政府环保部门所辖的事业单位也包括在内。《中华人民共和国环境保护法》是为保护和改善环境，防止污染和其他公害，保障公众健康，推进生态文明建设，促进经济社会可持续发展制定的国家法律，由中华人民共和国第十二届全国人民代表大会常务委员会第八次会议于2014年4月24日修订通过，修订后的《中华人民共和国环境保护法》自2015年1月1日起施行。根据《中华人民共和国环境保护法》，环境保护行政主管部门的基本职责包括：编制环境保护规划，制定国家环境标准和国家污染物排放标准，制定环境监测规范，定期发布环境状况公报，进行环境影响评价、环保执法等。

二、环境管理体制分析

环境管理体制是指环境管理体系的结构与构成方式，即采取何种组织形式，如何把这些组织整合成一种合理的有机体系，以何种手段和方法完成对环境的管理任务。环境管理体制的核心内容是机构的设置，其目标是使各项环境政策有明确的责任主体，包括信息、决策、实施过程、监督检查、评估、问责处罚等环节。直观地说，环境管理体制就是在解决环境问题的全过程中，各种行动都应该由最高效的机构负责实施。

目前，为建立有效的环境管理体制，我们需要论证的主要问题包括：政府部门与企业和公众之间的关系；政府环境管理责权界定；中央政府和地方政府权责划分；环境保护行政主管部门与政府其他职能部门关于环境保护职责划分；环境保护行政主管部门的内部管理模式设计等。

（一）政府部门与企业和公众之间的关系

按照环境经济学的一般理论，环境问题属外部性问题，企业排放的污染物对社会造成了负的外部效应，使公众的权益受到损害。由于公众具有"免费搭便车"的心理，难以有效地同企业沟通并维护自身的权益，因而需要由政府部门代表公众，通过动用公共财政进行环境管理，同企业谈判以制定各项排放标准，并监督企业执行。公众有权对企业的排放行为进行监督，参与政府的决策过程，以及对政府的执法行为加以监督。

政府在处理同企业和公众关系的过程中，应当遵循公平性原则和效率原则。基于污染者付费原则（the polluter pays principle，PPP），该原则最初属于经济学范畴，现作为法律原则发挥效力。污染者付费原则是为被监管实体创设了新的支出形式，亦为政府创造了新的收入来源，且与基于可确定收入的所得税不同。具体来说，政府应当设法将单个工业设施（企业）的污染进行定量，让这些企业为此支付相应的费用。与此同时，该原则反过来又是附加于政府的规范性要求，即要求政府应当客观地进行污染评定，而不是直接参与企业污染数据核查的具体流程。污染者付费原则旨在将污染成本从公众转移到具体的污染企业，通过减少污染物排放量，对市场失灵及社会不公正现象进行纠正。企业需承担环境外部性内部化标准的责任，内部化的程度一般用排放标准（或排放限值）表达，除法规规定的核查检查外，所有污染控制的费用都需要由污染者负担，政府不能用财政资金支付企业的污染防治。效率原则包括成本效益原则和成本有效性原则。

环境质量作为公共物品，公众参与是基本方法也是环境管理的目标。信息公开是公众参与的基础，也符合成本效益原则，即环境信息公开是降低社会信息搜寻成本的有效手段。政府向市场购买公共服务，充分利用市场的效率，也是成本效益原则和公平性原则，因为，政府的垄断也是低效率的。环境信息公开应该包括以下内容。

1.加大信息公开力度

加强互联网政务信息数据服务平台与便民服务平台建设，进一步畅通与群众沟通的渠道，动员全社会参与环境保护事务，积极监督环境领域及企业违法违规行为，提出对改进工作作风的意见和建议。

2.加强信息公开

让所有污染源排放暴露在阳光下，让每个人成为监督者，动员全社会共同治霾。

3.加大信息公开力度

政府实行阳光审批，推进阳光执法，加强互联网政务信息数据服务平台与便民服务平台建设，推动建立全国统一的污染源信息公开平台，做到污染源排放数据实时公开、实时可查。

（二）中央与地方政府的权责划分

我国法律将大部分环境保护责任规定为由地方政府承担，中央政府主要负责制定政策并监督地方执行。

按照环境经济学的基本理论，政府代表公众处理环境事务，其处理边界为环境外部性的作用范围，但在现行管理体制下，具体负责环境法律执行的各城市政府部门是按照行政区域划分的。这样，当环境外部性的作用范围和城市政府的行政管理范围不一致的时候，地方政府部门对于这样的环境问题缺乏严格监管的主动性和积极性，这时必须重新界定中央和地方的责任。

对于跨行政区域的环境外部性问题，需要由更高一级的行政主管部门负责统一管理，协调各地方政府部门参与共同管理，解决不同地方政府之间互相推诿的问题，并且直接参与对特定问题（如酸雨）的管理。

我国成立的生态环境部华东、华南、西北、西南、东北五大区域督察中心被认为是中央直接参与地方管理的最重要的渠道。受生态环境部委托，区域督察中心在所辖区域内监督地方对国家环境政策、法规、标准执行情况。目前五大区域督察中心的执法力量十分有限，如何加强中央派出机构的执法力量，以及设立省级环保部门在城市的派出机构，被认为是今后环境管理体制改革的重点。

（三）环境保护行政主管部门与政府其他职能部门职责划分

环境保护法规定环境保护行政主管部门总管和其他相关部门分管相结合的管理模式，有权行使环境管理权的机构众多。在水环境管理中，环保部门负责制定水环境质量标准和水环境污染物排放标准，并监督点源达标排放，由水利部门、农业部门、海洋部门参与对水力资源和海洋水环境的管理，由建设部门负责污水处理厂的建设和运营管理工作。在大气环境管理中，环保部门制定环境空气质量标准和空气污染物排放标准，由发展和改革委、工业和信息化部等部门开展对各地区行业部门能效碳效进行考核管理，由交通运输部门制定交通发展规划和开展对移动源的管理，由城管部门负责对餐饮行业等城市面源的排放进行控制。此外，对固体废物的管理涉及的部门包括环保部门、城管部门、建设部门、发展和改革委及海关部门，土壤及生态管理涉及的部门包括环保部门、林业部门、国土部门及农业部门，噪声和放射性污染物管理主要由环保部门负责。

由多个部门共同开展对环境事务的管理有其客观规律。一方面，对污染源的管理上，由于水污染物的排放单位包括工业点源、农业和生活非点源，空气污染包括固定源、移动源和面源，而发展改革委、工信部门、农业部门、城管部门、交通运输部门作为特定的管理机构，能够通过自身掌握的信息和行政优势更好地对相应污染源加以监管；另一方面，在环境公共服务的提供方面，建设部门、水利部门等有必要通过技术和资金优势参与对生活垃圾管理系统、污水处理厂、水利基础设施等环境基础设施的建设。

这种多个部门共同管理环境事务也可能造成"多龙治水"的混乱情况，在同一环境要素的管理中，不同部门管理职能交叉重叠、权力和责任的划分不明确的机制，一方面没有一个部门能够对环境质量负责；另一方面也会造成对一些污染源的监管缺位，致使管理低效。为避免"多龙治水"情况的发生，发挥不同部门在环境管理事务中的作用，一些学者提出在我国推行"统一监管，分工负责"管理体制的思路，只有环境保护行政主管部门具有统一监督管理环境保护工作的职能，其他行政主管部门具有防治污染和保护环境的责任和职能，但没有统一监督管理环境保护工作的职能。

（四）环境保护行政主管部门的内部管理模式设计

环保部门的内部管理模式是指对具体环境问题的管理模式，其目的是保证高效的管理。当前，一般是按行政程序划分的部门式管理模式，而非按环境要素进行分工。例如，环保部门普遍是按照新污染源的环评，已有污染源的污染控制、总量控制，科技研究等进行管理，每个部门负责所有环境要素的管理。实际上，环境要素内部的联系更加密切，例如，空气污染控制，包括人群健康保护，空气质量监测管理，固定源、移动源和面源的排放控制管理等，各个环节无论在科学、技术和管理等方面联系都非常密切。站在管理的角度，各要素之间的联系实际上并不多。例如，空气污染与水污染的关联很少，并且在科学、技术、管理等方面差别很大，因此，按照要素管理，可能效率更高一些。即使存在一些相互关联，也可以协调解决。

三、环境管理机制分析

环境管理通过立法程序，界定了包括政府、企业和公众在内的各个干系人（也称为"利益相关者""相关方"等）在环境管理中的责任和权利。为确保环境管理各项法律规定各干系人的责任能够落实、权利能够得到维护，我们需要有相应的管理机制保障环境管理各项制度的实施。

科斯定理，是指在交易费用为零或接近零的情况下，只要产权是明确的，不管如何进行初始配置，市场经过一段时间的均衡过程后，都会实现资源配置的帕累托最优。按照科斯的基本理论，环境问题本质上是交易成本过高导致的产权问题。当企业向环境排放污染物的时候，这样就对社会造成了负的外部效应，使公众的健康和福祉受到损害，全社会的福祉水平降低。在这种情况下，如果市场不存在交易成本，公众将同企业进行谈判，通过向企业提供资金要求其减少排放，或者要求企业为其排放行为对公众进行补偿，这样，市场在公众和企业的反复谈判中可以达到均衡状态。在均衡状态下，使污染物的排放权得到了有效配置，市场效率达到最优。

然而，市场并非光滑无摩擦，一些因素将干扰市场有效状态的达成。在公众和企业谈判过程中，公众普遍存在"免费搭便车"的心理。公众和企业的谈判是一个反复讨价还价的过程，涉及交易成本，包括信息收集的成本、价格发现的成本、合同签订的成本等。当公众和企业关于减排达成一致意见的时候，由于信息不对称和道德风险的存在，企业存在偷排漏排的可能性，需要专门的人员监督企业落实其减排责任，涉及的交易成本为监督成本和机会主义成本。

由于交易成本的存在，使得产权难以得到界定和保障，由此产生了环境问题。在环境政策制定和执行的过程中，政府需要承担管理者的责任，组织并推动政策的制定，保障制度有效执行。下面，本书对决策机制、信息机制、资金机制、监督核查机制、问责和处罚机制五个方面做简单的说明。

（一）决策机制

环境政策的制定过程，是确定各干系人责任和权利的过程，要求企业承担减排责任，以保障公众的环境权益，政府作为整个决策活动的发起者和组织者。

在决策活动开始之前，政府将通过各种渠道收集环境质量、污染物排放、公众环境满意度等相关信息，并在向各方专家咨询的基础上，草拟政策文稿并发起整个决策活动。

在进行决策时，政府需要按照规定的决策程序，邀请企业代表和公众代表出席，在向各干系人详细阐明政策内容并回答各方提问后，由各方对政策文稿进行表决。

决策活动行程的决议将由政府部门妥善记录，形成最终的政策文件，并向社会公示，如在一定的期限内无异议，由主管部门审批后颁布。

作为整个决策活动的发起者和组织者，政府部门需要承担决策过程中涉及的一切费用，包括决策活动开始前信息收集的费用、决策过程中的组织召开会议的各类费用、决策形成后向社会公示并撰写政策文件的费用。此外，政府部门需要在法律的授权下，严格按照决策程序进行各项表决工作，维护决策过程中的公平民主。

（二）信息机制

信息机制的内容包括信息的采集、处理、存储、公开等，目的是促进市场信息的完全，降低由于信息不完全导致的交易成本过高问题。政府应当在以下环节加强对信息机制的建设。

（1）在环境管理制度制定的过程中，各干系人的利益诉求应当有渠道进入决策程序，最终形成的决议应当是各干系人讨论的结果。为此，政府在制定环境管理的各项制度之前，需要充分收集关于环境质量、污染物排放和公众环境满意度的相关数据，在决策过程中构建可供多个干系人表达各自利益诉求的信息平台，并在决议形成之后向社会公示政策文稿，接受公众对决议的反馈并及时做出答复。

（2）在环境管理制度执行的过程中，企业为证明其达标排放，需要安装监测设备并开展监测活动，向环境保护主管部门提供及时、准确和真实的污染物排放数据，并将这些数据妥善存储以供将来调用。政府有责任对环境质量进行监测，调查公众对环境的满意度，定期发布环境质量报告。公众有权通过一定的渠道向政府申请获得相关数据。

（三）资金机制

资金机制的内容包括对资金的获得、使用和管理，其中心内容是要回答一个问题：由谁承担环境保护的费用。

（1）企业需要达标排放，这一成本应当由企业承担或由受影响的人群承担，这与产权的分配有关，如果环境产权被分配给企业，受影响人群需要向企业支付费用使之减少排放，而如果环境产权被分配给受影响人群，则企业需要为其排放行为提供补偿。在美国经济学家科斯看来，如果交易成本为零，不论这一成本由谁承担在经济效益上是无差异的。但从公平性的角度看，企业作为污染物的排放者，其排放行为被认为是一种特权而不是与生俱来的权利，企业应当为其排放行为承担全部责任。污染者付费原则就是这样的共识，也成为世界贸易组织成员需要遵守的原则。

（2）政府为建立和执行环境管理的各项制度需要支出。一般包括：信息采集的成本，包括采集环境质量、污染物排放、公众环境满意度等方面的信息成本；信息沟通和发布的成本；制度建立的成本，包括决策平台建立的成本、发起并组织开展决策的成本；对污染源例行核查的成本；污水处理厂和垃圾处理厂等环境基础设施的建设等。值得提出的是，政府支出是财政支出，应当符合政府财政支出的原则。对于企业污染治理、污染排放监测及例行核查之外的环境管理支出，都应执行污染者付费原则，由企业支出，而不应当由政府财政支付。

（3）在我国现行环境管理体制下，我国城市政府的环境保护主管部门是环境管理事务的主要承担者，其资金主要来源于地方公共财政。然而，对于跨行政区域的环境外部性问题，更高一级政府需要协调不同地方政府部门之间存在的矛盾，包括动用省一级或中央一级的公共财政开展环境管理工作。

（四）监督核查机制

监督核查机制的内容包括政府和公众对企业排放行为的监督，以及公众对政府的监督。该机制是保障环境管理各项政策有效实施，防止机会主义行为滋生的重要机制。

政府对企业的排污行为进行监督，是政府作为公众代理人必须尽到的责任。对于新建项目，政府通过审批项目的环评报告书，对企业的环境治理能力进行评估，对于不能达到环评要求的企业将不允许项目建设，在项目建设过程中和项目完工投产以后，政府需要按规定对项目进行验收。对于现有污染源，政府将对企业的污染物排放行为进行监督性检查，包括检查企业污染监测设备的运行情况，以及定期或不定期地抽查企业排放数据，判断企业提供数据的准确性。对于提供非真实信息的企业，以及未达标排放的企业，给予相应的处罚。

公众对企业的排放行为进行监督，是公众的基本权利，政府应当保障公众的这一权利，及时向公众发布环境质量和污染物排放数据，让公众了解污染源的排放情况。同时，当公众对于污染源提供的排放数据存在质疑，或者在公众发现污染源存在偷排漏排的情况下，政府应当接受公众的举报并及时做出反馈。

公众对政府的监督是公众的基本权利。政府作为公众的代理人，受公众委托处理环境事务，为公众提供最优质服务是政府的本职工作。在这种委托——代理关系下，由于潜在的信息不完全和政府寻租可能性的存在，公众应当被赋予监督政府的基本权利。为此，政府应当确保其行政执法过程的公开透明，及时了解公众对政府行政执法过程的满意情况，并根据公众的意见及时开展调查，严格政府内部的行政监督和行政问责。

（五）问责和处罚机制

问责和处罚机制是环境管理与环境政策执行的保障机制，而责任追究则主要是指上级政府对下属的问责。问责是确保环境政策有效执行的关键措施，问责机制分析的关键是明确责任主体、责任内容和责任标准。问责机制是与干系人的责任机制密切联系的，应当根据不同环境问题的外部性特征和相关法律法规的规定，界定各干系人的职责范围，并设定具体的责任标准和问责程序，如中央政府和地方政府在环境管理和政策的实施过程中具有不同的权利和责任，问责机制的制定和实施应遵循权责一致的基本原则，具有针对性、适当性和激励性。问责机制的分析标准包括是否有确切的问责主体、问责内容、问责程序、责任标准，问责的执行能力是否匹配，是否有好的问责效果等。

处罚是指政府依法对违法者的处罚。处罚目的包括三个方面：1.罚没排污者的违法收益及对于违法行为予以惩戒；2.震慑潜在的违法者，使其自我监测和约束，避免其违法或在特殊情形下采取相对较轻的违法行为；3.敦促正在违法的排污者尽快纠正违法行为。从成本有效性的角度考虑，处罚机制实施的主要目的应是抑制潜在违法者的违法动机而不是处罚，这涉及违法证据的不可辩驳、处罚标准的威慑性和处罚程序的严密性，使潜在违法者没有漏洞可钻，从而放弃违法。因此违法行为发生率的降低应是评价处罚机制是否有效的最终依据，而不是最终处罚率的提高。处罚机制同时还要满足适度性、灵活性、公平性和可执行性等要求。

第二节　环境管理规划基本内容

一、环境规划概念

规划是从理念到行动、从理论到实践的政策载体与桥梁，将理念"转译"成行为规范，引导、约束各类主体的社会经济活动。

环境规划是为实现经济社会发展与环境保护相协调的目标，约束人们生产生活行为，是对人类活动进行时间与空间上的合理安排。它以生态理论为指导，尽力去调查掌握城市生态系统的特征，抓住主要问题，运用已掌握的规律借助现代预测、决策技术，研究制定城市环境规划。水环境规划是在把水资源视为人类赖以生存和发展的环境条件的前提下，在水环境系统分析的基础上，合理地确定水体功能，进而对水的开采、供给、使用、处理、排放等各个环节做出统筹安排和决策。水环境规划包括两个有机组成部分：水质控制规划；水资源利用规划。前者以实现水体功能要求为目标，是水环境规划的基础；后者强调水资源的合理利用和水环境保护，以满足国民经济和社会发展的需要为宗旨。

二、环境规划分类及基本内容

（一）环境规划分类

环境规划按照行政层级分为国家、省（自治区、直辖市）、市、县级规划四个层级。本书根据环境规划包含环境要素的复杂程度，区分为综合性环境规划和要素环境规划。通过这种分类方法梳理环境规划的基本内容，可以对我国环境规划的体系有基本的认识。

（二）综合性环境规划

综合性环境规划从整体的高度对环境各要素进行总体规划。综合性规划的编制，涉及众多干系人的利益，常常跨越多个部门，需要在共同参与的基础上开展决策。生态、水利、空气、能源等不同部门决策信息的汇聚，给规划设计者提出了较大的挑战，规划设计者需要在对生态环境结构和功能有深入理解的基础上，协调不同环境要素的规划目标，使之服务于规划的总体目标。决策人数众多，信息数据繁多，这突出强调要将规划建设成一个强大的信息平台和决策平台。综合性环境规划要求从整体上筹划管理体制机制的建设，发挥人民政府的组织力量，将各政府职能部门的积极性充分调动起来，实现信息在所有部门之间的充分交流，以及从总体上筹划资金的来源并做出统一安排。

国家层面上的综合环境规划包括国家环境保护五年计划，以及这一计划的有机组成，如全国主要污染物排放总量控制计划、环境保护重点工程规划。省一级综合环境规划为省环境保护五年计划。市县一级综合环境规划为市环境保护五年计划、国家环境保护模范城市规划、生态城市规划等。

（三）要素环境规划

要素环境规划针对专门的环境要素开展专项规划。要素环境规划与综合性环境规划几乎同时编制，要素环境规划作为综合性环境规划的有机组成部分，接受综合性环境规划的指导。要素环境规划仍然是一项综合性很强的规划工作，任何单一环境要素的管理都涉及国民经济和社会发展的很多部门，同样需要发挥人民政府的组织力量，从总体上对环境要素进行系统规划。

国家层面上的要素环境规划包括：重点流域、海域水污染防治规划、酸雨控制规划、危险废物和医疗废物处置设施建设规划、节能中长期专项规划、可再生能源中长期发展规划。

省、市一级的要素环境规划需要与国家层面的规划相协调，采取自上而下的组织方式，地方参照生态环境部牵头制订的国家环境规划编制本地区的规划，在规划指标和任务环境上与其衔接。

三、环境规划的基本特征

根据Edward (爱德华) 提出的"存在的三元辩证"概念，无论规划要实现的环境目标，还是规划要着力解决的环境问题，都具有时间性、空间性和复杂性的特征。

所谓时间性，主要指我国当前面临资源环境与生态问题的时代特征或特定阶段性，环境问题的自然规律或周期性，环境政策的行政周期、企业环境行为的商业周期等。

所谓空间性，是指依据环境问题的影响范围或环境问题的普遍性程度，分为地方性、区域性、全国性甚至全球性环境问题或环境影响，以及环境要素的流动性和环境外部性及因此导致的环境治理的事权或职责范围，与环境影响范围或环境质量改善范围的不匹配等空间特征。

所谓复杂性，是指环境规划应着重协调人与自然的关系、发展与保护的关系、资源环境生态的关系，这些关系都是极其复杂且不确定的。当然，这些关系也须在时间、空间上进行充分协调与合理安排。

新时代，环境规划应基于生态文明要求，在时间上协调眼前利益与长远利益之间的关系，平衡好当代人发展实效与后代人发展机会之间的关系。在空间上，做好不同环境功能区的划定及其关系协调，以及环境功能区划等与主体功能区划、四区五线等其他相关空间管制的协调，实现国土空间格局优化。

在复杂性上，一方面，环境规划须关注环境问题的社会影响（社会稳定风险、邻避冲突）、公众对环境问题的认知与感受；另一方面，必须协调好环境规划与其他相关领域规划，尤其是经济社会发展类规划之间的关系。

在强调生态优先、绿色发展的今天，"为了环境"而制定的环境规划，相关部门应作为社会经济发展类规划的基础性规划而非专项规划，环境规划所确定的目标、原则与要求应为社会经济发展类规划提供编制与决策的依据。

四、环境规划的性质

（一）环境规划的公共政策属性

环境规划表达了不同利益主体之间的经济关系，环境规划是社会再分配的重要手段之一。规划"图纸"上每一根"线条"的背后都代表相应的经济利益。环境规划确定了政府投资开发及保护的重点，决定了公共投资的走向，而公共投资是带动区域经济发展的重要动力之一，同时不同的投资走向也反映了公共资金的社会再分配。如何使这些投资与再分配更有效率和公平性，是各种规划都应该研究的问题。

环境规划要有较高的行政管理效率。一般来说，环境规划涉及其他政府部门的工作，是一个决策平台，在规划制定过程中，通过协商和交流，协调政府相关部门的行动。按照这样的属性，环境规划可以保障较高的行政效率。

环境规划需要首先体现环境公平性原则。环境公平性有两层含义：1.所有人都应有享受清洁环境而不遭受不利环境损害的权利；2.环境破坏的责任与环境保护的义务相对应。因此，环境规划要保证弱势群体的环境利益，规定污染者和受益者的义务、责任。环境规划要求各级政府牵头组织编制所辖地域的环境规划。《中华人民共和国环境保护法》第十三条规定了环境保护规划要根据国民经济和社会发展规划编制，也明确了编制环境保护规划是环境保护主管部门的任务，由同级人民政府批准并公布实施。

（二）环境规划的经济效率属性

经济学中将经济效率定义为这样一种状况，即所进行的任何改变都不会给任何人带来损失而能增加一些人的福祉。因此，环境规划的经济效率就是总体上环境规划给人们（所有利益相关者）带来更好的环境质量所产生的福祉大于改善环境的成本。

具体的分析工具包括成本效益分析工具和成本有效性分析工具。用成本效益分析工具可以在边际上比较环境规划各行动方案给干系人带来的福祉水平的提高。基于成本有效性原则，可以判断在既定环境规划目标下，什么样的行动方案的管理成本可以更低。在环境规划中，规划目标的制定及最优行动方案的选择，需要利用这两项工具，体现环境规划的经济效率属性。

（三）环境规划的信息平台属性

在环境规划的编制过程中，环境规划关于环境目标的制定及行动方案的选择，需要获得规划区域范围内过去一段时间的经济发展、环境质量、污染源排放情况、公众环境需求、政府管理能力等基本信息。环境规划为决策的制定提供了一个信息平台，通过这一平台，环境规划设计者将各方面的信息汇集起来做进一步分析，按照环境规划制定的原则，撰写环境规划文本。环境规划的所有利益相关者，包括公众、企业和政府机构，通过环境规划这一平台，对环境规划的文本进行讨论，充分交流各方信息，协调各方利益。

在环境规划的执行过程中，为确保污染源能够按照环境规划的要求达标排放，需要由政府加强对污染源的监管，要求及时、准确和真实地提供污染物排放数据，政府对污染源的排放情况进行监督性核查。此外，公众的环境满意度将作为评价环境规划目标是否有效达成的重要依据。环境规划需要建设成较为完善的信息平台，用以评价规划目标的达成效果和效益的实现情况，其形式可以是中期评估和后期评估，评估结果将对所有利益相关者进行公示，他们的意见将通过信息平台反馈，作为完善规划目标和行动方案的依据。

五、环境规划的目标

（一）构建和运行信息平台

环境规划的编制过程是一个环境保护信息汇集、处理、评估、分析、应用和公开的过程。

环境规划的信息一般包括生态状况、人群健康、环境质量方面的信息，污染物排放方面的信息，工程项目和管理行动方面的信息。环境方面的信息一般都有时间、空间的属性，也就是污染物质的排放、环境影响都要体现时间和空间的属性，否则意义不大。除此之外，对于环境规划而言，还要有干系人的属性，即污染物的排放、环境影响要说明涉及的排污者、受影响者及执法者等，只有同时说明污染物质、时间、空间和干系人才有决策意义。

环境规划的信息还包括社会经济多方面的信息。在对一个地区进行环境规划时，需要了解这个地区的人口、就业、经济增长率、城市化水平、产业结构、地理特征等方面的信息，有针对性地开展环境规划。不仅如此，环境规划需要同地区其他方面的规划协调，环境规划的子规划之间也需要协调，因此，规划设计者需要掌握来自林业部门、农业部门、水利部门、建设部门等国民经济各部门制定的规划信息，环境规划的信息平台可以帮助提供所有这些方面的信息。

环境规划还有信息综合和整合的任务，一般按照污染物质的产生、环境状况、管理行动进行综合和整合，以便决策使用。

信息平台建设的目标是经济有效地满足规划编制所需的信息汇集、处理、评估、分析和应用。

（二）提供决策平台

环境规划是一个制定目标、分配责任、确定行动方案的过程，从本质上讲，是一个利益分配的过程。遵循民主决策的理念，要求环境规划应当在所有干系人共同决策的基础上展开。

政府听取公众和企业的意见，在协调各方利益的基础上，推动环境规划的制定。政府各职能部门之间应当在相互协调的基础上参与决策，环境规划不仅涉及环保部门的责任，也涉及林业部门、水利部门、农业部门等与环境规划密切相关的政府部门的责任，还涉及建设部门、工业与信息化部门等政府部门的责任。借助环境规划的平台，在政府部门协调下共同决策，有助于在部门间创造一种协调合作的氛围，推动环境规划的执行。

对于跨区域、跨流域的环境外部性问题，地方政府代表自身利益参与决策，相互之间可能产生矛盾。这需要借助环境规划平台，将跨区域、跨流域的各地方政府部门召集在一起，由上一级政府统一协调，通过生态补偿或动用中央财政，化解可能存在的矛盾。

企业应当享有参与决策的基本权利。环境规划一旦形成，将构成对企业的刚性约束，要求企业履行环境规划所规定的责任。所以，在环境规划制定的开始阶段，应当让企业参与决策，说明自身在履行环境义务时所面临的困难，合理地表达自身的利益诉求。通过与企业共同决策做出的责任安排，更容易为企业所接受，企业更愿意以合作的姿态参与环境规划的实施，保障环境规划的有效执行。环境规划为企业参与决策提供了一个平台。

公众是环境权益的最终享有者，公众将决策的权利委托给政府，由政府代理公众进行决策。在这种委托（代理）关系中，由于存在信息不对称及利益集团的干扰，政府并不能真实而完全地代表公众进行决策，由此损害了公众作为委托人的部分权益。公众应当有权利直接参与决策程序，提出自身的利益诉求，纠正可能存在的政府决策失误。政府对于公众提出的意见必须严肃对待，作为进行决策的重要依据。政府需要帮助公众参与决策，环境规划可以作为公众参与决策的平台。

环境规划为干系人提供了一个相互沟通、协调的平台，干系人借助这一平台表达自身的利益诉求，在充分讨论的基础上，确定环境规划的目标并分配权利和责任，得到各干系人的广泛接受。

（三）绘制有权威的蓝图

环境规划应当绘制一个有权威的蓝图，体现规划的权威性、指导性、全局性、长远性和灵活性。

1.环境规划对众多干系人的基本权利和责任进行安排

这种对权利结构做出的安排涉及利益分配的核心层面，必须上升到法的高度，体现其权威性。在原有权利结构的安排上，通过仔细分析和论证，在所有干系人充分讨论、协调的基础上，形成新的权利结构。然而，要用新的权利结构替代旧的权利结构，面临来自多方面的阻碍，需要依靠法律的强制性打破这种阻碍，使新的权利结构能够更快地建立起来。通过环境规划的法律建设，有助于更好地界定各干系人的权利和责任，使所安排的权利结构更加准确和规范，避免歧义的发生。

2.环境规划对于权利和责任做出的安排

环境规划将作为一个纲领性的文件，作为所有行动方案制定的依据。事先对政府、企业、公众的基本权利和责任进行明确规定，赋予政府监督和处罚的权利，要求企业为其污染行为负责，并赋予公众以获取信息和进行监督的权利，在此基础上着手建立环境管理的各项制度。环境影响评价制度与"三同时"制度、排污申报制度与排污许可证制度、排污收费与环境税制度、限期治理制度、环境目标责任制度、环境信息管理制度等多项环境管理制度的制定和执行，都必须建立在对政府、企业、公众的基本权利和责任明确界定的基础上。

3.环境规划需要从全局利益出发

对环境规划的各个要素进行统一筹划。必须考虑所有干系人的利益诉求，考虑社会经济的多个方面，以及考虑所设计的不同行动方案。需要综合考虑环境规划各个要素之间的相互联系，尽量协调可能存在的矛盾，将这些要素协调起来，作为一个整体纳入环境规划。在确定环境规划总体目标的同时，也要确定这一目标是否可以为各干系人所接受，即在对环境规划总体目标进行成本效益分析的同时，也需要对各干系人进行相应的分析，确保目标的可实施性。

4.环境规划需要考虑长远的利益

环境保护，需要树立可持续发展的观念，尊重后代人的生存和发展的权利。一般而言，由于后代人不能参与环境规划的决策过程，这一部分人的利益是最没有保障的，需要由政府部门代表这部分人的利益诉求，保障他们生存和发展的需要。

5.环境规划应当具有灵活性

环境规划依据对未来的预测提出的规划目标，本身具有不确定性，当具体情况改变时，有必要根据实际情况调整规划目标。但是，频繁修正环境规划目标，不仅会对行动方案的实施造成不利影响，更会使环境规划失去权威性。这时，可以考虑引入一些灵活机制，如在可交易的排污许可证制度中，政府通过在市场上投放排污许可证，修正其不恰当的规划目标，这样环境规划可以在兼顾权威性的基础上根据实际问题及时调整规划目标。

第三节　环境规划的地位与作用

一、重大的基础性规划

环境规划为环境问题提供了综合性的解决平台，在环境管理的各项政策手段中，具有重大的基础性地位。环境问题的有效解决，依赖于环境污染的管理者能够有效监管环境污染的制造者，维护环境污染受影响者的权利。通常情况下，环境污染主要产生于工业点源，其排放的污染物会破坏公共健康和福祉。在没有对工业点源进行约束的情况下，工业点源的排污行为所产生的负外部性使社会的福祉水平降低。在受环境损害的情况下，公众由于存在"免费搭便车"的心理而难以有效保护自己的权益不受侵犯，这时需要由政府部门充当环境污染的管理者，通过动用公共财政，实施各项环境政策手段，监督工业点源达标排放。环境规划，正是为不同利益主体提供共同交流的信息平台和决策平台，使企业、公众和政府部门能够表达各自的利益诉求，按照一定的程序明确企业应当承担的责任、公众应当享有的权利及政府应尽的义务。在这一平台上，政府可以通过运用包括排污收费、排污许可证制度、环境税等各项环境管理的政策手段，实现对污染源的有效监管。

环境规划将作为国民经济和社会发展其他方面规划的重要基础。环境权益作为公民的基本权益，需要得到最根本的维护。这样，在工业农业生产、交通规划、建筑施工、土地利用等各个方面，规划设计师必须考虑其规划方案是否会对环境质量造成影响、对环境质量造成的影响将会有多大、涉及的人群有多少等问题。环境规划明确了污染物达标排放的要求、功能区环境质量的标准、环境保护的行动方案等内容，构成了其他各方面规划的约束。

二、环境规划需要遵循已有法律法规

环境规划首先要遵守法律以及法规规定的目标和要求。其次提出的规划方案和行动要依据法规，即在已有的法律框架下采取行动。环境规划中行动方案的设计和选择顺序依次为：需要遵守法律法规的行动优先；在遵守法规的基础上，开展行动方案的优化；最后取得所有干系人对行动方案的协商一致。

《宪法》对于管理国家、社会和个人事务具有普遍适用的意义，其关于公民的权利和责任的规定适用于环境保护领域。《刑法》保护的是为犯罪行为所侵害的社会利益，直接客体是国家、单位、公民的环境权益。《民法》对集体和国家的财产权利做出了相应规定：第七十四条规定了劳动群众集体组织的财产属于劳动群众集体所有，界定了集体财产的范围，规定了村级农民集体经济组织和乡镇级农民集体经济组织可以分别对各自的财产实施所有权；第八十一条界定了国家及集体对自然资源在所有权方面的相互关系，规定了单位及个人在资源的开发利用方面享有的权利和应尽的义务。《民事诉讼法》的任务是保障当事人行使诉讼的权利。《行政诉讼法》的任务是保证人民法院正确、及时审理行政案件，保护公民、法人和其他组织的合法权益，维护和监督行政机关依法行使行政职权。《治安管理处罚法》的目的是维护社会治安秩序，保障公共安全，保护公民、法人和其他组织的合法权益，规范和保障公安机关依法履行治安管理职责。《行政处罚法》的目的是保障和监督行政机关有效实施行政管理，维护公共利益和社会秩序，保护公民、法人和其他组织的合法权益。《国家赔偿法》的目的是保障公民、法人和其他组织享有依法取得国家赔偿的权利，促进国家机关依法行使职权。

环境保护法律包括《环境保护法》《环境噪声污染防治法》《海洋环境保护法》《大气污染防治法》《水污染防治法》《环境影响评价法》《放射性污染防治法》《固体废物污染环境防治法》八部法律。针对特殊环境因素所实施的环境规划，应以环境保护法规定的有关要求为制定该规划的依据。

与自然资源保护相关的法律，包括《土地管理法》《水法》《森林法》《草原法》《野生动物保护法》《海洋环境保护法》《水土保持法》等法律法规，其中一些原则是环境规划在制订时应当遵循的。其中关于各干系人的权利和责任的规定，尤其是关于产权结构的安排，是应当遵循的主要原则。《土地管理法》强化了国家土地所有权权益，划分了各级政府土地管理权限，保护了农民土地财产权利；《水法》将水资源所有权归于国家所有，由国务院代表国家行使。《森林法》确认的林权主体为国家、集体和个人。《草原法》规定，草原属于国家所有，由法律规定属于集体所有的除外，国务院代表国家行使对草原的所有权。

三、环境规划与城市总体规划

城市总体规划是对一定时期内城市性质、发展目标、规模、土地利用、发展方向、空间布局和功能分区，以及各项建设的综合部署和实施措施。环境规划与城市总体规划的关系应当是相互协调的。环境规划作为城市总体规划的重要参考，成为城市总体规划中有关环境方面规划的主要依据。城市总体规划关于干系人权责的界定，关于管理体制机制的规定，以及规划所提供的数据信息，都应当为环境规划所参考，作为环境规划的依据或参考。

城市总体规划需要考虑城市对于生态环境保护的基本需求，并将这种需求体现在城市总体规划中。环境规划提出了水质、空气质量等方面的环境质量要求，这些要求体现在城市总体规划中，反映在城市发展总体目标的确定、工业产业的城市布局、城市基础设施的建设等方面。城市在进行总体规划时，有时还需要按照环境功能区划，将城市分为若干功能区开展规划。城市污染源需要加以管理，包括工业点源、移动源等，使用公共财政建设污水处理厂和垃圾填埋场，开展深入的环境管理。

环境规划涉及与城市发展相关内容时，需要参考城市总体规划所提供的基础信息。环境规划需要结合大量有关城市发展的相关信息，这些信息包括城市人口、城镇化率、产业布局、交通线路、城市水库及地下水、城市能源结构、市政基础设施、市政文化服务设施、市政绿地建设等。城市总体规划可以提供大量这些方面的信息，为环境规划提供数据支持。比如，在进行污水处理规划时，我们需要对未来城镇常住人口数量进行估计，假设人均生活污水排放系数，估计未来城镇生活污水的产生量，以此为依据规划污水处理厂的建设，并且需要按照城市布局规划管网的建设。在规划城市垃圾处理厂建设时，我们需要结合城市布局及交通网络规划建设垃圾中转站。城市总体规划中有关管理体制机制建设的内容，比如加强发展改革、土地管理、建设管理等部门的联动机制，积极推进基础设施建设投融资体制改革和机制创新，在完善规划审批制度和规划公开的基础上建立健全城乡规划的监督检查制度，环境规划应当以这些作为参考和遵循。

四、环境规划与国民经济和社会发展五年规划

国民经济和社会发展五年规划主要阐明国家战略意图，明确政府工作重点，引导市场主体行为。它是未来五年经济社会发展的宏伟蓝图，也是全国各族人民共同的行动纲领，更是政府履行经济调节、市场监管、社会管理和公共服务职责的重要依据。环境规划与国

民经济和社会发展五年规划的关系应当是相互协调的。环境规划是国民经济和社会发展五年规划的重要组成部分，也成为国民经济和社会发展五年规划其他方面内容的重要参考。

环境规划涉及国民经济和社会发展方面内容时，规划人员需要参考国民经济和社会发展五年规划提供的基础信息，遵循五年规划提出的要求。这些方面的信息和要求包括：农业发展的相关信息和要求，如粮食安全保障能力、农业产业体系、农业科技创新能力、农业社会化服务体系、农民收入、农村基础设施建设、农村管理体制建设、农村经营制度建设；工业发展的相关信息和要求，如产业结构调整、产业空间布局、企业重组并购、中小企业发展、新兴产业发展、交通金融服务业、咨询服务业、商贸服务业、旅游业。另外，还提供了包括运输体系建设、能源输送管道建设、信息基础设施建设；服务业发展的相关信息和要求，如区域布局、科教兴国、公共服务、社会管理、文化发展、经济体制、对外开放、政治建设、民族统一、国防建设等国民经济和社会发展诸多方面的规划信息和要求。这些内容为环境规划提供了基础性的数据，也对环境规划提出了多方面具有约束性的要求。

五、环境规划与主体功能区规划

主体功能区规划是关于国土空间的开发规划，是战略性、基础性、约束性的规划。环境规划与主体功能区规划的关系是相互协调的。

主体功能区规划需要注重生态环境保护的需要。《全国主体功能区规划》指出："推进形成主体功能区，就是要根据不同区域的资源环境承载能力、现有开发强度和发展潜力，统筹谋划人口分布、经济布局、国土利用和城镇化格局，确定不同区域的主体功能，并据此明确开发方向，完善开发政策，控制开发强度，规范开发秩序，逐步形成人口、经济、资源环境相协调的国土空间开发格局。"运用环境规划的理念，主体功能区规划需要确定限制开放区域，在该区域内限制进行大规模高强度工业化城镇化，对空间结构、产业结构、人口总量、公共服务水平等方面提出限制性要求。

环境规划需要参考主体功能区规划提供的信息，遵循主体功能规划区提出的要求。《全国主体功能区规划》对人均可利用土地资源进行评价，对人均可利用水资源进行评价，对能源和矿产资源分布、生态脆弱性、自然灾害危险性等我国自然地理的多方面情况进行评价。将我国国土空间按开发方式，分为优化开发区域、重点开发区域、限制开发区域和禁止开发区域；按开发内容，分为城市化地区、农产品主产区和重点生态功能区；按开发层级，分为国家和省级两个层面。主体功能区规划对于所划分的不同功能区，提出相应的财政政策、投资政策、产业政策、土地政策、农业政策、人口政策、民族政策、环境政策及应对气候变化政策。主体功能区规划为保障规划的实施，明确了国务院有关部门及省级人民政府相应职责，要求加强监测评估和绩效考核。当环境规划涉及某个具体区域时，可以根据《全国主体功能区规划》进行定位，了解这一区域的功能区规划要求。

六、环境规划与其他应用性相关规划

在酸雨控制规划、节能减排等应用相关规划中，环境规划与各部门规划应相互借鉴。环境规划是综合性很强的规划，需要得到国民经济和社会发展多个方面的配合，才有真正落实环境保护的目标，环境规划从不同部门规划当中获取信息，同时受不同部门规划的约束。总体而言，环境规划与各部门规划之间存在相互协调的关系。

在本部门的相关规划之间，同样应当寻求协调一致。环境规划按照管理要素的不同，分为大气、水、固体废弃物、噪声等不同方面；按照行政管理区划，可以分为国际、跨省、跨市县、市县内等环境问题。在规划中，我们需要协调环境规划各要素之间的关系，需要协调不同行政管理区划的环境规划之间的关系。举例说明，酸雨控制规划对二氧化硫的排放进行管理，可能与能源规划发生矛盾，这种矛盾体现在脱硫设备的运行需要消耗能量，但可能有助于碳减排规划的实施，因为存在脱硫和碳减排的某种协同机制。跨省市的环境外部性问题可能引发环境规划在事权和财权划分上的困难。我们应当尽量协调本部门规划之间的关系，突出环境规划的全局性作用，发挥总体规划的纲领性作用，指导各要素规划及区域规划的开展。利用生态补偿机制，使流域内规划与流域规划的相互协调，从而协调区域内规划与流域规划的衔接。

第四节　环境规划编制的一般模式

一、环境规划的一般原则

一般原则是环境规划必须遵守的准则，也是环境规划得以实施和发挥效益的前提。环境规划必须遵守国家法律，必须具有经济效益，必须促进环境公平，必须具有可实施性。

（一）法律原则

环境规划是环境保护法规的落实方案，是政府执行环境法规的具体计划。首先，环境规划是落实法律的要求。例如，实现空气质量达标、地表水体达标。其次，环境规划采取的措施应当有法律依据。环境法规规定了环境保护的要求与措施，例如，污染源需要达标排放，环境规划需要落实污染源达标排放的时间表。环境规划是依据法规编制、批准的规范性文件，具有权威性和强制性。一旦得到批准，需要按照规划执行，除非按照程序进行了修改和调整，否则必须执行。法学必须对预防给予关注，从依法治国的原理和预防的角度出发，制定出适合的法律原则和标准。

（二）经济效益原则

经济效益原则是指环境规划提出的措施带来的效益大于环境规划提出措施的费用。环境规划的目的是保护环境，提高环境质量，使人们获得更有保障的健康、更舒适的生活、更美好的景观。这种环境质量的改善带来健康、舒适、景观福祉就是环境规划的效益。但这些效益的获得不是无偿的，需要为环境规划的实施付出费用，比如工厂改进工艺、购买环保设施需要生产投入，环保部门加强监管需要行政费用，社区居民安装集中供暖设备需要费用。这些改善环境的费用能不能带来足够的环境福祉就是环境规划的效率问题。如果环境规划给人们带来的环境质量改善的福祉大于改善环境的成本，则环境规划是经济有效的，否则环境规划是经济无效的。经济效益原则是环境规划必须遵循的原则，否则，环境规划的价值无从体现。

（三）公平原则

良好生态环境是最公平的公共产品，是最普惠的民生福祉。公平原则是指环境规划应当实现环境的代内和代际公平。环境问题的本质是外部性问题，排污者损害了公众的环境权利，但公众却无法因这种损害获得赔偿；生态保护维护了公众的环境福祉，却无法因维护行动获得补偿；当代人消耗了后代人的环境资源，后代人却没有机会为自己的环境权利声张。解决环境问题就是要解决外部性问题。环境规划通过规定干系人的行动，调整当代人的环境权利与环境义务，使权利与义务对等，实现代内公平。环境规划还要限制当代人对自然资源的使用，控制当代人对环境的破坏，为后代人保留可接受的环境与可持续的资源，实现代际公平。公平原则是环境规划的基本原则，实现公平是环境规划的本质属性。一般来说，公平的原则是通过公众参与实现的。

（四）可实施原则

可实施原则是保证规划效果实现的前提，是环境规划的重要原则。可实施原则是指制定的环境规划得到干系人认可，相关行动和保障措施基本得到落实，规划可以实施，政策可以发挥效果。可实施性包括四个层次的要求。

第一，环境规划制订过程中要充分实现干系人参与，使规划结果成为所有干系人共同协商的结果。环境规划要得到干系人认可，保证干系人愿意落实环境规划的行动。

第二，环境规划要与其他领域的规划协调，避免出现多种相互冲突的要求。

第三，环境规划的行动方案或规划项目要科学、具体，准确到可以决策的程度。如决策的科学技术依据是充分的，预算要准确到一定程度，项目的界定是明晰的，规划目标总体上是可达的。

第四，环境规划要有一定的灵活性，能够依据实际条件的变化调整规划目标。规划在实施过程中应该允许通过一定程度的微调，保证规划能够应对制定过程中未预见的变化。当然，这些微调需要按照程序得到批准。

二、环境规划编制的一般内容和程序

规划通常由政府牵头，首先由政府相关部门（一般是环保部门）邀请规划设计者进行规划，规划设计者往往由咨询、科研单位、高校的专家组成。由规划设计者对规划背景进行调查，提出存在的主要问题。规划设计者通过与干系人交流，向政府提出建议，由政府组织相关干系人进行讨论。讨论中，规划设计者向干系人解释规划意图，干系人针对主要问题发表看法，或者提出认为重要的环境问题。这个过程是干系人对规划设计者的规划意图进行认定和展现自己意图的过程。讨论后，规划设计者总结干系人意见，调整提出的主要问题和目标，提出符合干系人意愿的规划目标。如多数干系人没有异议，经发出规划邀请的政府部门认同，则把此目标确定为规划的主要目标。如有必要，可展开另一轮讨论，直至得到主要当事人同意和政府的批准。

在确定总目标之后，规划设计者根据经济、技术和政策的考虑提出一些能够达到目标的行动。每项行动能够达到一定的效果，而这些效果组合起来可以达到总目标。因为解决问题的途径是多样的，所以实现总目标的行动组合也有多种。为了选出最优行动组合，规划设计者进一步调查每项行动的成本效益或成本效果，询问相关干系人的态度，最终筛选出成本效益好、干系人愿意配合的行动方案。确定了规划的行动方案后，下一步是制定实施计划。实施计划是承担规划行动的干系人，包括政府部门、企业、社区等，根据自己的规划任务制订的完成任务的计划。实施计划应当包括责任人、完成指标、完成时间，以及处理实施中不确定因素的风险管理方案。各干系人制订实施计划后，交规划发起部门审阅，经环保部门同意和规划设计者认可后，实施计划确定。最终，规划设计者汇总各干系人的实施计划，根据总的实施计划提出监测和检查方案。监测和检查方案应包括监测和检查的方式、时间、对象和责任人。如果检查中发现实施进度滞后于计划，应当对实施计划做出调整，调整后的实施计划能够弥补滞后的进度。这种实施计划的调整有一定的流程，包括何种情况下进行调整、由谁调整、调整后的计划由谁批准。规划的最后一部分是评估方案，由规划设计者针对规划的总目标和每项行动的目标提出，用于规划后对规划实施情况的评估。

按照规划的设计和实施思路，将规划的一般模式概括为六个部分：问题界定、干系人确认、目标确定、行动方案筛选、实施计划制订、实施控制和评估。在实际规划中，这六个部分并不是严格按照先后顺序进行的，有些步骤可能存在交叠和反复。例如，干系人的确定可能从问题界定阶段就开始了，分析现状的同时考虑干系人。干系人的界定贯穿于整个规划过程，因为每一个步骤的目的是不同的，需要联系的干系人也不完全相同。而具体目标确定、行动清单筛选可能需要进行多次费用效益分析，与干系人反复协商，重复具体目标——行动清单——成本效益分析的过程。

三、问题识别

（一）识别问题

问题是理想状态和现实之间的差距。如果干系人对某种环境要素的期待与现实不符，就存在问题。环境规划应当识别并致力于解决这些问题。期待与现实的差距越大，环境问题就越紧迫。环境问题一般分为环境质量问题、排放控制问题和管理问题。环境质量问题，如地表水体超标、环境空气质量超标；排放控制问题，如水污染物点源排放超标、空气固定源没有连续达标排放；管理问题，如执法不严的问题、监测数据质量低、管理能力不足。

法律、干系人的愿望和可解决性是识别环境问题的三个准绳。规划设计者应当调查自然状况，获得水、大气、声环境质量和固体废物处理等方面的基础资料。首先，考察环境质量是否符合法律规定，如果某要素的环境质量低于国家标准或某些操作没有符合国家规定，则可识别为问题。其次，要考虑干系人的愿望，在满足国家标准的情况下，当地居民是否对某些方面的环境有更高的要求，这些要求可以列为环境规划待解决的问题；或者在不满足国家标准的环境要素中，居民感到危害最大的是哪些，这些环境问题应该得到优先考虑。最后，识别问题的第三个标准是可解决性，如果某些环境领域被认为有待改善，但是基于目前经济、社会等条件改善的代价过大，基本没有实施的可能，那么这种问题可以暂时不列入本次规划要解决的问题。这个阶段的问题咨询是环境规划中最初的公众参与，可以采用组织问卷调查、访谈、座谈等形式，目的是较为广泛初步地了解居民所受到的环境危害。

（二）界定问题

识别存在问题的主要领域后，下一步是清楚地描述环境问题，将环境问题尽可能清晰和详细地界定。问题界定实际上就是干系人对规划所要解决的问题协商一致并用语言尽可能准确地描述过程。由此提出的问题是所有干系人共同确认的最为紧迫和重要的问题，从而才具有更高的可实施性。值得注意的是，在对干系人环境愿望的询问中，由于干系人的生活环境和环境要求不同，可能提出非常广泛的、各种各样的环境问题，规划设计者应当从中找到影响危害较大的、广泛的环境问题。

环境问题的界定包括多个维度，主要有问题类型、危害程度、产生原因等。问题类型首先指发生环境问题的领域，如水环境、气环境，还是声环境；其次是指环境的哪个方面发生了问题，如水量不足、水体恶臭，还是河岸景观破坏。危害程度的确定应该经过以下阶段，首先通过法律标准衡量，对不达标环境质量的治理，还是已达标环境质量的改善；其次包括问题影响的人群数量，是小范围的局地问题，还是影响广泛的区域问题；最后具体到问题的危害类型，是健康受到伤害、财产受到损失，还是文化遭到破坏。环境问题的产生原因是指导致环境问题的社会和经济原因。环境问题的产生原因可以追溯到社会生活和经济生产的安排，环境问题的解决也要依赖社会组织和经济行为的调整。

四、确认干系人

干系人是在某项事务中涉及的所有既定利益者，该项事务的发生将会使得干系人的利益发生损益。在环境规划中引入干系人分析，是为了使环境规划具有更强的可接受性和可操作性。在环境规划的每一个步骤中，规划设计者识别与规划相关的一定数量的干系人，以了解干系人对当前规划工作的期望。识别干系人的利益诉求，并在综合协调后，提出所有干系人都能接受的利益分配，制定相应的行动方案。最终形成的环境规划是所有干系人利益协调的结果。所以，人类对环境的期望值是环境规划的基本内容，影响着规划的走向。

（一）干系人识别的方法

对于某一特定问题，规划设计人员应从以下几个方面界定干系人：识别决策者，谁有权力决定做或不做某些行动；寻找参与者，为了完成一个项目，哪些人要参与行动；界定受影响者，项目的实施会使哪些人的境况变得更好或更差。同时，规划识别的干系人应当有一定的数量限制。联系和组织干系人需要花费时间、精力和资金。干系人过多会使规划成本过高，影响规划费用的有效性。因此，干系人的识别要控制在适宜的规模，既能保证规划公平制定和成功实施，也不使成本过高。在既定的规模内，规划设计者要识别核心的决策者、主要的参与者、环境需求最急迫的和利益变更最大的受影响者，从而使规划顺利实施。

（二）干系人的类型

根据干系人的利益诉求和在规划中的地位、作用，分为政府机构、排污企业、规划设计者（研究人员）、社区代表（受影响者）和非政府组织五类干系人。在具体规划过程中，我们可以根据需要细化或合并，原则是使规划目标、规划任务等得以通过和落实。

1.政府机构

政府机构包括中央政府和地方政府。中央与地方政府在环境保护上存在差异，主要表现为跨行政区划环境问题。环境问题对中央政府来说，不存在外部性，因此，对于跨行政区的环境问题，中央政府需要负责。对于跨行政区外部性不大或没有环境保护问题，可以由地方政府负责。政府是环境规划的发起者和规划实施的主要组织者，在环境规划中负领导和组织责任。

规划的制定过程，需要政府有关部门参与的阶段有：发起规划，聘请规划设计者；按照规划设计者的建议组织相关干系人讨论；协调不同干系人的意见，做出决策。

2.排污企业

排污企业需要遵守排污许可证的规定及其他环保法规。对于超出法规规定的污染防治行动，需遵循企业自愿的原则。对于自愿的排放控制行动，也可以作为规划的行动。

在规划的制定过程中，企业应当有参与问题界定、规划方案讨论、规划措施执行等环境规划重要环节的权利。

3.规划设计者

规划设计者是研究、咨询机构或专家的总称。规划设计者是规划编制的技术负责人，没有决策权。规划设计者利用自己的专业知识，将问题准确、明白地解释给政府和其他干系人，并且提出可供选择的解决办法。在干系人提出意见后，规划设计者还要充分理解干系人的想法和态度，并将其转化为可落实的方案。同时，规划设计者帮助委托机构组织所有干系人讨论或约见特定干系人单独沟通。

在环境规划的一般模式中，规划设计者是指受政府部门委托，协助和指导环境规划的制订和实施的专家或研究人员，一般来自大专院校、专门的研究机构、咨询公司等。规划设计者不再孤立地作为环境规划的编制者，而是广泛利用干系人参与的成果，制订反映干系人中各利益集团利益的环境规划。在制订环境规划过程中，规划设计者要考虑如何改善环境，达到环境目标，满足公众对良好生活环境的需求，维护广大公众的利益，同时需要面对和满足政府、排污者的压力及要求，维护他们的利益。

对规划设计者的要求，主要包括以下内容：与所有干系人共同确定环境问题，并根据自己的知识和经验提出解决问题的方案供所有干系人讨论，直到达成一个所有人都能接受的方案为止；收集、处理和公布信息，增加决策的科学性；依法或在法规不清晰的情况下，尽量促进公众参与；在对各方都认可的几个环境规划方案进行综合费用效益分析之后，选出最终的也是最优的环境规划方案，并提出环境规划文本；控制与评估环境规划的实施及环境规划方案的改进。

4.社区代表和非政府组织

环境规划的实施导致环境质量的改善，改善公众的生活环境，提高公众的生活质量，因此公众是环境规划的主要受益者。作为环境规划的受益者，公众是保护环境最为积极的人群，公众的诉求也最能反映环境问题，公众的环境利益是环境规划的最终目的。在环境规划的一般模式中，社区是指在环境规划区域范围内的所有社会公众、一般社会组织、企事业单位等的集合，但是社区没有紧密的组织和雄厚的经济实力，维护自身利益的能力较弱。因而社区的环境利益是政府和规划设计者最需要主动倾听和调查的部分。目前中国的法律对公众参与虽然有所规定，但缺乏可操作性。

在规划的制定过程中，需要社区参与的阶段有：对目前环境问题的界定和对未来环境做出规划设计；确定环境规划的总目标和具体目标；环境规划的实施和监督。

环境保护非政府组织一般具有宣传、教育、参与、倡导、示范、监督政府等功能，因此，在环境规划中，基本可以按照公众参与的模式，邀请环境保护非政府组织参与意见。

干系人的类别要细分到问题可以解决的程度。例如，在水环境保护规划中，政府应当细化到中央政府、省级政府、城市政府和县级政府等。中央政府还需要划分到各有关部委机构。社区也要区分城市居民和农村居民。

五、目标确定

目标的确定是将问题的解决方式和解决程度明确化。目标包括总体目标和具体目标，以及系统阐述问题、衡量行动的指标体系。从某种程度上说，目标的确定与行动清单的筛选是交叠进行的。因为指标体系与规划行动有一定的对应关系，如果在行动清单筛选时证明某些行动是无法开展的，那么受此项行动影响的指标设定也应当做出修改。

（一）规划目标确定

在环境规划中，目标是指所有干系人共同期望的成果，其作用和价值在于它是干系人相互理解和合作的基础。环境规划目标的确定是否合理和科学，直接影响环境规划的可操作性和实施效果。环境规划的目标应该由所有的利益相关者共同参与决定，比如首先由社区公众提出对环境质量改善的良好愿望，并用语言描述他们理想的情景，由规划设计者将其转化为具有可操作性的定量目标，然后由污染者、政府确定目标是否过高，最后由规划设计者等专业人员评估目标的技术可行性和经济可行性。环境规划的目标应该反映广大居民对良好生态环境和环境质量的客观要求，同时也要反映政府发展经济、企业发展盈利的需求。目标确定过程中的公众参与可以采用公证会、听证会方式，也可以辅以问卷调查和电话访问的方式。

目标的表述需要明确和详细，有利于干系人的理解。为了实现一目标需要定性与定量结合。在规划制订中，目标的定性描述便于公众理解和讨论，目标的定量描述便于规划设计者确定规划方案。在规划实施中，定性描述使公众能够监督和检验规划的效果，而定量描述便于政府和科研单位对规划效果进行规范的评估。

为了对目标进行量化描述，通常要具有四个维度：什么因素、什么时间、什么地点、得到什么保护。例如，对于河流水质目标，需要明确某河流河段在今后的哪一年污染物指标应达到何种标准。目标确定不当会带来严重的后果，一方面它使得规划不具备可实施性，另一方面它使得规划的指导性很差。

（二）规划指标体系

环境规划指标体系包括总体目标和具体目标，总体目标是具体目标的综合或最终目标，具体目标的方向需要服从总体目标的方向。没有指标体系的设计，环境规划就没有内容框架，也无法定量。指标是直接反映环境质量及污染物特征，用来描述环境规划具体内容的特征值。它可以是定性变量或定量变量，也可以是变量的函数。环境规划指标体系是一系列相互关联、相互独立、相互补充的指标构成的有机整体，是环境规划编制和实施工作的基础，是指导规划行动、评价规划效果的标准。

科学合理的环境规划指标体系包括环境现状、环境问题、规划目标、行动方案、结果和效果、监督和评估体系等的具体内容。在规划实施过程中，指标用来跟踪环境质量的改善情况、评估规划实施的效果，及时调整行动规划。指标体系是对目标的具体分解，比如将河流水质目标分解为不同规划年、不同断面的指标，也包括对总体目标进行不同角度的分解，比如将水环境目标分解为水质指标、水量指标、生物多样性指标。

环境规划指标类型多样，从内容上看有环境质量方面的指标、污染物排放控制方面的指标、管理方面的指标，还应包括环境保护最终对象的指标，例如人体健康、生态状况；从复杂程度上看有综合性指标和单项指标；从范围上看有宏观指标和微观指标；从时间上看有近期指标、中期指标和远期指标等。

目前，主要根据规划目标构建规划指标体系。环境规划目标分为环境质量改善目标、污染物排放控制目标、行动目标和受体影响类目标四个层次。相应地，环境规划的指标体系也包括这四个层次，分为环境质量类指标、污染排放控制类指标、规划管理行动类指标和受体影响类指标。

环境质量类指标，表征环境要素（大气、水、声音等）质量状况的指标，是状况指标，包括环境空气质量指标、水环境质量指标、噪声控制目标及生态环境目标等，一般都是以环境质量标准的形式表达。例如，环境空气质量标准、地表水质标准。该指标是第一层次的指标，所有其他指标的确定都应当围绕完成环境质量指标进行。

污染排放控制类指标，即压力指标，反映区域或功能区内污染源污染物排放状况、控制技术、控制效果、控制成本等。该类指标比环境质量类指标更接近污染控制行动，也可以说是可操作性强。该类指标一般以排放标准或排放限值表示。

规划管理行动类指标，即响应指标，由能够控制环境影响因子的主要行动措施的指标构成，包括法规、决策、信息、投资、监测、效果、评估等，是第三层次的规划指标。这类指标是先达到污染控制指标，进而达到环境质量指标的支持性和保证性指标，指标完成与否同环境质量的优劣密切相关。

受体影响类指标，指与环境影响密切相关的指标和与环境规划密切相关的经济指标、社会指标。受体影响类指标包括人群健康、生态系统状况等环境影响的最终衡量指标，并且是环境保护的最终目标。与环境规划密切相关的社会经济类指标这类指标大都包含在其他规划中，如国民经济和社会发展规划、城市发展规划及土地利用规划。这类指标是环境规划和其他规划相联系的节点。

六、行动方案设计和筛选

环境规划中，在系统、全面地确定污染源和污染物的基础上，围绕环境规划目标制定有效的排放控制方案，是环境规划的核心内容。对于控制方案的设计，我们必须具体明确到某一污染源、某一污染物的控制管理手段和措施。例如，大气污染排放控制方案的设计必须提出针对污染物发生源类型，提出固定源、移动源和面源等的排放控制思路，再对某一类型发生源提出具体的不同大气污染物的排放控制方案。

针对某一污染源、某一污染物的控制管理行动方案可能有多个，将所有的这些方案列出，组成排放控制方案清单，通过进一步筛选和排序，最终确定具体实施的方案。行动方案的筛选和排序需要遵循一定的标准和原则，主要包括政治可行性、合法性、经济性、可持续性和自愿性。

政治可行性，是指行动清单被政府、社会等认可、接受和支持；合法性要求行动清单上的所有行动和措施都必须是合法的，要有法律依据；经济性主要指成本有效性和成本效益性，成本有效性是指实现方案目标所需要费用最小，而成本效益性是指方案实施后所获得效益应大于费用；自愿性主要指干系人通过自愿、协商的手段达成控制措施和控制目标的共识；可持续性主要表现为方案措施是具有长远计划和目标的，能够持续一定长的时间，且方案有足够的资金支持。资金供给与需求之间是否平衡直接决定满足上述筛选原则的控制方案最终能否顺利实施。资金供给是指针对该控制方案，政府可支配的公共支出和私人企业污染治理费用支出；资金需求是指该控制方案实施所需的费用成本。规划者要重点考虑资金供给方式，严格遵循污染者付费原则，明确哪些费用是需要政府公共财政予以支付，哪些费用是由企业自己负责。当前出现的利用政府财政支出帮助企业治污的做法违反了污染者付费原则。

七、实施计划制订

实施计划是行动清单的细化，由相关干系人制定。实施计划是行动清单的时空分解，是实施环境规划行动的计划时间表，反映何人（或何部门）、何时、何地把指标完成到何种程度。要求在实施计划中必须明确规定某项行动的负责人、完成时间和指标。实施计划还应包括应对实施中不确定因素的风险管理方案。风险管理是指对可能发生的风险进行识别，预测各种风险发生后对资源和生产经营的消极影响，并提出应对策略的过程。风险管理的基本部分包括风险识别、风险预测和风险处理。对于环境规划实施计划的风险管理，实施部门应该浏览实施计划，识别可能出现风险的环节；评估风险发生的可能性与发生后造成的消极影响，即风险的频度和强度；对风险进行排序，优先处理最可能发生，发生后引致最大损失的风险，针对不同风险提出处理方法。

执行环境规划行动的所有参与者都应制订执行计划。环保部门是规划的执行机构，它不仅要制订本身的实施计划，还要指导、审批和监督其他干系人实施计划。在其他实施机构制订实施计划之前，环保部门应该对其他实施主体的行动做出分配和说明。其他干系人是规划的实施机构，按照环保部门的分配，依照本机构的资金、人员、生产情况，制订本部门的实施计划。实施机构包括执行规划任务的政府部门，如水利部门、市政部门、民政部门、发展和改革委等，还包括有减排任务的企业和规划范围内的社区。规划制定、实施过程中所需资金纳入各级财政预算，由各级政府负责。企业是其自身污染治理规划项目投资费用的主要承担者，并根据需要完成项目任务，达到项目目标。

八、控制和评估

（一）控制

控制是指对实施的策划行动进行有计划的监视和检查，获取实施进度与实施计划之间的偏差，并对偏差进行纠正的过程。控制目的是确保实施按计划进行。控制方案在计划实施前确定，是计划文本的一部分。

控制过程分为三个步骤：收集监测、统计报告、口头和书面报告等信息，衡量和确定实际绩效；将实际绩效与标准进行比较；采取行动纠正偏差或不适当的标准。为实现上述步骤，控制方案应包括监测方案、检查方案和调整程序。

环境监测是通过测量影响环境质量因素的代表值，确定环境质量（或污染程度）及其变化趋势。监测计划应包括监测类型、环境质量监测或污染排放监测；对监测对象，污染排放监测应当具体到企业名称和所在地；以水质监测为例，监测项目一般包括COD、氨氮、pH等；环境质量监测的监测点应针对监测站，污染源排放监测应针对排污口；监测采样时间和频率，连续监测或定期监测，如果是定期监测，频率是多少。

验证是政府部门通过监测数据或实地调查获得规划实施效果，并与实施方案进行比较。目的是确定实际效果与计划的差距，既包括政府部门对企业的核查，也包括上级政府对下级政府的核查。验证计划包括验证对象，无论是企业验证还是政府部门验证；核查项目是环境监测核查还是资金投入、建设进度、人员落实情况核查；检查频率：每月、每季度或每年。核查计划包括核查负责人和核查报告的报送、公示程序。本书认为，政府应成立专门小组负责核查工作，核查报告应报送环保部门和政府主管部门，并向有关公众公布。

调整是指对实施计划的落后部分进行调整，使调整后的实施计划能够完成进度。实施效果达不到方案要求，有时是因为实施单位不力，有时是因为实施方案的标准定得太高，或是实施中的情况与制定标准相比发生了变化。实施单位因资金不足、环保设施关闭等原因未能有效实施的，应当迅速停止实施行动，补充行动，弥补进度滞后。如果实施计划目标设定过高，可以修改目标以满足实际实施条件。对规划的修改只能通过一定的程序进行，如专家会议的讨论或利益相关者和规划设计人员的同意。如果计划制订后，由于计划外因素导致现实发生变化，可以增加或减少利益相关者的行动或降低计划要求。调整计划应包括督促利益相关者实施计划的条件、督促利益相关者制订补救计划的条件、通过何种程序修改规划目标的条件，以及拖延计划实施的处罚措施。

（二）评估

评估既包括规划实施前的评估，也包括规划实施后的评估。

1.规划实施前的评估

规划实施前的评估主要针对规划对区域社会经济方面的影响。社会经济影响评价的实施者一般由区域管理机构、相关领域和社会经济专家组成。评价内容一般包括环境规划对就业、受影响行业、成本效益和公共卫生效益的影响进行分析和评价，尽量减少环境规划实施对就业的影响和社会总成本。

2.规划实施后评估

规划实施后评价是在规划期结束或规划的某一阶段结束后，由政府邀请有关机构对规划效果进行系统、科学的评价。评价标准是规划的目标，通过规划的实施判断规划目标的实现程度。评估的目的是找出规划的优缺点，作为政府和公众未来决策的经验。评估方案在计划实施前确定，是计划文本的一部分。

评估计划应包括评估时间、评估人员的选择、评估标准和评估结果的反馈程序。评价一般在规划期末或规划某一阶段后进行。具体情况结合规划目标设定。如计划的规划期为15年，每5年确定一次阶段目标，分别在计划实施后5年和10年进行阶段评价，15年后进行综合评价。如有必要，也可进行年度评估。评估人员由具有环境专业知识的科研机构或者咨询企业进行，规划评估单位不得与规划单位相一致。

评价分为总体评价、各利益相关者的规划行动评价和自上而下的规划项目评价三个层次。总体评价的标准是规划的总体目标；单个利益相关者的评价标准是利益相关者的实施计划，包括完成时间和指标；项目评价标准是对实施方案中项目完成时间和完成指标的汇总。

评估完成后，评估结果必须提交给发起规划的政府，并由受规划影响的公众和实施规划行动的企业公布。作为规划的组织者，政府有必要了解规划的实施效果，吸取经验，避免今后在规划中的失误。公众作为规划成果的主要受益者，可以凭自己的感受判断规划效果。了解规划实施情况的详细评价，让公众知道哪些环节导致规划不尽如人意，从而在下次参与规划时对这些环节进行改进。企业是规划行为的主要实施者，规划评价也是企业对规划实施情况的评价。成功完成规划任务的企业了解自己的贡献，产生继续保护环境的动力；而执行不力的企业感受到压力，督促其改善环境行为。

第二章
环境影响评价

第一节　环境影响及环境影响评价

一、环境影响及其特征

（一）环境影响的概念

环境影响是指人类活动（经济活动、社会活动和政治活动）对环境的作用和导致的环境变化以及由此引起的对人类社会和经济的效应。因此，环境影响概念包括人类活动对环境的作用和环境对人类的反作用两个层次。研究人类活动对环境的作用是认识和评价环境对人类反作用的手段和前提条件，而认识和评价环境对人类的反作用是为了制定出缓和不利影响的对策措施，改善生活环境，维护人类健康，保证和促进人类社会的可持续发展，这也是我们研究环境影响的根本目的。一般而言，环境对人类的反作用要远比人类活动对环境的作用复杂。

环境影响的程度与人的开发行动密切相关，开发行动的性质、范围和地点不同，受影响的环境要素变化的范围和程度也不同。在研究一项开发行动对环境的影响时，首先应该注意那些受到重大影响的环境要素的质量参数（或称环境因子）的变化。例如，建设一个大型的燃煤火力发电厂，使周围大气中二氧化硫浓度显著增加，城市污水经过一级处理后排入海湾会使排放口附近海水中有机物浓度显著升高，影响原有水生生态的平衡。

（二）环境影响的分类

环境影响有多种不同的分类，比较常见的有三种分类方法。

1.按照影响来源划分

根据影响来源不同，环境影响分为直接影响、间接影响和累积影响。直接影响是指由于人类活动的结果对人类社会或者其他环境的直接作用，而由这种直接作用诱发的其他后续结果则为间接影响。直接影响与人类活动在时间上同时，在空间上同地；而间接影响在时间上推迟，在空间上较远，但是在可合理预见的范围内。如空气污染造成人体呼吸道疾病，这是直接影响，而由于疾病导致工作效率降低，收入下降等属于间接影响。又如某一开发建设造成大气和水体的质量变化，或改变区域生态系统结构，造成区域环境功能改变，这是直接影响，而导致该地区人口集中、产业结构和经济类型的变化是间接影响。

直接影响一般比较容易分析和测定，而间接影响不太容易。间接影响空间和时间范围的确定，影响结果的量化等，都是环境影响评价中比较困难的工作。确定直接影响和间接影响并对其进行分析和评价，可以有效地认识评价项目的影响途径、范围、影响状况等，对于如何缓解不良影响和采用替代方案有重要意义。累积影响是指一项活动的过去、现在及可以预见的将来影响具有累积性质，或多项活动对同一地区可能叠加的影响。当建设项目的环境影响在时间上过于频繁或在空间上过于密集，以至于各项目的影响得不到及时消除时，都会产生累积影响。累积影响的实质是各单项活动影响的叠加和扩大。

2.按照影响效果划分

按照影响效果划分，环境影响可分为有利影响和不利影响。这是一种从受影响对象的损益角度进行划分的方法。有利影响是指对人群健康、社会经济发展或其他环境的状况和功能有积极的促进作用的影响。反之，对人群健康有害或对社会经济发展或其他环境状况有消极阻碍或破坏作用的影响，则为不利影响。需注意的是，不利与有利是相对的，是可以相互转化的，而且不同的个人、团体、组织等由于价值观念、利益等的不同，对同一环境的评价不尽相同，导致同一环境变化可能产生不同的环境影响。环境影响的有利和不利的确定，要考虑多方面的因素，是一个比较困难的问题，也是环境影响评价工作中经常需要认真考虑、调研和权衡的问题。

3.按照影响性质划分

按照影响性质划分，环境影响分为可恢复影响和不可恢复影响。可恢复影响是指人类活动造成的环境某特性改变或某价值丧失后可能恢复，如油轮泄油或者海底油田泄露事件，造成大面积海域污染，但经过一段时间后，在人为努力和环境自净作用下，可恢复到污染以前的状态，这是可恢复影响。而开发建设活动使某自然风景区改变成为工业区，造成其观赏价值或舒适性价值的完全丧失，是不可恢复影响。一般认为，在环境承载力范围内对环境造成的影响是可恢复的；超出了环境承载力范围，则为不可恢复影响。另外，环境影响分为：短期影响和长期影响；暂时影响和连续影响；地方、区域、国家和全球影响；建设阶段、运行阶段和服务期满后影响；单个影响和综合影响等。

（三）环境影响的共同特征

一项拟议的开发行动，无论是一个建设项目或者区域的社会经济发展项目，都包含无数活动，它们对环境的影响是多种多样的。虽然各种影响的性质不同，但具有某些共同的特征。

1.环境影响

一项拟议的开发行动对环境产生的影响十分复杂。人们在进行环境影响分析时，一般是通过影响识别，将拟议行动所产生的复杂影响分解成很多单一的环境影响或者称作一种环境影响，分别进行研究，在此基础上综合。一种影响限于单一的环境因子变化，这种变化是由开发行动的特定活动所引起的。

2.环境影响的性质

影响可以是好的（对人群有利）或不好的（对人群不利），分别以（+）或（-）表示。但是，对于一种影响是好还是坏的判别是具有社会性的。环境影响是施加于人类和人群的，其中只有极少数是仅影响个人或不影响个人的。由于影响的后果不可能均匀分配于全社会或每个人，总是某些人赞成，某些人反对；某些人受影响小，某些人受影响大；某些人受益，某些人受害。重要的是全面了解哪些人受益，受益的情况和程度如何？哪些人受害，受害的情况和程度如何？这类信息对拟议行动的决策十分重要。

环境影响可以是明显的或显著的，也可以是潜在的、可能发生的（或潜能的）。在很多场合下，潜在的（潜能的）影响往往比明显的影响严重。例如饮用水水源有机污染物偏高的影响是水的味道较差，而潜在影响则是这种水经消毒后可能产生致癌物质。

在一个环境影响因素作用下，环境因子的变化具有空间分布的特征。例如城市污水排入河道后，河流中的溶解氧浓度沿着河流发生变化，在离排放口不同距离的断面上，溶解氧浓度是不同的。

环境影响是随时间变化的，这种影响所产生的变化是长期的或短期的。它包含两个方面的含义：在拟议行动的不同时期有不同影响。例如，造纸厂在施工阶段，向河流中排放泥浆水，使河水中悬浮固体浓度增高，在运行阶段则排放含草屑、纸浆纤维的废水，使河水中悬浮固体浓度增高，但影响的性质是不同的；一种影响随着时间延续，影响的强度和性质也发生变化。例如，向海湾水域排放含汞废水，海水中汞离子浓度随即升高，随着时间的延续，发生汞离子的迁移变化，使海水中汞离子浓度降低，但水域底泥和一些小生物体内的甲基汞浓度增加，形成了不同性质的新的影响。

环境因素引起环境因子变化的可能性和大小是随机的，具有一定概率分布的特征。例如，一个城市的污水均匀地排入一条河流，在有些季节的某些日子出现河水的BOD超标，这种超标出现的时间并不完全呈周期性变化，而是随机的。

环境影响是可逆的或不可逆的。有些影响是可逆的，例如施工期打桩噪声，在施工结束后即消失、复原。而改变土地利用方式，绿色植被消失，代之水泥或沥青铺砌是不可逆的影响。一般来说，所谓可逆和不可逆影响是相对的；可逆影响是可以恢复的，不可逆影响是不可恢复的。不可逆影响主要是作用于不可更新资源产生的。不可恢复性也指环境资源某些价值的丧失或不可恢复。例如，破坏野生生物独一无二的栖息地；增加一个河口湾的淡水注入量从而改变其淡—咸水平衡；占用稀有植物保留地；改变有特殊风景的河流流量的行动，如建坝、泄洪道、人工湖、游泳池、渠道和游览设施等改变水流方向的项目。一个开发项目还可诱发对资源产生不可逆和不可恢复性影响的行动。例如，一个运输设施会促进土地开发、资源开采、旅游等对该地区有不可逆性影响的行动。

各种影响之间是相互联系的，可以转化的。例如排放燃煤废气造成大气中SO_2和TSP浓度的增加，而SO_2和TSP在一起又会产生协同作用，增加污染的危害。

原发性（初级）环境影响往往产生继发性（次级）影响。原发性（初级）影响是开发行动的直接结果，继发性（次级）影响是由原发性影响诱发的影响。例如，一块农田改变为城市工业和居住用地，使原来的农作物和绿色植被消失是原发性影响，随后，工厂和居住区发展起来，人口增加，能耗增加，继而增加了对大气、水环境质量的影响，大气和水质下降后，又引起居民健康方面的问题，等等。一般来说，继发性影响应与原发性影响一样受到重视。

影响的效应是短期的或长期的。短期影响常是由行动直接产生的，长期影响常引起继发性影响。一项开发行动常是兼有短期和长期效应的。例如，穿过港湾、沼泽的公路工程会使这些地区不能用于其他类型的开发，并对这些地区的生态系统产生永久性损害。建大型娱乐场和大公园会使该地区的社会经济条件发生惊人的变化。使用除草剂和杀虫剂能消灭不良物种，但长期使用则可对其他植物的生长产生永久性损害或导致生态平衡的破坏。建造废水处理厂会产生噪声、尘土或土壤侵蚀等短期影响，但却具有改善水质的长期效应。典型的短期效应包括：使用活性污泥处理废水的系统和焚烧炉燃烧垃圾等产生的臭气；新增人口使学校、交通、社会服务、废水和固体废物处理等基础设施超过负荷；一个地区的特征发生重大改变的效应（在建筑物不高的街区中建造一座高层建筑物，提高建筑密度，增加人口密度），有独特自然特点的地区发生重大改变；破坏一个历史性建筑，或使一个地区的经济基础发生改变等。

二、环境影响评价

（一）环境影响评价概念

环境影响评价（Environmental Impact Assessment，EIA）的概念始于1964年在加拿大

召开的国际环境质量评价会议。环境影响评价是指人们在采取对环境有重大影响的行动之前，在充分调查研究的基础上，识别、预测和评价该行动可能带来的影响，按照社会经济发展与环境保护相协调的原则进行决策，并在行动之前制定出消除或减轻负面影响的措施。环境影响评价的根本目的是鼓励在规划和决策中考虑环境因素，最终达到更具环境相容性的人类活动。

环境影响评价一般分为环境质量评价（主要是环境现状质量评价）、环境影响预测与评价以及环境影响后评估。这是一个不断评价和不断完善决策的过程。

环境质量评价（Environmental Quality Assessment，EQA）是依据国家和地方制定的环境质量标准，用调查、监测和分析的方法，对区域环境质量进行定量判断，并说明其与人体健康、生态系统的相关关系。环境质量评价根据不同时间域，分为环境质量回顾评价（过去的环境质量）、环境质量现状评价和环境质量预测评价。在空间域上，分为局地环境质量评价、区域环境质量评价和全球环境质量评价等。涉及建设项目的环境质量评价主要是环境质量现状评价。

环境影响后评估可以认为是环境影响评价的延续，是在开发建设活动实施后，对环境的实际影响程度进行系统调查和评估，检查对减少环境影响的落实程度和实施效果，验证环境影响评价结论的正确可靠性，判断提出的环保措施的有效性，对一些评价时尚未认识到的影响进行分析研究，达到改进环境影响评价技术方法和管理水平，并采取补救措施达到消除不利影响的作用。

环境影响评价是一种过程，这种过程重点在决策和开发建设活动开始前，体现出环境影响评价的预防功能。决策后或开发建设活动开始，通过实施环境监测计划和持续性研究，环境影响评价还在延续，不断验证其评价结论，并反馈给决策者和开发者，进一步修改和完善其决策和开发建设活动。环境影响评价的过程包括一系列步骤，这些步骤按顺序进行。各个步骤之间存在相互作用和反馈机制。在实际工作中，环境影响评价的工作过程可以有所不同，而且各步骤的顺序也可能变化。环境影响评价是一个循环的和补充的过程。

一种理想的环境影响评价过程，应该能够满足以下条件：基本上适应所有可能对环境造成显著影响的项目，并能够对所有可能的显著影响做出识别和评估；对各种替代方案（包括项目不建设或地区不开发的方案）、管理技术、减缓措施进行比较；编写出清楚的环境影响报告书（EIS），以使专家和非专家都能了解可能影响的特征及其重要性；进行广泛的公众参与和严格的行政审查；及时为决策提供有效信息。

（二）环境影响评价的基本功能

环境影响评价作为一项有效管理工具，具有四种基本功能：判断功能、预测功能、选择功能和导向功能。评价的基本功能在评价的基本形式中得到充分的体现。

评价的基本形式之一，是以人的需要为尺度，对已有的客体做出价值判断。从可持续发展角度，对人的行为做出功利判断和道德判断，对自然风景区做出审美价值判断等。现实生活中，人们对许多已存在的有利或有害的价值关系并不了解，越是熟悉的东西，越有可能因熟视无睹而一无所知。而通过这一判断，可以了解客体的当前状态，提示客体与主体需要的满足关系是否存在以及在多大程度上的存在。

评价的基本形式之二，以人的需要为尺度，对将形成的客体价值做出判断。显然，这是具有超前性的价值判断。其特点在于，它是思维中构建未来的客体，并对这一客体与人需要的关系做出判断，从而预测未来客体的价值。这一未来客体，有可能是现有客体所导致的客体，也可能是现有客体可能导致的客体中的一种，还可能是新创造的客体。这时的评价是对这些客体与人需要的满足关系的预测，或者说是一种可能的价值关系的预测。人类通过这种预测而确定自己的实践目标，确定哪些应当争取，哪些应当避免。评价的预测功能是其基本功能中非常重要的一种功能。

评价的基本形式之三，是将同样具有价值的客体进行比较，从而确定其中哪一个更有价值，更值得争取，这是对价值序列的判断，也可称为对价值程度的判断。在现实生活中，人们常常面临着不同的选择，面临鱼与熊掌不可兼得或两害相权取其轻的有所取有所舍，在这种必须做出选择的情势中，评价的功能就是确定哪一种更值得取，而哪一种更应该舍。这就是评价所具有的选择功能。通过评价而将取与舍在人的需要的基础上统一起来，理智地和自觉倾向于被选择之物，以使实践活动更加符合目的并顺利进行。

在人类活动中，评价最为重要的、处于核心地位的功能是导向功能，以上三种功能都隶属于这一功能。人类理想的活动是使目的与规律达到统一，其中目的的确立要以评价所判定的价值为基础和前提，而对价值的判断是通过对价值的认识、预测和选择这些评价形式才得以实现的。所以也可以说，人类活动目的确立应基于评价，只有通过评价，才能建立合理的和合乎规律的目的，才能对实践活动进行导向和调控。

综上所述，可以简单地说，评价是人或人类社会对价值的一种能动的反映，评价具有判断、预测、选择和导向四种基本功能。这就是环境影响评价的哲学依据。在环境影响评价的实际工作中，环境影响评价的概念、内容、方法、程序以及决策等都体现出上述依据。同时，我们也在不断地运用环境影响评价的哲学依据，发现环境影响评价中的不足，解决面临的问题，不断地充实和发展环境影响评价，使这一领域的工作顺应社会的要求，实现可持续发展。

（三）环境影响评价的重要性

环境影响评价是一项技术，也是正确认识经济发展、社会发展和环境发展之间相互关系的科学方法，是使经济发展符合国家总体利益和长远利益，强化环境管理的有效手段，对确定经济发展方向和保护环境等一系列重大决策都有重要作用。环境影响评价能为地区社会经济发展指明方向，有助于合理确定地区发展的产业结构、产业规模和产业布局。环境影响评价过程是对一个地区的自然条件、资源条件、环境质量条件和社会经济发展现状进行综合分析的过程，是根据一个地区的环境、社会、资源的综合能力，使人类活动不利于环境的影响限制到最小。

1.保证项目选址和布局的合理性

合理的经济布局是保证环境与经济持续发展的前提条件，而不合理的布局则是造成环境污染的重要原因。环境影响评价从项目所在地区的整体出发，考察建设项目的不同选址和布局对区域整体的不同影响，并进行比较和取舍，选择最有利的方案，保证建设选址和布局的合理性。

2.指导环境保护设计，强化环境管理

一般来说，开发建设活动和生产活动，都要消耗一定的资源，都会给环境带来一定的污染与破坏，因此必须采取相应的环境保护措施。环境影响评价针对具体的开发建设活动或生产活动，综合考虑开发活动特征和环境特征，通过对污染治理设施的技术、经济和环境论证，得到相对最合理的环境保护对策和措施，把因人类活动而产生的环境污染或生态破坏限制在最小范围内。

3.为区域的社会经济发展提供导向

环境影响评价可以通过对区域的自然条件、资源条件、社会条件和经济发展等进行综合分析，掌握该地区的资源、环境和社会等状况，从而对该地区的发展方向、发展规模、产业结构和产业布局等做出科学的决策和规划，指导区域活动，实现可持续发展。

4.促进相关环境科学技术的发展

环境影响评价涉及自然科学和社会科学的广泛领域，包括基础理论研究和应用技术开发环境影响评价工作中遇到的问题，必然会对相关环境科学技术提出挑战，进而推动相关环境科学技术的发展。

第二节 环境影响评价制度及评价标准

一、环境影响评价制度

环境影响评价制度是指把环境影响评价工作以法律、法规或行政规章的形式确定下来从而必须遵守的制度。环境影响评价不等于环境影响评价制度，前者是指导人类开发活动的一种科学方法和技术手段，但没有约束力，后者为前者提供了环境影响评价的法律依据。

环境影响评价制度要求在工程、项目、计划和政策等活动的拟定、实施中，除了传统的经济和技术等因素外，还要考虑环境影响，并把这种考虑体现到决策中。因此，环境影响评价制度的建立体现了人类环境意识的提高，是正确处理人与环境关系，保证社会经济与环境协调发展的一个进步。

美国是世界上第一个把环境影响评价用法律固定下来并建立环境影响评价制度的国家，1970年1月1日正式实施的美国《国家环境政策法》标志着环境影响评价制度的建立。继美国建立环境影响评价制度后，先后有瑞典（1970）、新西兰（1973）、加拿大（1973）、澳大利亚（1974）、马来西亚（1974）、德国（1976）、印度（1978）、菲律宾（1979）、泰国（1979）、中国（1979）、印度尼西亚（1979）、斯里兰卡（1979）等国家建立了环境影响评价制度。

经过几十年的发展，已有100多个国家建立了环境影响评价制度。但从立法上看，其形式是不同的。有的国家在国家环境保护法律中肯定了环境影响评价制度，或者制定了专门的环境影响评价法律、法规或规范性文件，如美国、瑞典、澳大利亚、加拿大、法国、中国、阿根廷、尼日利亚等国家。有的国家并没有以国家法律的形式予以肯定，但在其他有关制度或法规中包括环境影响评价方面的内容，如日本、英国、新西兰等。有些没有环境影响评价立法的国家则正在或者计划制定有关法律。

一般来说，环境影响评价制度不管是以明确的法律形式确定下来，还是以其他形式存在，都具有强制性的共同特点。即建设项目必须进行环境影响评价，对环境可能产生重大影响的必须做出环境影响报告书，报告书的内容包括开发项目对自然环境、社会环境及经济发展将产生的影响，拟采取的环境保护措施及其经济、技术论证等。当然也有例外情况，如新西兰就并不强制所有项目都做环境影响评价，只要求对环境有重大影响的项目需做环境影响评价，其性质是带有教育性的，目的是让计划者自己来评价该计划对环境所产生的影响，从而提高对环境的认识。

二、环境影响评价的标准体系

根据国际标准化组织的定义，标准是经公认的权威机关批准的一项特定标准化工作的成果，它可采用下述表现形式：一项文件规定一整套必须满足的条件；一个基本单位或物理常数，如安培、绝对零度；可用作实体比较的物体。在开展环境影响评价和环境管理工作的过程中，都必须依据相关的环境标准。

（一）环境标准的概念和作用

1.环境标准的概念

环境标准是为了防治环境污染，维护生态平衡，保护人群健康而对环境保护工作中需要统一的各项技术规范和技术要求所做的规定。具体来讲，环境标准是国家为了保护人民健康，促进生态良性循环，实现社会经济发展目标，根据国家的环境政策和法规，在综合考虑国家自然环境特征、社会经济条件和科学技术水平的基础上，规定环境中污染物的允许含量和污染源排放污染物的数量、浓度、时间和速率以及其他有关技术规范。

环境标准是国家环境政策在技术方面的具体体现，是行使环境监督管理和进行环境规划的主要依据，是推动环境科技进步的动力。可以看出，环境标准是随环境问题的产生而出现，随科技进步和环境科学的发展而发展，体现在种类（国家环境标准五类）和数量上也越来越多。环境标准为社会生产力的发展创造良好的条件，受到社会生产力发展水平的制约。

2.环境标准在环境保护中所起的作用

（1）制订环境规划和环境计划的主要依据。保护人民群众的身体健康，促进生态良性循环和保护社会财物不受损害，都需要使环境质量维持在一定的水平上，这种水平是由环境质量标准规定的。制订环境规划和计划需要有一个明确的目标，环境目标就是依据环境质量标准提出的。像制订经济计划需要生产指标一样，制订保护环境的计划也需要一系列环境指标，环境质量标准和按行业制定的与生产工艺、产品质量相联系的污染物排放标准正是这种类型的指标。有了环境质量标准和排放标准，国家、地方就可以依据它们来制订控制污染和破坏以及改善环境的规划、计划，也有利于将环境保护工作纳入各种社会经济发展计划中。

（2）环境评价的准绳。无论是进行环境质量现状评价和编制环境质量报告书，还是进行环境影响评价，编制环境影响报告书，都需要依据环境标准做出定量化的比较和评价，正确判断环境质量状况和环境影响大小，为进行环境污染综合整治以及采取切实可行的减轻或消除环境影响的措施提供科学的依据。

（3）环境管理的技术基础。环境管理包括环境立法、环境政策、环境规划、环境评价和环境监测等。如在制定的大气、水质、噪声、固体废物等方面的法令和条例中，包含环境标准的要求。环境标准用具体数字体现了环境质量和污染物排放应控制的界限和尺度。超越这些界限，污染了环境，即违背法规。环境管理是执法过程，也是实施环境标准的过程。如果没有各种环境标准，环境法规将难以具体执行。

（4）提高环境质量的重要手段。颁布和实施环境标准可以促使企业进行技术改造、技术革新，提高资源和能源的利用率，努力达到环境标准的要求。显然，环境标准的作用不仅表现在环境效益上，也表现在经济效益和社会效益上。

（5）成为环境保护科技进步的推动力。环境标准与其他任何标准一样，是以科学技术与实践的综合成果为依据制定的，具有科学性和先进性，代表了今后一段时期内科学技术的发展方向。使标准在某种程度上成为判断污染防治技术、生产工艺与设备是否先进可行的依据，成为筛选、评价环保科技成果的一个重要尺度，对技术进步起到导向作用。同时，环境方法、样品、基础标准统一了采样、分析、测试、统计计算等技术方法，规范了与环保有关的技术名词、术语等，保证了环境信息的可比性，使环境科学各学科之间、环境监督管理各部门之间以及环境科研和环境管理部门之间有效的信息交往和相互促进成为可能。标准的实施还可以起到强制推广先进科技成果的作用，加速科技成果转化，使污染治理新技术、新工艺、新设备尽快得到推广应用。

（6）投资导向作用。环境标准中指标值的高低是确定污染源治理污染资金投入的技术依据，在基本建设和技术改造项目中也是根据标准值，确定治理程度，提前安排污染防治资金。环境标准对环境投资的导向作用是明显的。

（二）环境标准体系

各种环境标准之间是相互联系、依存和补充的。环境标准体系是按照各个环境标准的性质、功能和内在联系进行分级、分类所构成的一个有机整体。这个体系随全世界或各个国家在不同时期的社会经济和科学技术发展水平的变化而不断修订、充实和发展。

1.环境标准分类及含义

环境标准种类繁多，依分类原则而异。按标准的级别分为国际级、国家级、地方级和（或）部门级。例如，饮用水标准就有世界卫生组织（WHO）制定的《国际饮用水标准》，我国制定的《国家生活饮用水标准》、建设部制定的《生活饮用水水源水质标准》，卫计委发布的《生活饮用水水质卫生规范》等。有些省、市结合本地情况也制定了补充标准。

按标准的性质分为具有法律效力的强制性标准和推荐性标准。凡是环境保护法规条例和标准化方法上规定必须执行的标准为强制性标准，如污染物排放标准、环境基础标准、分析方法标准、环境标准、物质标准和环保仪器设备标准中的大部分标准，环境质量标准中的警戒性标准也属强制性标准。推荐性标准是在一般情况下应遵循的要求或做法，但不具有法定的强制性。按标准控制的对象和形式分为环境质量标准、污染物排放标准、基础标准和方法标准以及环境标准物质标准和环保仪器设备标准四大类。

2.我国的环境标准体系

我国现行的环境标准体系从国情出发，总结多年来环境标准工作经验，参考国际和国外的环境标准体系规定的。我国的环境标准体系分为"六类两级"。六类是环境质量标准、污染物排放标准（或污染控制标准）、环境基础标准、环境方法标准、环境标准物质标准和环保仪器设备标准。两级是国家环境标准和地方环境标准，其中环境基础标准、环境方法标准、环境标准物质标准等只有国家标准，并尽可能与国际接轨。

（1）环境质量标准。环境质量标准是指在一定时间和空间范围内，对各种环境要素（如大气、水、土壤等）中的污染物或污染因子所规定的允许含量和要求，是衡量环境污染的尺度，也是环境保护有关部门进行环境管理、制定污染排放标准的依据。环境质量标准分为国家和地方两级。

国家环境质量标准是由国家按照环境要素和污染因子规定的标准，适用于全国范围；地方环境质量标准是地方根据本地区的实际情况对某些指标的更严格的要求，是国家环境标准的补充、完善和具体化。国家环境质量标准还包括中央各个部门对一些特定的对象，为了特定的目的和要求而制定的环境质量标准，如《生活饮用水标准》《工业企业设计卫生标准》等。环境质量标准主要包括空气质量标准、水环境质量标准、环境噪声及土壤、生物质量标准等。污染报警标准也是一种环境质量标准，目的是使人群健康不致被严重损害。当环境中的污染物超过报警标准时，地方政府发布警告并采取应急措施，比如勒令排污的工厂停产，告诫年老体弱者在室内休息等。

我国现行的环境质量标准有：《环境空气质量标准》《保护农作物的大气污染物最高允许浓度》《室内空气质量标准》《地面水环境质量标准》《海水水质标准》《渔业水质标准》《农田灌溉水质标准》《地下水质量标准》《声环境质量标准》《机场周围飞机噪声环境标准》《城市区域环境振动标准》《土壤环境质量标准》等。与环境质量标准平行并作为补充的是卫生标准，这类标准如《工业企业设计卫生标准》中规定的"地面水中有害物质最高允许浓度"和"居住区大气中有害物质最高允许浓度""生活饮用水卫生标准"等。

（2）污染物排放标准。污染物排放标准是根据环境质量要求，结合环境特点和社会、经济、技术条件，对污染源排入环境的污染物和产生的有害因子所做的控制标准，或者说是环境污染物或有害因子的允许排放量（浓度）或限值。它是实现环境质量目标的重要手段，规定了污染物排放标准，必须严格控制污染物的排放量。这能促使排污单位采取各种有效措施加强污染管理，使污染物排放达到标准。污染物排放标准分为国家和地方两级。污染物排放标准按污染物的状态分为气态、液态和固态污染物排放标准，还有物理污染（如噪声、振动、电磁辐射等）控制标准，按其适用范围可分为通用（综合）排放标准和行业排放标准，行业排放标准又可分为指定的部门行业污染物排放标准和一般行业污染物排放标准。我国行业性排放标准很多，达60余种。例如《火电厂大气污染物排放标准》《水泥工业大气污染物排放标准》《造纸工业水污染物排放标准》《兵器工业水污染物排放标准》等。行业排放标准一般规定该行业主要产品生产的污染物允许排放浓度和（或）单位产品允许的排污量。排放标准按控制方式分为以下几种。

浓度控制标准。浓度控制标准是规定企业或设备的排放口排放污染物的允许浓度。一般废水中污染物的浓度以"mg/L"表示，废气中污染物的浓度以"mg/m³"表示。此类标准的主要优点是简单易行，只要监测总排放口的浓度即可。它的缺点是：无法排除以稀释手段降低污染物排放浓度的情况，不利于对不同企业做出确切的评价和比较。改进的方向是既监测浓度，又监测废水、废气的流量。我国的《污水综合排放标准》属于浓度控制的排放标准。

地区系数法标准。对于部分污染物，如SO_2，可根据环境质量目标、各地自然条件、环境容量、性质功能、工业密度等，规定不同系数的控制污染源排放的方法。

总量控制标准。这是首先由日本发展起来的方法。日本于20世纪70年代首先在神奈川县对废气中的SO_2排放试行了总量控制，1974年纳入大气污染防治法律。这种方法受到世界各国和我国环境保护工作者的重视。它的基本思想是：由于在污染源密集的地区，只对一个个单独的污染源规定排放浓度，不能保证整个地区（或流域）达到环境质量标准的要求，应该以环境质量标准为基础，考虑自然特征，计算出为满足环境质量标准的污染物总允许排放量，然后综合分析所有在区域（或流域）内的污染源，建立一定的数学模型，计算每个源的合理污染分担率和相应的允许排放量，求得最优方案。每个源的排放量都控制在小于最优方案的规定值内，即可保证环境质量标准的实现。

负荷标准（或称排放系数）。这是从实际控制技术出发，采用分行业、分污染物来控制，以每吨产品或原料计算的任何一日排放污染物的最大值和连续30天排放污染物的平均值表示。此法比总量控制法简单，不需计算复杂的环境总容量和各种源的分担率，对不同行业产量品种工艺区别对待。

（3）环境基础标准。环境基础标准是指在环境标准化工作范围内，对有指导意义的符号、代号、指南、程序、规范等所做的统一规定。在环境标准体系中，环境基础标准处于指导地位，是制定其他环境标准的基础。如《环境污染源类别代码》规定了环境污染源的类别与代码，适用于环境信息管理以及其他信息系统的信息交换。《制定地方大气污染物排放标准的技术方法》是大气环境保护标准编制的基础。《环境影响评价技术导则》则是为建设项目环境影响评价规范化所作的规定。

（4）环境方法标准。这是在环境保护工作中，以试验、分析、抽样、统计、计算环境影响评价等方法为对象而制定的标准，是制定和执行环境质量标准和污染物排放标准实现统一管理的基础。如《水质采样技术指导》《摩托车和轻便摩托车排气污染物排放限值及测量方法（双怠速法）》《建筑施工厂界噪声测试方法》等。有统一的环境保护方法标准，才能提高监测数据的准确性，保证环境监测质量，否则对复杂多变的环境污染因素，将难以执行环境质量标准和污染物排放标准。

（5）环境标准样品标准。环境标准样品标准是对环境标准样品必须达到的要求所作的规定。环境标准样品是环境保护工作中用来标定仪器、验证测试方法、进行量值传递或质量控制的标准材料或物质。如《环境监测用二氧化硫溶液（100mg/L）》《水质COD标准样品》等。

（6）环保仪器设备标准。为了保证污染物监测仪器所监测数据的可比性、可靠性和污染治理设备运行的各项效率，对有关环境保护仪器设备的各项技术要求也编制统一规范和规定。例如《汽油机动车息速排气监测技术条件》《柴油车滤纸烟度计技术条件》等。

3.相关环境标准之间的关系

（1）地方环境标准与国家环境标准之间的关系。地方环境标准是对国家环境标准的补充和完善。由省、自治区、直辖市人民政府制定。近年来为控制环境质量的恶化趋势，一些地方已将总量控制指标纳入地方环境标准。

地方环境质量标准与国家环境质量标准之间的关系为国家环境质量标准中未作规定的项目，可以补充制定地方环境质量标准。

地方污染物排放标准（或控制标准）与国家污染物排放标准（或控制标准）之间的关系为国家污染物排放标准（或控制标准）中未作规定的项目，可以补充制定地方污染物排放标准（或控制标准）；国家污染物排放标准（或控制标准）已规定的项目，可以制定严于国家污染物排放标准的地方污染物排放标准（或控制标准）；省、自治区、直辖市人民政府制定机动车、船大气污染物地方排放标准严于国家排放标准的，须报经国务院批准。

国家环境标准与地方环境标准执行上的关系为地方环境标准优先于国家环境标准执行。

（2）国家污染物排放标准之间的关系。国家污染物排放标准（或控制标准）又分为跨行业综合性排放标准（如《污水综合排放标准》《大气污染物综合排放标准》《锅炉大气污染物排放标准》等）和行业性排放标准（如《火电厂大气污染物排放标准》《合成氨工业水污染物排放标准》《造纸工业水污染物排放标准》等）。综合性排放标准与行业性排放标准不交叉执行，即有行业性排放标准的执行行业排放标准，没有行业排放标准的执行综合排放标准。

第三节　环境影响评价基本技术方法

一、规划环境影响评价的基本方法

《环境影响评价法》以法律的形式确立了规划环境影响评价的地位，该法自2003年9月1日起施行后，国内的规划环境影响评价工作明显加快。《规划环境影响评价技术导则（试行）》同步实施，规定了开展规划环境影响评价的一般原则、工作程序、方法、内容和要求。

《环境影响评价法》规定了各种规划必须有环境影响评价的内容，从环境保护角度进一步规范和完善了各种形式的规划审批制度。在《环境影响评价法》实施后，各地逐步开展了战略环境影响评价和规划环境评价，并取得了一些成果。

（一）规划环境影响评价的一般原则

规划环境影响评价是指在规划编制阶段，对规划实施可能造成的环境影响进行分析、预测和评价，并提出预防或者减轻不良环境影响的对策和措施的过程。编制机关在组织对土地的利用规划，区域、流域和海域的开发利用规划，以及工业、农业、畜牧业、林业、能源、水利、交通、城市建设、旅游、自然资源开发的有关专项规划，进行规划的环境影响评价时，应该遵循以下基本原则。

1.科学、客观和公正的原则

规划环境影响评价必须科学、客观、公正，综合考虑规划实施后对各种环境要素及其所构成的生态系统可能造成的影响，为决策提供科学依据。

2.早期介入原则

规划环境影响评价应尽可能在规划编制的初期介入，并将对环境要素的考虑充分融入规划中。

3.整体性原则

一项规划的环境影响评价应当把与该规划相关的政策、规划、计划及相应的项目联系起来，作整体性考虑。

4.公众参与原则

在规划环境影响评价过程中鼓励和支持公众参与，充分考虑社会各方面利益和主张。

5.一致性原则

规划环境影响评价的工作深度应当与规划的层次、详尽程度相一致。

6.可操作性原则

应当尽可能选择简单、实用、经过实践检验可行的评价方法，评价结论应具有可操作性。

（二）规划环境影响评价的评价内容

规划环境影响评价的内容主要体现在以下八个方面：制定环境规划目标，建立环境规划指标体系，环境调查与评价，环境预测，环境功能区划，环境规划方案设计，环境规划方案优化、实施与管理。其基本内容如下。

规划分析：规划分析包括分析拟议的规划目标、指标、规划方案与相关的其他发展规划、环境保护规划的关系。

环境现状与分析：环境现状与分析包括调查、分析环境现状和历史演变，识别敏感的环境问题及制约拟议规划的主要因素。

环境影响识别与确定：环境目标和评价指标这些指标包括识别规划目标、指标、方案（包括替代方案）的主要环境问题和环境影响，按照有关的环境保护政策、法规和标准拟定或确认环境目标、选择量化和非量化的评价指标。

环境影响分析与评价：包括预测和评价不同规划方案（包括替代方案）对环境保护目标环境质量和可持续性的影响。

确定环境可行的推荐规划方案：针对各规划方案（包括替代方案），拟定环境保护对策和措施，确定环境可行的推荐规划方案。

开展公众参与。

拟订监测、跟踪评价计划。

编写规划环境影响评价文件包括篇章或说明及环境影响报告书。

（三）规划环境影响评价的环境目标与评价指标

1.规划环境影响评价的环境目标

规划环境影响评价的环境目标包括规划涉及的区域和/或行业的环境保护目标，以及规划设定的环境目标。

2.评价指标

评价指标是环境目标的具体化描述，可以进行定性或定量描述，并且可以进行监测和检查。不同的规划可以根据具体情况采用不同的环境目标和评价指标。

涉及工业、农业、畜牧业、林业、能源、水利、交通、城市建设、旅游、自然资源开发这十个专项规划的环境目标与评价指标供参考的环境保护目标与评价指标，可以参考规划环境影响评价的技术导则。

（四）规划环境影响评价方法

由于规划种类繁多，涉及的行业千差万别，因此，目前还没有专门针对各种规划的通用方法。在实际工作中，环境影响评价技术人员通常将建设项目中的一些方法借用到规划的环境影响评价工作中，取得了与实际相近的结果。因此，目前在规划环境影响评价中采用的技术方法大致分为两大类别：一类是在建设项目环境影响评价中采取的，可适用于规划环境影响评价的方法，如识别影响的各种方法（清单、矩阵、网络分析等），描述基本现状、环境影响预测的模型等；另一类是在经济部门、规划研究中使用的，可用于规划环境影响评价的方法，如各种形式的情景和模拟分析、区域、预测、投入产出方法、地理信息系统、投资效益分析、环境承载力分析等。

1.核查表法

将可能受规划行为影响的环境因子和可能产生的影响性质列在一个清单中，然后对核查的环境影响给出定性或半定量的评价。

核查表法使用方便，容易被专业人士及公众接受。在评价早期阶段应用，可保证重大的影响没有被忽略。但建立一个系统而全面的核查表是一项烦琐且耗时的工作；同时由于核查表没有将"受体"与"源"相结合，并且无法清楚地显示出影响过程、影响程度及影响的综合效果。

2.矩阵法

矩阵法将规划目标、指标及规划方案（拟议的经济活动）与环境因素作为矩阵的行与列，并在相对应位置填写用以表示行为与环境因素之间因果关系的符号、数字或文字。

矩阵法有简单矩阵、定量的分级矩阵（相互作用矩阵，又称Leopold矩阵）、Phillip Dillipi改进矩阵、Welch-Lewis三维矩阵等，可用于评价规划筛选、规划环境影响识别、累积环境影响评价等多个环节。矩阵法的优点包括可以直观地表示交叉或因果关系，矩阵的多维性尤其有利于描述规划环境影响评价中的各种复杂关系，简单实用、内涵丰富、易于理解；缺点是不能处理间接影响和时间特征明显的影响。

3.叠图法

将评价区域特征（包括自然条件社会背景、经济状况等）的专题地图叠放在一起，形成一张能综合反映环境影响的空间特征的地图。

叠图法适用于评价区域现状的综合分析，环境影响识别（判别影响范围、性质和程度）及累积影响评价。叠图法能够直观、形象、简明地表示各种单个影响和复合影响的空间分布。但无法在地图上表达源与受体的因果关系，因而无法综合评定环境影响的强度或环境因子的重要性。

4.网络法

用网络图来表示活动造成的环境影响及各种影响之间的因果关系，多级影响逐步展开，呈树枝状，因此这种网络图又称为影响树。网络法可用于规划环境影响识别，包括累积影响或间接影响。网络法主要有以下两种形式。

因果网络实质上是一个包含规划与其调整行为、行为与受影响因子及各因子之间联系的网络。优点是可以识别环境影响发生途径，便于依据因果联系考虑减缓及补救措施；缺点是要么过于详细，致使花费很多本来就有限的人力、物力、财力和时间去考虑不太重要或不太可能发生的影响；要么过于笼统，以致遗漏一些重要的间接影响。

影响网络是把影响矩阵中的关于经济行为与环境因子进行的综合分类及因果网络法中对高层次影响的清晰的追踪描述结合进来，最后形成一个包含所有评价因子（经济行为、环境因子和影响联系）的网络。

5.系统流图法

系统流图法将环境系统描述为一种相互关联的组成部分，通过环境成分之间的联系识别次级的、三级的或更多级的环境影响，是描述和识别直接和间接影响的非常有用的方法，它利用进入、通过、流出一个系统的能量通道描述该系统与其他系统联系的组织。

系统图指导数据收集，组织并简要提出需考虑的信息，突出所提议的规划行为与环境间的相互影响，指出那些需要更进一步分析的环境要素。该法最明显的不足之处是简单依赖并过分注重系统中能量过程和关系，忽视了系统间的物质、信息等其他联系，可能造成系统因素被忽略。

6.情景分析法

情景分析法是将规划方案实施前后、不同时间和条件下的环境状况，按时间序列进行描绘的一种方法，可以用于规划的环境影响的识别、预测及累积影响评价等环节。该法具有以下特点：可以反映出不同的规划方案（经济活动）情景下的环境影响后果，以及一系列主要变化的过程，便于研究、比较和决策；可以提醒评价人员注意开发行动中的某些活动或政策可能引起重大的后果和环境风险。情景分析法与其他评价方法结合起来使用。因为情景分析法只是建立了一套进行环境影响评价的框架，分析每一情景下的环境影响还必须依赖于其他一些更为具体的评价方法，如环境数学模型、矩阵法或GIS等。

7.投入产出分析

在国民经济部门，投入产出分析主要是编制棋盘式的投入产出表和建立相应的线性方程体系，构成一个模拟现实的国民经济结构和社会产品再生产过程的经济数学模型，借助于计算机，综合分析和确定国民经济各部门间错综复杂的联系和再生产的重要比例关系。

投入是指产品生产所消耗的原材料、燃料、动力、固定资产折旧和劳动力等；产出是指产品生产出来后所分配的去向、流向，即使用方向和数量，如用于生产消费、生活消费和积累等。

在规划环境影响评价中，投入产出分析可以用于拟订规划引导下，区域经济发展趋势的预测与分析，也可以将环境污染造成的损失作为一种"投入"（外在化的成本），对整个区域经济环境系统进行综合模拟。

8.环境数学模型

环境数学模型是指用数学形式定量表示环境系统或环境要素的时空变化过程和变化规律，多用于描述大气或水体中污染物质随空气或水等介质在空间中的输运和转化规律。在建设项目环境影响评价中和环境规划中采用的环境数学模型同样可运用于规划环境影响评价。环境数学模型包括大气扩散模型、水文与水动力模型、水质模型、土壤侵蚀模型、沉积物迁移模型和物种栖息地模型等。

数学模型具有的特点是：较好地定量描述多个环境因子和环境影响的相互作用及其因果关系，充分反映环境扰动的空间位置和密度，分析空间累积效应及时间累积效应，具有较大的灵活性（适用于多种空间范围，可用来分析单个扰动及多个扰动的累积影响，分析物理、化学、生物等各方面的影响）。

数学模型法的不足是：对基础数据要求较高，只能应用于人们比较了解充分的环境系统，只能应用于建模所限定的条件范围内，费用较高，以及通常只能分析对单个环境要素的影响。

9.加权比较法

对规划方案的环境影响评价指标赋予分值，同时根据各类环境因子的相对重要程度予以加权；分值与权重的乘积即为某一规划方案对于该评价因子的实际得分；所有评价因子的实际得分累加之和就是这一规划方案的最终得分；最终得分最高的规划方案即为最优方案。分值和权重的确定通过Delphy法进行评定，权重通过层次分析法（AHP法）予以确定。

10.对比评价法

前后对比分析法是指将规划执行前后的环境质量状况进行对比，从而评价规划环境影响的一种方法。其优点是简单易行，缺点是可信度低。

有无对比法是指将规划环境影响预测情况与若无规划执行这一假设条件下的环境质量状况进行比较，以评价规划的真实或净环境影响的一种方法。

11.环境承载力分析法

环境承载力指的是某一时期，某种状态下，某一区域环境对人类社会经济活动支持能力的阈值。环境所承载的是人类行动，承载力的大小可用人类行动的方向、强度、规模等来表示。环境承载力分析方法的一般步骤为：建立环境承载力指标体系；确定每一指标的具体数值（通过现状调查或预测）；针对多个小型区域或同一区域的多个发展方案对指标进行归一化；选择环境承载力最大的发展方案作为优选方案。

环境承载力分析常常以识别限制因子为出发点，用模型定量描述各限制因子所允许的最大行动水平，最后综合各限制因子，得出最终的承载力。环境承载力分析法适用于累计影响评价，是因为环境承载力可以作为一个阈值评价累积影响显著性。在评价的累积影响时，承载力分析较为有效可行。

12.资源与消耗环境指标相关性方法

环境规划中的能耗计算主要包括原煤、原油、天然气三项。能耗指标包括产品综合能耗、能源利用率、能源消费弹性系数。能源消耗预测方法主要是能源弹性系数法。此外，可用经验系数法从已知的单位消费水平归纳推导未来的单位产品的标准煤炭的消耗，并对以上消耗量进行复核。

13.压力——状态——响应（PSR）模型分析方法

压力——状态——响应模型在世界上得到了广泛应用，其最初主要集中在环境对人类施加的压力上。阿伯特和佛雷德（Rapport和Friend）提出的压力——状态——响应模型着眼于环境统计，其模型框架从四个方面评价可持续发展，即人类活动的"压力源"、环境压力、环境响应及人类的群体和个人响应。

该模型起源于经济合作与发展组织（OEOD）的驱动力状态——响应模型。此后，联合国可持续发展委员会（UNCSD）在此基础上发展了驱动力状态响应模型。而加拿大统计局研究的人类环境进程模型，则是在综合阿伯特和佛雷德的应力响应模型，以及污染损耗模型的基础上而发展起来的。很多指标设计项目采用了压力—状态响应模型的一些变量，如欧盟的环境压力指数、加拿大国家指标体系、荷兰的指标体系及美国可持续发展指标体系。

14.德尔菲法

德尔菲法（Delphi法）是美国的兰德（Rand）公司于1994年创立的，属于专家集合法，实质上是一种多专家多轮咨询系统，它凭借专家的经验判断和理论思维对事物进行分析决策或得出结论。因此，挑选专家是德尔菲法成败的关键因素。专家人数的确定要根据研究主题和课题要求达到的精确度而定，一般不少于10人，对一些重大课题的预测和评价专家人数可达百人以上。此外，专家反馈意见或应答率也是重要因素。

二、建设项目环境影响评价的基本方法

环境影响评价本身是一种科学方法和技术手段，其工作程序是由环境影响评价制度所决定的。为了规范环境影响评价技术和指导开展环境影响评价工作，针对建设项目的环境

影响评价工作，国家制定了建设项目《环境影响评价技术导则总纲》，规定了环境影响评价的工作程序。并根据环境影响评价工作的需要，相继发布了建设项目对大气环境、地表水环境和声环境等环境要素影响评价的技术导则。

（一）建设项目环境影响评价的工作程序

1.环境影响评价程序

环境影响评价程序是指按一定的顺序或步骤指导完成环境影响评价工作的过程。

2.环境影响评价的工作程序

环境影响评价工作大体分为以下三个阶段。

第一阶段为准备阶段，主要工作为研究有关文件，进行初步的工程分析和环境现状调查，筛选重点评价项目，确定各单项环境影响评价的工作等级，编制评价大纲。

第二阶段为正式工作阶段，其主要工作为进一步做工程分析和环境现状调查，并进行环境影响预测和评价。

第三阶段为报告书编制阶段，其主要工作为汇总、分析第二阶段工作所得的各种资料、数据，给出结论，完成环境影响报告书的编制。具体可以分解为以下几个方面：办理委托手续——建设单位和评价单位办理环境影响评价委托手续；前期工作——落实评价人员、调研、资料、踏勘现场；编制环评大纲——根据工作特征、环境特征和环境保护法规编写大纲；专家评审、召集专家会对大纲进行评审；大纲报批审批；签订环境影响评价合同——建设单位与评价单位签订评价合同；开展评价工作——环境现状监测、工程、分析、模式计算；编制报告书——为提出环境保护对策与建议给出结论。

3.建设项目环境影响评价工作内容

对一个建设项目，可以逐项开展工作，并最终完成建设项目的环境影响评价文件，包括环境影响报告书、环境影响报告表和环境影响登记表。根据建设项目环境影响评价分类管理办法，不同的环境影响评价文件内容详细程度可以根据实际情况适当增加、简化或减少，但进行环境影响预测评价的基础内容必须完成。

（二）建设项目环境影响评价工作等级

1.环境影响评价工作等级的划分

建设项目对环境的影响是指建设项目实施后可能对环境中不同环境要素造成程度不同的影响，这些要素包括大气、水、声环境、土壤、生态环境等。对这些环境要素的影响评价统称为单项环境影响评价。各单项环境影响评价工作等级可以分为一级、二级和三级，其中，一级最详细，二级次之，三级较简略。环境影响评价工作等级是以下列因素为依据进行划分的。

（1）建设项目的工程特点。这些特点主要有工程性质、工程规模、能源及资源（包括水）的使用量及类型、污染物排放特点（如排放量、排放方式、排放去向，主要污染物种类、性质、排放浓度等）等。

（2）建设项目所在地区的环境特征。这些特征主要有自然环境特点、环境敏感程度、环境质量现状及社会经济环境状况等。

（3）国家或地方政府所颁布的有关法规（包括环境质量标准和污染物排放标准）。一般情况，建设项目的环境影响评价包括一个以上的单项环境影响评价，每个单项环境影响评价的工作等级不一定相同。

2.不同等级的单项环境影响评价要求

对于一级评价，需要对单项环境要素的环境影响进行全面、详细和深入的评价，对该环境的现状调查、影响预测，以及预防和减轻环境影响的措施，一般均要求进行比较全面和深入的分析，尽可能进行定量化描述。

对于二级评价，需要对重点环境要素的影响进行详细和深入的评价，对该环境的现状调查、影响预测，以及预防和减轻环境影响的措施，一般均要求采用定量化计算和定性的描述去完成。

对于三级评价，只需要简单描述环境现状，对建设项目和对环境的影响预测，以及预防和减轻环境影响的措施，一般采用定性的描述去完成。

对于建设项目中个别评价工作等级低于第三级的单项影响评价，可根据具体情况进行简单的叙述、分析或不进行叙述、分析。

对于某一具体建设项目，在划分各评价项目的工作等级时，根据建设项目对环境的影响、所在地区的环境特征或当地对环境的特殊要求等情况可做适当调整。

（三）建设项目环境影响评价方法

目前，国内外使用的环境影响评价方法很多。如环境影响综合评价方法，指数评价法，效益、费用评价法，模糊数学评价法和运筹学评价法等。按照《环境影响评价技术导则总则》的划分方法，建设项目的环境影响评价方法主要有两种，即单项评价方法和多项评价方法。

1.单项评价方法

单项评价方法是以国家、地方的有关法规、标准为依据，评定与估计各评价项目的单个质量参数的环境影响。预测值未包括环境质量现状值（背景值）时，评价时注意应叠加环境质量现状值。在评价某个环境质量参数时，应对各预测点在不同情况下该参数的预测值进行评价。单项评价应有重点，对影响较重的环境质量参数，应尽量评定与估计影响的特性、范围、大小及重要程度。

2.多项评价方法

目前用于多项评价（或称综合评价）的方法有判别法、清单法、矩阵法、网络法、图层叠置法、地理信息系统法等。多项评价方法适用于各评价项目中多个质量参数的综合评价，所采用的方法见有关各单项影响评价的技术导则。采用多项评价方法时，不一定包括该项目已预测环境影响的所有质量参数，可以重点地选择适当的质量参数进行评价。建设项目如需进行多个厂址优选时，要应用各评价项目（如大气环境、地面水环境、地下水环境等）的综合评价进行分析、比较，其所用方法参照各评价项目的多项目评价方法。

（四）环境影响报告书的编制

1.总体要求

环境影响报告书应全面地反映环境影响评价的全部工作，文字应简洁、准确，尽量采用图表和照片，以使提出的资料清楚，论点明确，便于阅读和审查。原始数据、全部计算过程等不必在报告书中列出，必要时可编入附录。所参考的主要文献应按其发表的时间次序由近至远列出目录。评价内容较多的报告书，其重点评价项目另外编制分项报告书；主要的技术问题另外编制专题技术报告。

2.编制内容

现行总纲要求，环境影响报告书应根据环境和工程的特点及评价工作等级，选择下列全部或部分内容进行编制。

总则结合评价项目的特点阐述编制环境影响报告书的目的、编制依据，明确评价采用标准、控制污染和保护环境的目标。

建设项目概况：包括建设项目的名称、地点及建设性质、建设规模、占地面积及厂区平面布置图，土地利用情况和发展规划，产品方案和主要工艺方法，职工人数和生活区布局等。

工程分析：包括主要原料、燃料及其来源和储运，物料平衡，水的用量与平衡，水的回用情况工艺过程，废水、废渣、放射性废物等的种类排放量和排放方式，以及其中所含污染物种类、性质、排放浓度、产生的噪声、振动的特性及数值等，废弃物的回收和综合利用以及处理、处置方案，交通运输情况及场地的开发利用等。

建设项目周围地区的环境现状：包括地理位置、地质、地形、地貌和土壤情况，河流、湖泊、水库海湾的水文情况，气候和气象情况，大气地面水、地下水和土壤的环境质量状况，矿藏、森林、草原、水产和野生动物、原野植物、农作物等情况，自然保护区、风景游览区、名胜古迹、温泉、疗养区及重要的政治文化设施情况。社会经济情况包括：现有工矿企业和生活居民区的分布情况，人口密度，农业概况，土地利用情况，交通运输情况及其他社会经济活动情况，人群健康状况和地方病情况，其他环境污染、环境破坏的现状资料等。

环境影响预测：包括预测环境影响的时段、预测范围、预测内容及预测方法，预测结果及其分析和说明。

评价建设项目的环境影响：包括建设项目环境影响的特征，建设项目环境影响的范围、程度和性质，如要进行多个厂址的优选时，应综合评价每个厂址的环境影响并进行比较和分析。

环境保护措施的述评及技术经济论证，提出各项措施的投资估算。

环境影响经济损益分析。

环境监测制度及环境管理、环境规划建议。

环境影响评价结论。

3.环境影响报告书结论

（1）结论的编写原则和要求。环境影响报告书的结论就是全部评价工作的结论，应在概括和总结全部评价工作的基础上，简洁、准确、客观地总结建设项目实施过程各阶段的生产和生活活动与当地环境的关系，明确一般情况下和特定情况下的环境影响，规定采取的环境保护措施，从环境保护角度分析，得出建设项目是否可行的结论。编写结论与编写报告书其他部分一样，最好分条叙述，以便阅读。

（2）结论的编写内容。报告书结论一般应包括下列内容。

概括地描述环境现状，同时说明环境中现存在的主要环境质量问题，例如某些污染物浓度超过了标准，某些典型的生态遭到了破坏等。

简要说明建设项目的影响源及污染源状况。根据评价工程分析结果，简单说明建设项目的影响源和污染源的位置数量、污染物种类、数量和排放浓度与排放量、排放方式等。

概括总结环境影响的预测和评价结果。结论中要明确说明建设项目实施过程各阶段在不同时期对环境的影响及其评价，特别要说明叠加背景值后的影响。

对环境保护措施的改进建议。报告书中如有专门章节评述环境保护措施（包括污染防治措施、环境管理措施、环境监测措施等）时，结论中应有该章节的总结。若报告书中没有专门章节时，在结论中应简单评述拟采用的环境保护措施。同时还应总结环境保护措施的改进与执行，说明建设项目在实施过程的不同阶段，能否满足环境质量要求的具体情况。

更重要的是对项目建设环境可行性的结论。从国家产业政策、环境保护政策、生态保护和建设规划的一致性、选址或选线与相关规划的相容性，清洁生产水平，环境保护措施、达标排放和污染物排放总量控制，公众意识等方面给出环境影响评价的综合结论。

第三章

环境监测概述

第一节　环境监测内容、特点及发展

一、环境监测的内容

环境监测是以分析监测影响环境质量的各种污染物及其变化和相关因素的一门科学分支，主要的监测内容如下。

（一）大气污染监测

大气污染监测分为大气环境质量监测和污染源监测，其中污染源包括固定污染源和流动污染源。已有百余种污染物列为大气污染监测项目，我国有多种标准对大气污染物的最高允许浓度和排放量作了规定，这些污染物常常是监测的主要项目。全球性大气污染把酸雨、臭氧以及温室效应气体均列为监测内容。大气污染与气象条件密切相关，因此在进行大气监测时常需测定气象参数。

（二）水质污染监测

水污染监测分为水环境质量监测和废水监测，其中水环境质量监测包括地表水监测和地下水监测。我国规定了多种水质标准和排放标准。主要监测项目包括物理性质、化学污染指标和有关生物指标。此外，还包括流速、流量等水文参数。

（三）土壤污染监测

土壤污染主要由工业废弃物堆积、污灌和不适当地使用化肥、农药、除草剂所致。重点监测项目是影响土壤生态平衡的重金属元素、有害非金属元素和难于降解的有机物。

（四）生物污染监测

生物污染监测是对生物体内的污染物质进行监测。因为生物通过大气、水、土壤或食物汲取营养的同时，某些污染物也会进入生物体，并在生物体内富集而受到危害，破坏生态平衡，直接或间接影响着人体健康。监测项目主要为重金属元素、有害非金属元素、农药及某些有毒化合物等。

（五）固体废物监测

固体废物是指丢弃的固体或泥状物质，来源于人类的生产和消费活动，主要监测固体废物的毒性、易燃易爆性、腐蚀性和反应性，其中也包括有毒有害物质的组成含量测定和毒性试验。

（六）噪声污染监测

噪声污染监测主要是环境噪声和噪声源监测，其中环境噪声包括城市环境噪声、交通噪声等。

（七）放射性污染监测及其他能量污染监测

主要是对人体内和环境（如空气、土壤、生物、固体废物等）中α、β放射性活度的测量以及热污染、振动污染、光污染、电磁污染等的监测。

环境监测的内容、项目和污染物种类繁多，而且情况复杂。如在已知的700万种化学物质中，有10多万种可进入环境，各污染物之间又相互作用或转化。对于环境质量来说，监测项目越多，掌握的污染状况就越确切。但实际受人力、物力和技术条件所限，不可能把涉及的项目全部列入，所以应确定一个筛选原则，根据监测目的及污染物的特性，对危害性大、出现频率高、具有代表性的项目优先监测。优先选择的监测污染物称为环境优先污染物，对优先污染物进行的监测称为优先监测。

一般可根据下列原则确定优先监测项目：对环境影响大、持续时间长或能在生物体内产生积累；已有可靠的监测方法，并能获得准确的数据；已有确定的环境标准或有其他规定和要求；在环境中的量已接近或超过规定的标准值，其污染趋势还在上升；样品有广泛的代表性，能反映环境综合质量。

二、环境监测的特点和进展

为了了解环境监测的特点，应了解污染物的来源、污染物的性质、环境污染的特点。

（一）污染物的来源

广义上的"污染物质"一词，是指改变环境自然组成的任何一种物质。这种污染物质的来源，可分为自然源和人为源两种。

来自自然界的污染物质，即自然源污染物质，主要是由于自然现象的结果引起的，如地球天然资源的释放、火山爆发、海洋有机体的分解和氧化、森林火灾等会造成大气中甲烷、一氧化碳、臭氧、二氧化硫、二氧化氮等成分含量的增加，一些地下水流经矿藏或断裂岩层时会含有较多量的金属盐类、放射性同位素和气体，天然存在的放射性元素和宇宙射线会造成一定的环境辐射，等等。自然源污染物质往往具有全球规模污染的特点。

由于环境自古以来一直是处于变化之中的，这种自然源污染物质的产生是不以人的意志为转移的，也是难以鉴定的，因此，在环境科学中，"污染物质"一词通常指的是那些由于人类活动的结果而引起污染的物质，即人为源污染物质，而将自然源污染物质视为自然环境的本底值（背景水平）。

人为源污染物质又可区分为农业源污染物质、工业源污染物质、生活源污染物质和交通源污染物质四类。

1.农业源污染物质

由农业源产生的污染物质主要有家畜、家禽等动物肥料，植物残留物，化学肥料，化学杀虫剂，农药等。

农家动物肥料虽然有很好的肥效，但会产生气味，受雨水冲淋流入河道又会污染水体。为了增加肉蛋类消费、降低饲养成本，不少国家相继建立大型饲养场。一个饲养3万头牲畜的饲养场在雨季时流出的污水中，其BOD_5的数量相当于一座20万人口的城市所排泄的量。

植物残留物，包括农作物的干、茎、根，树木的残枝落叶，森林伐木后的残留木、木段等能为病菌提供藏匿和繁殖的处所，能变质腐败而产生不良气体污染大气，受雨水冲淋也会污染水体。

在农业上大量使用的化学肥料，如氨水、硝酸铵、硫酸铵、碳酸氢铵、尿素、过磷酸钙等会污染河流和地下水，造成地下水含氮素物质量增加和水体的富营养化。

长期使用氮肥会使水体中硝酸盐含量增加，在某些微生物的作用下，硝酸盐会还原成亚硝酸盐进而有可能转化为亚硝胺，这是一种致癌物质，据专家研究认为，这是造成我国消化系统癌症发病率高的一个重要原因。

化学农药和杀虫剂更是造成环境污染的重要来源。20世纪50年代以来，化学杀虫剂的种类和使用量逐年增加。常见的化学杀虫剂有：无机化合物如氧化砷、亚砷酸钠等；有机化合物中有机氯类如001、六六六、氯丹等，有机磷类如敌敌畏、敌百虫、对硫磷、马拉硫磷等。这些农药化学性质大多数稳定，不易分解，能通过食物链积累在动物和人体的脂肪组织中，威胁人类健康。

2.工业源污染物质

工业污染源是造成环境污染的主要来源。几乎所有工业都不同程度地排放污染物质。当前人类在生产中还不能将能源和原材料全部有效利用，而不得不使其中一部分成为未能利用的废料排出，既浪费资源又造成污染。

在各类工业中以能源工业（如火力发电厂和核电厂等）、化学工业和石油化工工业、金属工业（如冶金工业和金属加工工业）、采矿工业、轻纺工业（如造纸工业、纺织工业、食品工业等）排放的污染物质居多。

3.生活源污染物质

生活源污染物质主要是生活污水和垃圾。每人每日产生的生活污水量和污染物质的浓度随各地的生活水平和生活习惯不同而有很大差异。未经处理的生活污水用作灌溉或排入水体，会污染土壤和水体，导致寄生虫病和肠道传染病的传播，并使水体生化需氧量增加，溶解氧降低，水质恶化，破坏水生资源。

生活源污染物质中还要特别引起注意的是医院污水，未经处理的医院污水中含有大量病原菌和有害物质。

城市垃圾亦为传播病菌、寄生虫的媒介，必须经无害化处理后才能作为肥料使用。

4.交通源污染物质

汽车排气和噪声是交通引起的主要污染物质。汽车尾气中含有一氧化碳、二氧化碳、氮氧化物、飘尘、烷烃、烯烃和四乙基铅等物质。这些物质在阳光作用下，进行光化学反应，会产生具有氧化性和刺激性的蓝色烟雾——光化学烟雾，其主要成分是臭氧、酮类、醛类、过氧化乙酰（或丙酰）硝酸酯。

我国现在的机动车数量虽然远不及工业发达国家多，但由交通引起的环境污染，特别是噪声污染已相当严重。交通路口氮氧化物和一氧化碳的污染有逐年增长的趋势，这些状况均已引起有关部门的注意。

大多数污染物质是以散逸至大气或排泄至水体的方式进入环境的，以散逸或排泄的方式的污染源形式如下。

点污染源——浓稠集中的排放，如从工厂烟囱或污水排出口排放。

线污染源——如移动着的汽车在街道上排放尾气。

面污染源——稀淡分散的排放，如农田径流和灌溉排水就是水体污染的主要面污染源。此外，由于降水对大气的淋洗使污染物质进入水体，这也是一种面污染源。许多家庭炉灶或低矮烟囱集合起来也会构成一个区域性的面污染源。

污染源形式还有另外一些分类法，如按污染源存在的形式，可分为固定污染源和移动污染源；按污染物质排放的时间，可分为连续源、间歇源和瞬时源等。

不同形式的污染源对污染物质的扩散、分布和迁移、转化有很大影响。

（二）污染物质的性质

污染物质的种类繁多、性质各异。这里讨论的是污染物质的一般性质。

1.自然性

人类长期生活在自然环境中，对于自然物质有较强的适应能力。专家分析了人体中有60多种常见元素的分布规律，发现其中绝大多数元素在人体血液中的百分含量与它们在地壳中的百分含量极为相似。但是，人类对人工合成的化学物质，其耐受力则要小得多。所以区别污染物质的自然或人工属性，有助于预测它们对人类的危害性。

2.扩散性

扩散性强的污染物质，有可能造成大范围的污染，反之，则只会引起局部污染。摩尔质量小、溶解性好、不易被有机或无机颗粒吸附的污染物质，常能被扩散输送到较远的距离。

3.毒性

有些污染物质具有剧毒性，即使有痕量存在也会危及人类和生物的生存。环境污染物质中，氰化物、砷及其化合物、汞、铍、铊、有机磷、有机氯等的毒性都是很强的。污染物质是否有毒不仅取决于其数量多少，也取决于其存在的形态大小，例如，简单氰化物（氰化钾、氰化钠等）的毒性就比络合氰化物（铁氰络离子等）要大，六价铬对人体和农作物的毒性比三价铬的要大。污染物质的毒性还包括它们的致癌、致畸、致突变性质。

4.活性和持久性

活性指污染物质在环境中的稳定程度。活性高的物质，不能在环境中久存，但要注意它的反应产物，有无造成二次污染的可能性。排入环境中的污染物质，受其他环境因素的影响，发生化学反应生成比原来毒性更强的污染物质，危害人体及生物，这称为二次污染。水俣病案例中甲基汞中毒就是二次污染的例子，由于含汞废水（含无机汞）与甲醛或乙醛废水反应，或者水中的无机汞被颗粒物吸附沉降在河底，与由甲烷细菌产生的甲烷作用，生成可溶性的烷基汞。这种烷基汞的毒性比无机汞更强，被生物积累，经食物链转移到人体，会严重损害人的脑组织，使人呆痴、精神失常，更甚者致人死亡。与活性相反，持久性则表示有些污染物质能长期地保持其危害性，如重金属铅、镉、铱等。

5.生物可降解性

有些污染物质能被生物所吸收、利用并分解，最后生成无害的稳定物质。大多数有机物质有被生物降解的可能性，如苯酚虽有毒性，但经微生物作用后可以被分解为无害物，废水的生物化学处理就是利用了这些污染物质的生物可降解性。

6.生物蓄积性

有些污染物质会在某些生物体内逐渐积累、富集。富集的直接后果是使鱼类、鸟类中毒死亡或繁殖衰退；间接影响是这些尸体经腐烂分解进一步污染水体和土壤，使生态系统受到严重破坏，人类的健康和食物来源自然也同时遭受影响。

7.对生物体作用的综合性

在含有有毒有害物质的环境中，只存在一种物质的可能性是很小的，往往是多种污染物质同时存在，这时就要考虑它们对生物体作用的综合效应。

因此，分析和了解各种环境污染物质的性质，对于选择监测污染物质及其布点、采样，评价污染物质对环境的影响，研究环境容量和制定各种污染物质的排放标准等都是非常有用的。

（三）环境污染的特点

环境污染是各种污染因素本身及其相互作用的结果，同时，环境污染还受社会评价的影响而具有社会性。

1.污染物的时间分布

在研究环境污染时，需要了解污染物的排放量和污染因素的强度随时间变化的规律。一些工厂排放污染物的种类和浓度往往是随时间的变化而变化的，如河流由于季节的变化而有丰水期、枯水期以及潮汛的变化，都使污染物浓度随时间的变化而变化；大气污染随着气象条件的变化，往往会造成同一污染物对同一地点所造成的地面污染浓度差数倍至数十倍；交通噪声的强度也是随着车辆流量的变化而变化的。

2.污染物的空间分布

污染物排放到环境后，随着水源和空气运动而被扩散稀释。不同污染物其稳定性和扩散速度与污染物的性质有关，同时由于地理环境、地貌、大气湍流、水体流动等的影响，污染物的浓度在空间上的分布是不相同的。如一个烟囱（点源）排放的污染物在不同距离和高度的分布，是受气象条件和环境条件影响的。

由此可见，环境监测是一个非常复杂的问题。为了正确表述一个地区的环境质量，需根据污染物的时间和空间分布的特点，考虑如何科学地设置采样点，确定适当的采样频率，这样才能使以后的测定结果具有代表性。

3.环境污染与污染物含量（或污染因素强度）的关系

有害物质引起毒害的量与其无害的自然本底值之间存在一定界限，放射性和噪声的强度也有同样情况，所以，污染物（或污染因素）对环境危害有一个阈值。阈值的获得是先做动物实验，从污染物在动物体上引起的生物的、病理的、生化的指标的改变，找出有害于实验动物的阈浓度，再通过计算和推理的方法，将其换算成有害于人体的作用浓度，在此基础上建立起环境污染与污染物含量的关系，制定出各种污染物的卫生标准。对阈值的研究是判断环境污染及污染程度的重要依据，也是制定环境标准的科学依据。

4.污染因素的综合效应

环境是一个复杂体系，必须考虑各种因素的综合效应。从传统毒理学观点看，多种污染物同时存在对人或生物体的影响有以下几种情况。

（1）单独作用。单独作用即当机体中某些器官只是由于混合物中其一组分发生危害，没有因污染物的共同作用而加深危害的，称为污染物的单独作用。

（2）相加作用。混合污染物各组分对机体同一器官的毒害作用彼此相似，且偏向同一方向，当这种作用等于各污染物毒害作用的总和时，称为污染的相加作用，如大气中二氧化硫和硫酸气溶胶之间、氯和氯化氢之间，当它们在低浓度时，其联合毒害作用即为相加作用，而在高浓度时则不具备相加作用。

（3）相乘作用。当混合污染物对机体的毒害作用超过各组分个别毒害作用的总和时，称为相乘作用，如二氧化硫和颗粒物之间、氮氧化物与一氧化碳之间，就存在相乘作用。

（4）拮抗作用。当两种或两种以上污染物对机体的毒害作用能彼此抵消一部分或大部分时，称为拮抗作用。

此外，污染还会使生态系统发生变化，不同程度地改变某些生态系统的结构和功能。

5.环境污染的社会评价

环境污染的社会评价是与社会制度、社会文明程度、技术经济发展水平、民族的风俗习惯、哲学、法律等问题有关。有些具有潜在危险的污染物因慢性危害往往不会引起人们的注意，而某些现实的、直接感受到的因素则容易受到社会重视，如城市居民长期使用已污染的河水往往不予注意，而因噪声、烟尘等引起的社会纠纷却很普遍。

同时，还必须考虑污染物的环境本底浓度，即环境中的自然背景值，有了环境自然背景值才能评定该污染物是来自人为污染还是自然污染。

（四）环境监测的特点

污染物质种类繁多、组成复杂、性质各异，其中大多数物质在环境中的含量（浓度）极低，属于微量级甚至痕量级、超痕量级，而且污染物质之间还有相互作用，分析测定时会有相互干扰，这就要求环境监测技术具有"三高"，即高灵敏度、高准确度和高分辨率。

环境监测既然包括对环境污染的追踪和预报，对环境质量的监督和鉴定，因此就需要有一定数量的、有代表性的可比性数据，需要有准确、及时的连续自动监测手段，这就要求环境监测具有"三化",即自动化、标准化、计算机化。

环境监测涉及的知识面、专业面宽,它不仅需要有坚实的分析化学基础,而且需要有足够的物理学、生物学、生态学、水文学、气象学、地学、工程学等多方面的知识。此外,环境监测还不能回避社会性问题,在做环境质量鉴定时,必须考虑一定的社会评价因素。因此,环境监测具有多学科性、边缘性、综合性和社会性等特征。

(五)环境监测的进展历程

环境监测是取得各种标志环境质量数据的过程,是一门综合性的实用技术和应用科学,它不限于得到一批环境监测数据,重要的是应用数据来描述和表征环境质量的现状,预测环境质量的发展趋势,以便采取必要的环保措施及治理方案。它是环境科学研究、环境保护必备的耳目和手段,是伴随着"三废"(废水、废气、固体废弃物)的污染防治和环保工作而逐渐发展起来的一种技术。

当环境受到污染时,某些生物会发生异常现象,例如,鱼类的死亡、鸟类的成群迁移,以及植物枝叶的枯黄或整株死亡等。生物的这些异常变化与污染物的种类及其在大气、水体和土壤中的含量有直接关系。因此,利用某些生物(称为指示生物)对环境的异常反应,也可判断污染物的种类和含量,从而为环境监测增加了另一种手段——生物监测,使环境监测的内容更为丰富。

第二节 环境标准

一、环境标准体系

我国的环境标准化工作是与我国环保事业同步发展的。我国已建立包括国家和地方两级标准在内的较为完备的国家环境标准体系。环境标准的范围涵盖环境质量标准、污染物排放(控制)标准、监测方法标准、基础标准、标准样品标准以及各类技术规范、技术要求等多个方面。环境标准体系是指所有环境标准的总和。

环境标准体系的构成,具有配套性和协调性。各种环境标准之间互相联系,互相依存,互相补充,互相衔接,互为条件,协调发展,共同构成一个统一的整体。环境标准体系应具有一定的稳定性,但又不是一成不变的,它是与一定时期的科学技术和经济发展水平以及环境污染和破坏的状况相适应的。随着时间的推移、空间的变化、科技的进步、经济的发展以及环境保护的需要而不断地发展和变化的。

（一）国家环境保护标准

1.国家环境质量标准

国家环境质量标准是为保障人群健康、维护生态环境和保障社会物质财富，并考虑技术、经济条件，对环境中有害物质和因素所做的限制性规定。国家环境质量标准是一定时期内衡量环境优劣程度的标准，从某种意义上讲是环境质量的目标标准。

2.国家污染物排放标准（或控制标准）

国家污染物排放标准（或控制标准）是根据国家环境质量标准以及适用的污染控制技术，并考虑经济承受能力，对排入环境的有害物质和产生污染的各种因素所做的限制性规定，是对污染源控制的标准。

3.国家环境监测方法标准

国家环境监测方法标准是为监测环境质量和污染物排放，规范采样、分析测试、数据处理等所做的统一规定。例如，对分析方法、测定方法、采样方法、试验方法、检验方法、生产方法、操作方法等所做的统一规定。国家环境监测方法中最常见的是分析方法、测定方法、采样方法。

4.国家环境标准样品标准

国家环境标准样品标准是为保证环境监测数据的准确、可靠，对用于量值传递或质量控制的材料、实物样品而制定的标准物质。标准样品在环境管理中起着甄别的作用，可用来评价分析仪器、鉴别其灵敏度；评价分析者的技术，使操作技术规范化。

5.国家环境基础标准

国家环境基础标准是对环境标准工作中，需要统一的技术术语、符号、代号（代码）、图形、指南、导则、量纲单位及信息编码等所做的统一规定。

（二）地方环境保护标准

地方环境标准是对国家环境标准的补充和完善。由省、自治区、直辖市人民政府制定。为控制环境质量的恶化趋势，一些地方已将总量控制指标纳入地方环境标准。

1.环境质量标准

国家环境质量标准中未做规定的项目，可以制定地方环境质量标准。

2.污染物排放（控制）标准

国家污染物排放标准中未做规定的项目可以制定地方污染物排放标准。

国家污染物排放标准已规定的项目，可以制定严于国家污染物排放标准的地方污染物排放标准。

省、自治区、直辖市人民政府制定机动车、船大气污染物地方排放标准严于国家排放标准的，需报经国务院批准。

（三）国家环境保护行业标准

除上述环境标准外，在环境保护工作中对还需要统一的技术要求所制定的标准包括执行各项环境管理制度，监测技术，环境区划，规划的技术要求、规范、导则等。

环境保护行业标准分为强制性环境标准和推荐性环境标准。环境质量标准和污染物排放标准和法律、法规规定必须执行的其他标准为强制性标准。强制性环境标准必须执行，超标即违法。强制性标准以外的环境标准属于推荐性标准。国家鼓励采用推荐性环境标准，推荐性环境标准被强制性标准引用，也必须强制执行。

（四）环境保护标准之间的关系

国家环境保护标准与地方环境保护标准的关系：执行上，地方环境保护标准优先于国家环境保护标准执行。

国家污染物排放标准之间的关系：国家污染物排放标准又分为跨行业综合性排放标准（如污水综合排放标准、大气污染物综合排放标准、锅炉大气污染物排放标准）和行业性排放标准（如火电厂大气污染物排放标准、合成氨工业水污染物排放标准、造纸工业水污染物排放标准等）。综合性排放标准与行业性排放标准不交叉执行。即有行业性排放标准的执行行业排放标准，没有行业排放标准的执行综合排放标准。

环境质量标准提供了衡量环境质量状况的尺度，污染物排放标准为判别污染源是否违法提供了依据。同时，方法标准、标准样品标准和基础标准统一了环境质量标准、污染物排放标准实施的技术要求，为环境质量标准和污染物排放标准正确实施提供了技术保障。

（五）环境保护标准的分类

环境保护标准将"环境介质"作为一级分类的依据，即分为"水""大气""环境噪声与振动""固体废物与化学品""土壤""核辐射与电磁辐射""生态环境保护"等几大类。无法划入具体介质类型的，列入"其他环境保护标准"之中。

在介质分类下再按标准属性划分为"质量""排放""监测方法""仪器规范"等类别。例如，"水环境保护标准"下分"水环境质量标准""水污染物排放标准""水监测规范、方法标准"等。将"环境影响评价技术导则""清洁生产标准""环境标志产品标准"，以及其他技术导则、规范等纳入"其他环境保护标准"类目之中。

二、环境标准的作用及制定原则

环境标准是为了保护人群健康，防治环境污染和维护生态平衡，对有关技术要求所做的统一规定，它在我国环保工作中有着极其重要的地位和不可替代的作用。

（一）环境标准的作用

1.环境标准是环境保护的工作目标

环境标准是制订环境保护规划和计划的重要依据。

2.环境标准是判断、评价环境质量和衡量环保工作的准绳

无论是进行环境质量现状评价、编制环境质量报告书，还是进行环境影响评价、编制环境影响报告书，都需要环境标准。只有依靠环境标准，方能做出定量化的比较和评价，正确判断环境质量的好坏，从而为控制环境质量，进行环境污染综合整治，以及设计切实可行的治理方案提供科学依据。

3.环境标准是环境保护行政主管部门依法行政的依据

环境标准是执法的依据。如环境质量标准提供了衡量环境质量状况的尺度，污染物排放标准为判别污染源是否违法提供了依据。另外，诸如环境问题的诉讼、排污费的收取、确定污染治理的目标等都需以环境标准为依据。

4.环境标准是推动环境保护科技进步的一个动力

环境标准与其他任何标准一样，是以科学技术与实践的综合成果为依据制定的，具有科学性和先进性，代表了今后一段时间内科学技术的发展方向。使标准在某种程度上成为判断污染防治技术、生产工艺与设备是否先进可行的依据，成为筛选、评价环保科技成果的一个重要尺度，对技术进步起到导向作用。同时，环境方法、样品、基础标准统一了采样、分析、测试、统计计算等技术方法，规范了与环保有关技术名词、术语等，保证了环境信息的可比性，使环境科学各学科之间、环境监督管理各部门之间以及环境科研和环境管理部门之间有效的信息交往、相互促进成为可能。标准的实施还可以起到强制推广先进科技成果的作用，加速科技成果转化及污染治理新技术、新工艺、新设备尽快得到推广应用。

5.环境标准具有投资导向作用

环境标准中的指标值是确定污染源治理、污染资金投入的技术依据。在基本建设和技术改造项目中，也是根据标准值确定治理程度提前安排污染防治资金的。环境标准对环境投资的这种导向作用是明显的。

（二）制定环境标准的原则

环境标准体现国家技术经济政策。它的制定要充分体现科学性和现实性的统一才能做到既能保护或改善环境质量，又能促进国家经济技术的发展。

1.遵循法律依据和科学规律

制定环境标准应以国家环境保护方针、政策、法律、法规及有关规章为依据，以保护人体健康和改善环境质量为目标，促进环境效益、经济效益和社会效益三者之间的统一。环境标准中指标值的确定是以科学研究的结果为依据的，如环境质量标准，要以环境质量基准为基础。所谓环境质量基准，是指经科学试验确定污染物（或因素）对人或生物不产生不良或有害影响的最大剂量或浓度。制定监测方法标准要对方法的准确度、精密度、干扰因素及各种方法的比较等进行试验。制定控制标准的技术措施和指标，要考虑它们的成熟程度、可行性及预期效果等。

2.与国家的技术水平、社会经济承受能力相适应

基准和标准是两个不同的概念。环境质量基准是由污染物（或因素）与人或生物之间的剂量及其反应关系确定的，不考虑社会、经济和技术等人为因素，也不随时间的变化而变化。而环境质量标准是以环境质量基准为依据，考虑社会、经济和技术等因素而制定，并具有法律强制性，它可以根据情况不断修改、补充。

污染控制标准制定的焦点是如何正确处理技术先进和经济合理之间的矛盾，标准要定在最佳实用点上，即落实"最佳实用技术法"（简称BPT法）和"最佳可行技术法"（简称BAT法）。BPT法是指工艺和技术可靠，从经济条件上国内能够普及的技术。BAT法是指技术上证明可靠、经济上合理，但属于代表工艺改革和污染治理方向的技术。环境污染从根本上讲是资源、能源的浪费，因此，环境标准的建立应促使工矿企业实施技术改造，采用少污染、无污染的先进工艺。按照环境功能、企业类型、污染物危害程度、生产技术水平等进行区别对待，这也应在相关环境标准中给出明确规定或具体反映。

3.各类环境标准之间应协调配套

质量标准与排放标准、排放标准与收费标准、国内标准与国际标准之间应该相互协调和相互配套，使相关部门的执法工作有法可依，共同进步。

4.国际标准和其他国家的相关标准的借鉴

一个国家的标准应该综合反映国家的技术、经济和管理水平。在国家标准制定、修改或更新时，积极逐步采用或等效采用国际标准必然会促进我国环境监测水平的提高，也可以避免国际合作等过程中执行标准时可能产生的责任不明确事件的发生。

三、环境标准内容

（一）水质标准

1.地表水环境质量标准

《地表水环境质量标准》将项目分为地表水环境质量基本项目、集中式生活饮用水地表水源地补充项目和集中式生活饮用水地表水源地特定项目。标准的基本项目适用于江河、湖泊、运河、渠道、水库等具有使用功能的地表水水域，集中式生活饮用水地表水源地补充项目和特定项目适用于集中式生活饮用水水源地一级保护区和二级保护区。集中式生活饮用水地表水源地特定项目由县级以上人民政府环境保护行政主管部门根据本地区地表水水质特点和环境管理的需要进行选择，集中式生活饮用水地表水源地补充项目和选择依据地表水水域环境功能和保护目标，按其功能高低依次划分为五类。

Ⅰ类：主要适用于源头水、国家自然保护区。

Ⅱ类：主要适用于集中式生活饮用水地表水源地一级保护区、珍稀水生生物栖息地、鱼虾类产卵场、仔稚幼鱼的索饵场等。

Ⅲ类：主要适用于集中式生活饮用水地表水源地二级保护区、鱼虾类越冬场、洄游通道、水产养殖区等渔业水域及游泳区。

Ⅳ类：主要适用于一般工业用水区及人体非直接接触的娱乐用水区。

Ⅴ类：主要适用于农业用水区及一般景观要求水域。

对应地表水上述五类水域功能，将地表水环境质量标准基本项目标准值分为五类，不同功能类别分别执行相应类别的标准值。水域功能类别高的标准值严于水域功能类别低的标准值。同一水域兼有多类使用功能的，执行最高功能类别对应的标准值。实现水域功能与达到功能类别标准为同一含义。

2.污水综合排放标准

《污水综合排放标准》按照污水排放去向，分年限规定了水污染物最高允许排放浓度及部分行业最高允许排水量。标准适用于现有单位水污染物的排放管理，建设项目的环境影响评价，建设项目环境保护设施设计、竣工验收及其投产后的排放管理。按照国家综合排放标准与国家行业排放标准不交叉执行的原则，除部分行业执行相应的行业标准，其他水污染物排放均执行本标准。《污水综合排放标准》给出了污水、排水量、排污单位和标准分级等的重新界定。

污水：指在生产与生活活动中排放的水的总称。

排水量：指在生产过程中直接用于工艺生产的水的排放量，不包括间接冷却水、厂区锅炉、电站排水。

一切排污单位：指本标准适用范围所包括的一切排污单位。

其他排污单位：指在某一控制项目中，除所列行业外的一切排污单位。

（二）大气标准

我国的大气标准主要包括大气环境质量标准、大气污染物排放标准和相关监测规范、方法标准等，是为改善环境空气质量、防止生态破坏、创造清洁适宜的环境、保护人体健康而制定的。

1.环境空气质量标准

环境空气指人群、植物、动物和建筑物等所暴露的室外空气。

《环境空气质量标准》规定了环境空气质量功能区划分、标准分级、污染物项目、取值时间及浓度限值、采样与分析方法及数据统计的有效性规定。适用于全国范围的环境空气质量评价。

环境空气质量功能区划分为三类。

一类区：自然保护区、风景名胜区和其他需要特殊保护的地区。

二类区：城镇规划中确定的居住区、商业交通居民混合区、文化区、一般工业区和农村地区。

三类区：特定工业区。

环境空气质量标准又分为三级，一类区执行一级标准，二类区执行二级标准，三类区执行三级标准。

2.室内空气质量标准

《室内空气质量标准》是我国第一部室内空气质量标准，它规定了室内空气质量参数及检验方法。适用于住宅和办公建筑物，其他室内环境可参照本标准执行。该标准规定了各项污染物不允许超过的浓度限值。

标准中规定的控制项目不仅有化学性污染，还有物理性、生物性和放射性污染。对影响室内空气质量的物理因素（如温度、湿度和空气流速）视季节性规定了达标限值；化学性污染物质中不仅有人们熟悉的甲醛、苯、氨等污染物质，还有可吸入颗粒物、二氧化碳、二氧化硫等污染物质；对生物性和放射性指标也分别规定了达标限值。

3.大气污染物综合排放标准

《大气污染物综合排放标准》其指标体系为最高允许浓度、最高允许排放速率和无组织排放监控浓度限值，适用于现有污染源大气污染物排放管理，以及建设项目的环境影响评价、设计，环境保护设施竣工验收及其投产后的大气污染物排放管理。该标准设置如下三个指标体系：一是通过排气筒排放的污染物最高允许排放浓度；二是通过排气筒排放的污染物，按排气筒高度规定的最高允许排放速率；三是以无组织方式排放的污染物，规定无组织排放的监控点及相应的监控浓度限值。任何一个排气筒必须同时遵守上述两项指标，超过其中任何一项均为超标排放。

4.行业性大气污染物排放标准

国家在控制大气污染物排放方面，除综合性排放标准外，还有若干行业性排放标准共同存在，除若干行业执行各自的行业性国家大气污染物排放标准外，其余均执行综合性排放标准。

（三）固体废物标准

为防止农用污泥、建材农用粉煤灰、农药、农用城镇垃圾及有色金属、建材工业固体废物等对土壤、农作物、地表水、地下水的污染，保障农牧渔业生产和人体健康，我国制定了一系列有关固体废物标准，主要包括《固体废物污染控制标准》《危险废物鉴别标准》《固体废物鉴别方法标准》及其他相关标准。

（四）土壤标准

我国土壤环境标准包括土壤环境质量标准和相关监测规范、方法标准。

《土壤环境质量标准》的制定是为了防止土壤污染，保护生态环境，保障农林生产，维护人体健康。标准按土壤应用功能、保护目标和土壤主要性质，规定了土壤中污染物的最高允许浓度指标值及相应的监测方法。适用于农田、蔬菜地、茶园、果园、牧场、林地、自然保护区等的土壤。

标准根据土壤应用功能和保护目标将土壤环境质量划分为三类。

Ⅰ类主要适用于国家规定的自然保护区（原有背景重金属含量高的除外）、集中式生活饮用水源地、茶园、牧场和其他保护地区的土壤，土壤质量基本保持自然背景水平。

Ⅱ类主要适用于一般农田、蔬菜地、茶园、果园、牧场等的土壤，土壤质量基本上对植物和环境不造成危害和污染。

Ⅲ类主要适用于林地的土壤及污染物容量较大的高背景值土壤和矿产附近等地的农田土壤（蔬菜地除外），土壤质量基本上对植物和环境不造成危害和污染。

本标准共分三个级别。

一级标准：为保护区域自然生态，维持自然背景的土壤环境质量的限制值。二级标准：为保障农业生产，维护人体健康的土壤限制值。三级标准：为保障农林业生产和植物正常生长的土壤临界值。

各类土壤环境质量执行标准的级别规定：Ⅰ类土壤环境质量执行一级标准，Ⅱ类土壤环境质量执行二级标准，Ⅲ类土壤环境质量执行三级标准。

第四章
环境自动监测系统

环境中污染物的分布和浓度是随时间、空间、气象条件、降水及污染物排放情况等因素的变化而不断改变的，定点、定时人工采样的测定结果难以准确反映污染物的动态变化和预测其发展趋势。为实时获取污染物的变化信息，正确评价污染现状，为研究污染物扩散、迁移、转化规律和科学监管提供依据，必须采用连续自动监测技术。随着科学技术的快速发展，特别是传感器、电子、自动控制、计算机和通信技术的发展，为实现多种污染物的连续自动监测和远程监控创造了条件。

工业发达国家饱尝了环境污染的危害，20世纪60年代开始建立区域性监测网，应用自动监测仪器，并引入遥测技术。进入70年代，在全国范围陆续建立了空气、地表水污染连续自动监测系统，形成自动监测网，成为对空气、地表水质量常规项目监测和监控的主要手段，还开展了烟气、污（废）水连续自动监测。80年代后自动监测技术得到进一步加强和完善，应用遥感等先进技术进行大范围、大面积的空气和水域污染状况监测和预测、预报，还开展了城市噪声自动监测。自动监测仪器也在不断更新、完善和规范化。

我国自20世纪80年代开始建立空气污染连续自动监测站，90年代开始建立地表水连续自动监测站。到目前为止，全国已有180个地级以上城市（109个大气污染防治重点城市）建立了空气污染连续自动监测系统，实现了环境空气质量日报，其中90个地级城市（83个大气污染防治重点城市）还实现了环境空气质量预报，并通过地方电视台、电台、报纸或互联网等媒体向社会发布；在长江、黄河、松花江、辽河、海河、淮河、珠江、太湖、巢湖、滇池等地表水的重点流域建立和完善了200余套水质自动监测系统，监控63条河流、13座湖库的水质状况，并于2009年7月在互联网上发布国家水站的实时监测数据；在一些重点污染源也相继建立了烟尘、烟气排放连续自动监测系统和废（污）水排放连续自动监测系统；还开展了地面和空间遥感监测及城市噪声自动监测工作。促使自动监测仪器的研制和生产也有了较快的发展。

第一节 环境空气质量连续自动监测系统

一、环境空气质量连续自动监测系统的组成与功能

环境空气质量自动监测系统是一套区域性空气质量实时监测网络，在严格的质量保证程序控制下连续运行，无人值守。它由一个中心站、若干个子站（包括移动子站）、质量保证实验室和系统支持实验室及信息传输系统组成。

中心站配备有功能齐全、储存容量大的计算机，应用软件，收发传输信息的有线或无线通信设备和打印、绘图、显示仪器等输出设备，以及数据存储设备。其主要功能是：向各子站发送各种工作指令，管理子站的工作；定时收集各子站的监测数据，并对所收取的监测数据进行判别、检查和存储，建立数据库，以便随时检索或调用；对采集的监测数据进行统计处理、分析，打印各种报表，绘制污染物分布图；当发现污染指数超标时，向污染源行政管理部门发出警报，以便采取相应的对策；对监测子站的监测仪器进行远程诊断和校准。

监测子站除为监测环境空气质量设置的固定站外，还包括突发污染事故或者特殊环境应急监测用的流动站，即将监测仪器安装在汽车、轮船上，可随时开到需要场所开展监测工作。子站的主要功能是：在计算机的控制下，连续自动监测预定污染物和气象状况；按一定时间间隔采集、处理和存储监测数据；通过信息传输系统接收中心站的工作指令，并按中心站的要求向其传输监测数据和设备工作状态信息。

为保证系统的正常运转，获得准确、可靠的监测数据，还设有质量保证和系统支持实验室，负责对系统所用监测设备进行标定、校准和审核，监控、监督、改进整个系统的运行质量，及时检修出现故障的仪器设备，保管仪器设备、备件和有关器材。

二、子站布设及监测项目

（一）子站数目和站位选址

自动监测系统中子站的设置数目取决于监测目的、监测网覆盖区域面积、地形地貌、气象条件、污染程度、人口数量及分布、国家的经济力量等因素，其数目可用经验法或统计法、模式法、综合优化法确定。经验法是常用的方法，包括人口数量法、功能区划

分法、几何图形法等。

不过，由于子站内的监测仪器长期连续运转，需要有良好的工作环境，如房屋应牢固，室内要配备控温、除湿、除尘设备；连续供电，且电源电压稳定；仪器维护、维修和交通方便等。

（二）监测项目

环境空气质量自动监测系统的子站监测项目分为两类，一类是温度、湿度、大气压、风速、风向及日照量等气象参数，另一类是二氧化硫、二氧化氮、一氧化碳、臭氧、可吸入颗粒物（PM10）和细颗粒物（PM2.5）、总悬浮颗粒物（TSP）、氮氧化物等污染参数。依据《环境空气质量监测点位布设技术规范》（664-2013）的规定，子站（监测点）代表的功能区和所在位置不同，选择的监测参数也有差异。城市环境空气质量监测点监测温度、湿度、大气压、风速、风向五项气象参数和《环境空气质量标准》（GB3095—2012）确定的污染参数，详见表4-1。

表4-1 城市监测点监测项目

必测项目	二氧化硫、二氧化氮、一氧化碳、臭氧、可吸入颗粒物（PM10）和细颗粒物（PM2.5）
选测项目	总悬浮颗粒物（TSP）、氮氧化物、铅、苯并（α）芘（BaP）

三、子站内的仪器装备

子站内装备有自动采样和预处理装置、污染物自动监测仪器及其校准设备、气象参数测量仪器、计算机及其外围设备、信息收发及传输设备等。

采样系统可采用集中采样和单独采样两种方式。集中采样是在每个子站设一总采气管，由引风机将空气样品吸入，各仪器的采样管均从总采样管中分别采样，但PM10应单独采样。单独采样是指各监测仪器分别用采样泵采集空气样品。在实际工作中，多将这两种方式结合使用。

校准系统包括校正污染监测仪器零点、量程的零气源和标准气气源（如标准气发生器、标准气钢瓶）、标准流量计和气象仪器校准设备等。在计算机和控制器的控制下，每隔一定时间（如8h或24h）依次将零气和标准气输入各监测仪器进行零点和量程校准，校准完毕，计算机给出零值和跨度值报告。

四、环境空气质量自动监测仪器

（一）仪器选型

环境空气质量自动监测仪器是获取准确污染信息的关键设备，必须具备连续运行能力强、灵敏、准确、可靠等性能。各国所选用的仪器类型不尽相同，即使在同一个国家也未做到完全统一。但从发展趋势来看，由于干法监测仪器具有结构简单，测定准确、可靠，维护量小，一台仪器有时可以测定两种以上组分等特点，故将尽可能地用其代替复杂的湿法仪器，如已在自动监测系统得到广泛应用的差分吸收光谱仪（DOAS），一台仪器可以实时监测多种气态污染物的浓度，所测污染物浓度是沿几百米到几千米长的光路上的气体浓度的平均值，故又称长光程监测仪，其监测结果更具有代表性。表4-2列出环境空气质量自动监测系统中广泛应用的自动监测仪器，它们都属于技术比较成熟的干法自动监测仪器。

表4-2 广泛应用的环境空气质量监测方法和自动监测仪器

监测项目	监测方法	自动监测仪器
SO_2	紫外荧光光谱法	紫外荧光SO_2自动监测仪或脉冲紫外荧光SO_2自动监测仪
NO_x	化学发光分析法	化学发光NO_x自动监测仪
CO	非色散红外吸收法	相关红外吸收CO自动监测仪或非色散红外吸收CO自动监测仪
O_3	紫外吸收法	紫外吸收O_3自动监测仪
PM10、PM2.5	β射线吸收法	β射线吸收PM10、PM2.5自动监测仪

（二）二氧化硫自动监测仪

用于连续或间歇自动测定空气中SO_2的监测仪器以脉冲紫外荧光SO_2自动监测仪应用最广泛，其他还有紫外荧光SO_2自动监测仪、电导式SO_2自动监测仪、库仑滴定式SO_2自动监测仪及比色式SO_2自动监测仪等。

脉冲紫外荧光SO_2自动监测仪是依据荧光分析法（FA）原理设计的干法仪器，具有灵敏度高、选择性好、适用于连续自动监测等特点，被世界卫生组织（WHO）推荐在全球监测系统中采用。

当用波长为190～230nm的脉冲紫外线照射空气样品时，则空气中的SO_2分子对其产生强烈吸收，被激发至激发态，即：

$$SO_2 + hv_1 \rightarrow SO_2^*$$

激发态的SO_2^*分子不稳定，瞬间返回基态，发射出波长为330nm的荧光，即：

$$SO_2^* \rightarrow SO_2 + hv_2$$

当SO_2浓度很低、吸收光程很短时，发射的荧光强度和SO_2浓度成正比，用光电倍增管及电子测量系统测量荧光强度，并与标准气样发射的荧光强度比较，即可得知空气中SO_2的浓度。

荧光分析法测定SO_2的主要干扰物质是水分和芳香烃化合物。水分从两个方面产生干扰，一是使SO_2溶于水造成损失，二是SO_2遇水发生荧光猝灭造成负误差，可用渗透膜渗透法或反应室加热法除去。芳香烃化合物在190～230nm紫外线激发下也能发射荧光造成正误差，可用装有特殊吸附剂的过滤器预先除去。

脉冲紫外荧光SO_2自动监测仪由荧光计和气路系统两部分组成。

荧光计的工作原理是：脉冲紫外光源发射的光束通过激发光滤光片（光谱中心波长为220nm）后获得所需波长的脉冲紫外光射入反应室，与空气中的SO_2分子作用，使其激发而发射荧光，用设在入射光垂直方向上的发射光滤光片（光谱中心波长为330nm）和光电转换装置测其强度。脉冲光源可将连续光变为交变光，以直接获得交流信号，提高仪器的稳定性。脉冲光源可通过使用脉冲电源或切光调制技术获得。

气路系统的流程是：空气样品经除尘过滤器后，通过采样电磁阀进入渗透膜除湿器、除烃器到达荧光反应室，反应后的干燥气体经流量计测量流量后由抽气泵抽引排出。

仪器日常维护工作主要是定期进行零点和量程校准，定期更换紫外灯、除尘过滤器、渗透膜除湿器和除烃器填料等。

（三）氮氧化物自动监测仪

连续或间断自动测定空气中氮氧化物的仪器以化学发光NO_x自动监测仪应用最广泛，其他还有原电池库仑滴定式NO_x自动监测仪等。

1.化学发光分析法原理

化学发光分析法基于某些化合物分子吸收化学能后，被激发到激发态，再由激发态返回基态时，发射出具有一定波长范围的光，称为化学发光反应。通过测量化学发光强度即可测定物质的浓度。

化学发光反应通常出现在放热化学反应中，可在气相或液相、固相中进行。NO_x可发生下列几种气相化学发光反应。

（1）$$NO + O_3 \rightarrow NO_2^* + O_2$$

$$NO_2^* \rightarrow NO_2 + hv$$

式中：NO_2^*——处于激发态的NO_2。

h——普朗克常数。

v——发射光子的频率。

该反应的发射光谱为 $600 \sim 3200nm$，最大强度在 $1200nm$ 处。

（2）
$$NO_2 + O\cdot \rightarrow NO + O_2$$

$$O\cdot + NO + M \rightarrow NO_2^* + M$$

$$NO_2^* \rightarrow NO_2 + hv$$

该反应的发射光谱为 $400 \sim 1400nm$，最大强度在 $600nm$ 处。

（3）
$$NO_2 + H\cdot \rightarrow NO + HO\cdot$$

$$NO + H\cdot + M \rightarrow HNO\cdot^* + M$$

$$HNO\cdot^* \rightarrow HNO\cdot + hv$$

该反应的发射光谱为 $600 \sim 700nm$。

（4）
$$NO_2 + hv \rightarrow NO + O\cdot$$

$$O\cdot + NO + M \rightarrow NO_2^* + M$$

$$NO_2^* \rightarrow NO_2 + hv$$

该反应的发射光谱为 $400 \sim 1400nm$。

在第一种化学发光反应中，以臭氧为反应剂；在第二、三种反应中，需要用原子氧或原子氢；第四种反应需要特殊光源照射。鉴于臭氧容易制备，使用方便，故目前广泛利用第一种化学发光反应测定空气中的 NO_x，其反应产物的发光强度可用下式表示。

$$I = K \cdot \frac{[NO] \cdot [O_3]}{[M]}$$

式中：I——发光强度。

$[NO]$、$[O_3]$——NO、O_3 的浓度。

$[M]$——参与反应的第三种物质浓度，该反应为空气。

K——与化学发光反应温度有关的常数。

如果 O_3 是过量的，而 M 是恒定的，那么发光强度与 NO 浓度成正比，这是定量分析的依据。但是，测定 NO_x 总浓度时，需预先将 NO_2 转化为 NO。

化学发光分析法的特点是：灵敏度高，检出限可达10^{-9}（体积分数）数量级；选择性好，通过对化学发光反应和发光波长的选择，可消除共存组分的干扰，不经分离便可有效地进行测定；线性范围宽，一般可达5～6个数量级。

2.化学发光NO_x自动监测仪

以O_3为反应剂的化学发光NO_x自动监测仪的气路分为两部分，一是O_3发生气路，即净化空气或氧气经电磁阀、膜片阀、流量计进入O_3发生器，在紫外光照射或无声放电作用下，产生O_3进入反应室。二是气样经尘埃过滤器进入反应室，在约345℃和石墨化玻璃碳的作用下，将NO_2转化成NO_x，再通过电磁阀、流量计到达装有半导体制冷器的反应室。气样中的NO与O_3在反应室中发生化学发光反应，产生的光量子经反应室端面上的滤光片获得特征波长光照射到光电倍增管上，将光信号转换成与气样中NO_x浓度成正比的电信号，经放大和信号处理后，送入指示、记录仪表显示和记录测定结果。反应室内化学发光反应后的气体经净化器由泵抽出排放。还可以通过三通电磁阀抽入零气校正仪器的零点。

（四）臭氧自动监测仪

连续或间歇自动测定空气中O_3的仪器首先以紫外吸收O_3自动监测仪应用最广，其次是化学发光O_3自动监测仪。

紫外吸收O_3自动监测仪的测定原理基于O_3对254nm附近的紫外线有特征吸收，根据吸光度确定空气中O_3的浓度。气样和经O_3去除器3除O_3后的背景气交变地通过气室6，分别吸收紫外线光源1经滤光器2射出的特征波长紫外线，由光电检测系统测量透过气样的光强I和透过背景气的光强I_0，经数据处理器根据I/I_0计算出气样中O_3的浓度，直接显示和记录消除背景干扰后的测定结果。仪器还定期输入零气、标准气进行零点和量程校正。

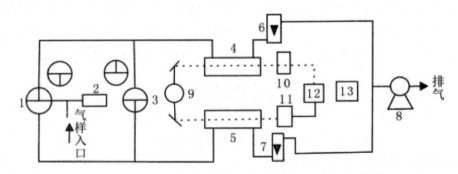

图4-1 双光路型紫外吸收O_3自动监测仪的工作原理

双光路型紫外吸收O_3自动监测仪的工作原理如图4-1。当电磁阀1、3处于图中的位置时，气样分别同时从电磁阀1进入气室4和经O_3去除器2除去O_3后从电磁阀3进入气室5，吸收光源射入各自气室的特征紫外线，由光电检测器和数据处理系统测量透过气样的光强I及透过背景气的光强I_0，并计算出I/I_0。当电磁阀切换到与前者相反位置时，则流过气室5的是含O_3的空气，流过气室4的是除O_3的背景气，同样可测知I/I_0。由于仪器已进行过校准，故可以分别得知流过气室4和气室5气样的O_3浓度，仪器显示的读数是二者的平均值，这样将会有效地提高测定精度。电磁阀每隔7s切换一次，完成一个循环周期。

紫外吸收O_3自动监测仪操作简便，响应快，检出限可达2μg/m³。

（五）一氧化碳自动监测仪

连续测定空气中CO的自动监测仪以非色散红外吸收CO自动监测仪和相关红外吸收CO自动监测仪为主，前者应用更广泛。

非色散红外吸收CO自动监测仪的测定原理基于CO对红外线具有选择性的吸收（吸收峰在4.5μm附近），在一定浓度范围内，其吸光度与CO浓度之间的关系符合朗伯-比尔定律，故可根据吸光度测定CO的浓度。

由于CO_2的吸收峰在4.3μm附近，水蒸气的吸收峰在3μm和6μm附近，而且空气中CO_2和水蒸气的浓度远大于CO浓度，故干扰CO的测定。用窄带光学滤光片或气体滤波室将红外辐射限制在CO吸收的窄带光范围内，可消除CO_2和水蒸气的干扰。此外，还可用从样品中除湿的方法来消除水蒸气的影响。

红外线光源经平面反射镜发射出能量相等的两束平行光，被同步电机M带动的切光片交替切断。然后，一束通过滤波室（内充CO_2和水蒸气，用以消除干扰光）、参比室（内充不吸收红外线的气体，如氮气）射入检测室，这束光称为参比光束，其CO特征吸收波长光强不变。另一束光称为测量光束，通过滤波室、测量室射入检测室。由于测量室内有气样通过，则气样中的CO吸收了特征红外线，使射入检测室的光束强度减弱，且CO含量越高，光强减弱越多。检测室用一金属薄膜（厚5～10μm）分隔为上、下两室，均充等浓度CO气体，在金属薄膜一侧还固定一圆形金属片，距薄膜0.05～0.08mm，二者组成一个电容器，并在两极间加有稳定的直流电压，这种检测器称为电容检测器或薄膜微音器。由于射入检测室的参比光束强度大于测量光束强度，使两室中的气体温度产生差异，导致下室中的气体膨胀压力大于上室，使金属薄膜偏向固定金属片一方，从而改变了电容器两极间的距离，也就改变了电容，由其变化值即可得知气样中CO的浓度。采用电子技术将电容变化转换成电流变化，经放大及信号处理系统后，由经校准的指示表及记录仪显示与记录测量结果。

在仪器连续运行中，需定期通入纯氮气进行零点校准和通入CO标准气进行量程校准。

（六）PM10和PM2.5自动监测仪

自动测定空气中的PM10和PM2.5多采用β射线吸收自动监测仪，也有的用石英晶体振荡天平自动监测仪或光散射自动监测仪。

1.β射线吸收自动监测仪

β射线吸收法的原理基于：物质对β射线的吸收作用。当β射线通过被测物质时，射线强度衰减程度与所透过物质的质量有关，而与物质的物理、化学性质无关。

β射线吸收自动监测仪的工作原理是通过测定清洁滤带（未采集颗粒物）和采样滤带（已采集经切割器分离的PM10或PM2.5）对β射线吸收程度的差异来测定所采颗粒物量。因为采集气样的体积是已知的，故可得知空气中的PM10或PM2.5浓度。

采集颗粒物的滤带为玻璃纤维滤纸或聚四氟乙烯滤膜；β射线源可用^{14}C、^{147}Pm等低能源；检测器采用脉冲计数管，对放射线脉冲进行计数。

设等强度的β射线穿过清洁滤带和采集PM10滤带后的强度分别为N_0和N（脉冲计数），二者的关系为：

$$N = N_0^{-K \cdot \Delta m} \qquad (4-1)$$

式中：K——质量吸收系数，cm^2/mg。

Δm——采样滤带单位面积上PM10的质量，mg/cm^2。

上式可写成如下形式。

$$\Delta m = \frac{1}{K} \frac{\ln N}{\ln N_0} \qquad (4-2)$$

设采样滤带采集PM10或PM2.5部分的面积为A，采气体积为V，则空气中PM10或PM2.5质量浓度ρ可用下式表示。

$$\rho = \frac{\Delta m \cdot A}{V} = \frac{A}{V \cdot K} \frac{\ln N}{\ln N_0} \qquad (4-3)$$

上式说明当仪器工作条件选定后，气样中PM10或PM2.5浓度只取决于β射线穿过清洁滤带和采样滤带后的强度，而穿过清洁滤带后的β射线强度是一定的，故PM10或PM2.5质量浓度取决于β射线穿过采样滤带后的强度。

2.石英晶体振荡天平自动监测仪

这种仪器以石英晶体谐振器为传感器。石英晶体谐振器是一个两侧装有励磁线圈，顶端安放可更换滤膜的石英晶体锥形管。励磁线圈为石英晶体谐振器提供激励能量。当含PM10或PM2.5的气样流过滤膜时，颗粒物沉积在滤膜上，使滤膜质量发生变化，导致石英晶体谐振器的振荡频率降低，二者的关系可用下式表示。

$$\Delta m = K_0 \left(\frac{1}{f_1^2} - \frac{1}{f_0^2} \right) \tag{4-4}$$

式中：Δm——滤膜质量增量，即采集的PM10或PM2.5质量。

K_0——由石英晶体谐振器特性和温度决定的常数。

f_0——石英晶体谐振器初始振荡频率。

f_1——滤膜沉积PM10或PM2.5后的石英晶体谐振器振荡频率。

将 $\left(\frac{1}{f_1^2} - \frac{1}{f_0^2} \right)$ 输入信号处理系统，计算出沉积在滤膜上的PM10或PM2.5质量，再根据采样流量、采样时环境温度和大气压计算出标准状态下的PM10或PM2.5质量浓度。

石英晶体谐振器对空气的湿度比较敏感，需要对气样和振荡天平加热，使之保持在50℃的恒温。另外，注意及时更换滤膜。

（七）差分吸收光谱自动监测仪

前面介绍的自动监测仪只能检测一种污染物，差分吸收光谱（DOAS）自动监测仪可测定空气中多种污染物，已在空气污染自动监测系统中用于SO_2、NO_2、O_3等的测定，具有监测范围广、测量周期短、响应快、属非接触式测定等优点。DOAS的测定原理基于被测物质对光波选择性的吸收，例如，SO_2和O_3对200～350nm波长光有很强的吸收；NO_2在440nm附近差分吸收强烈；CH_2O在340nm、C_6H_6在250nm附近吸收也很明显；CO的吸收主要集中在红外线波段。

差分吸收光谱自动监测仪由光源、发射和接收系统、光导纤维、光谱仪、检测器、A/D转换器和微型计算机等组成。

光源（高压氙灯）发出的光（200～500nm）被凹面镜反射出一束平行光，通过被测空气到达接收器，再被凹面镜反射聚焦在光导纤维的一端，传输至光谱仪分析。光谱仪内有一个受步进电机控制的光栅，步进电机根据微型计算机的指令选择光栅的位置，使经过光栅分光得到的被测物质的特征吸收光被凹面镜反射聚焦于检测器（光电倍增管），产生相应的电信号，经A/D转换器转换成数字信号，输送至微型计算机处理后，得到被测物质的浓度。这种仪器的光源和接收器处于相对位置，还有的将光源和接收器安装在同一侧，在对面安装角反射镜，可使光路长度增加一倍。

五、气象观测

空气污染状况与气象条件有密切关系，因此，在进行污染物监测的同时，还要进行气象观测。气象观测包括两部分，即地面常规气象观测和梯度气象观测。前者是对地面的气象参数进行观测，观测项目有风向、风速、温度、湿度、大气压、太阳辐射、降水量等。

梯度气象观测是在一定高度的气层内观测温度、风向、风速等参数随高度变化情况。大、中城市一般都设置了气象塔，可以连续观测各种气象参数，为分析空气污染发展趋势，研究污染物扩散、迁移规律提供了基础数据。但是，气象部门的资料不是为空气污染监测而收集的，并且观测站往往设在远离城市的郊外，因此，为取得所监测地区的主要气象参数，一般空气自动监测系统的各子站都安装了主要气象参数观测仪器。

第二节 地表水水质自动监测系统

一、地表水水质自动监测系统的组成与功能

地表水水质自动监测系统由若干个地表水水质自动监测站（简称水站）和一个可以对水站进行远程监控、数据传输统计应用的监测数据平台（简称数据平台）组成。水站在自动控制系统控制下，有序地开展对预定污染物及水文参数的连续自动监测工作，无人值守，昼夜运转，并通过有线或无线通信设备将监测数据和相关信息传输到数据平台，接受数据平台的远程监控。数据平台设有计算机及其外围设备，是集数据与状态采集、处理和各类报表生成于一体的操作系统，具备对各水站状态信息及监测数据的采集、备份和监控，根据需要完成各种数据的分析与管理、报表生成与上报、图件制作、自动分类报警和远程监控等。

建立地表水水质自动监测系统的目的是对江、河、湖、海、渠、库的主要水域重点断面水体的水质进行连续监测，掌握水质现状及变化趋势，预警或预报水质污染事故，提高科学监管水平。

二、水质自动监测站的布设及装备

对于水质自动监测站的布设，首先要调查研究，收集水文、气象、地质和地貌、水体功能、污染源分布及污染现状等基础资料，根据建站条件、环境状况、水质代表性、监测长期性、系统安全性和运行经济性等因素进行综合分析，确定建站的位置、监测断面、监测垂线和监测点。

为确保水质自动监测系统的长期稳定运行，所选取的站址应具备良好的交通、电力、清洁水、通信、采水点距离、采水扬程、枯水期采水可行性和运行维护安全性等建站基础条件。

所选取站点的监测结果应该能代表监测水体的水质状况和变化趋势。河流监测断面一般选择在水质分布均匀、流速稳定的平直河段，距上游入河口或排污口的距离大于1km，原则上与原有的常规监测断面一致或者相近，以保证监测数据的连续性。湖库断面要有较好的水力交换，所在位置能全面反映被监测区域湖库水质的真实状况，避免设置在回水区、死水区及容易造成淤积和水草生长处。

站房可采用固定站房、简易式站房、小型式站房、水上固定平台站、水上浮标（船）站。站房配套设计废液处理和生活污水收集设施。为适应突发性环境污染事故应急监测和特殊环境监测，也需要设置流动监测站，如水质监测船、水质监测车。

水质自动监测站由采水单元、配水和预处理单元、自动监测仪单元、自动控制和通信单元、站房及配套设施等组成。

采水单元包括采水泵、输水管道、排水管道及调整水槽等。采水头一般设置在水面下0.5~1.0m处，与水底有足够的距离；使用潜水泵或安装在岸上的吸水泵采集水样。设计采水方式要因地制宜，如栈桥式、利用现有桥梁式、浮筏式、悬臂式等。

配水单元直接向自动监测仪供水，其提供的水质、水压和水量均需满足自动监测仪的要求。

预处理单元为不同监测项目配备预处理装置，以满足分析仪器对水样的沉降时间和过滤精度等要求。包括去除水样中泥沙的过滤、沉降装置，手动和自动管道反清洗装置及除藻装置等。

自动监测仪单元装备有各种污染物连续自动监测仪、自动取样器及水文参数（流量或流速、水位、水向）测量仪等，是水质自动监测系统的核心部分。

自动控制和通信单元包括计算机及应用软件、数据采集及存储设备、有线和无线通信设备等。具有处理和显示监测数据，根据对不同设备的要求进行远程控制、自动加密与备份，实时记录采集到的异常信息，并将信息和数据传输至远程监控中心等功能。

监测站房配有水电供给设施、空调机、避雷针、防盗报警装置等。

三、监测项目与监测方法

地表水水质监测项目包括常规指标、综合指标和单项污染指标。其中，综合指标是反映有机物污染状况的指标，根据水体污染情况，可选择其中一项测定，地表水一般测定高锰酸盐指数。单项污染指标则根据监测断面所在水域水质状况确定。另外，还要测量水位、流速、降水量等水文参数，气温、风向、风速、日照量等气象参数，以及污染物通量等。地表水水质可自动监测的项目及方法列于表4-3。

表4-3　地表水水质可自动监测的项目及方法

监测项目		监测方法
常规指标	水温	铂电阻法或热敏电阻法
	pH	电位法（玻璃电极法）
	电导率	电导电极法
常规指标	浊度	光散射法
	溶解氧	隔膜电极法（极谱型或原电池型）
综合指标	化学需氧量（COD）	分光光度法、流动注射-分光光度法、库仑滴定法、比色法等
	高锰酸盐指数（I_{Mn}）	分光光度法、流动注射-分光光度法、电位滴定法
	总有机碳（TOC）	燃烧氧化-非色散红外吸收法、紫外照射-非色散红外吸收法
	紫外吸收值（UVA）	紫外分光光度法
单项污染指标	总氮	过硫酸钾消解-紫外分光光度法、密闭燃烧氧化-化学发光分析法
	总磷	高温消解-分光光度法
	氨氮	气敏电极法、分光光度法、流动注射-分光光度法
	氯化物	离子选择电极法
	氟化物	离子选择电极法
	油类	紫外分光光度法、荧光光谱法、非色散红外吸收法

根据《地表水自动监测技术规范（试行）》（HJ915-2017），地表水水质自动监测项目分为必测项目和选测项目，见表4-4。应根据监测目的、水质特点确定监测项目，对于选测项目，应根据水体特征污染因子、仪器设备适用性、监测结果可比性，以及水体功能进行确定。仪器不成熟或其性能指标不能满足当地水质条件的项目不应作为自动监测项目。

表4-4　地表水水质自动监测站必测项目和选测项目

水体	必测项目	选测项目
河流	五项常规指标、高锰酸盐指数、氨氮、总磷、总氮	挥发酚、挥发性有机物、油类、重金属、粪大肠菌群、流量、流速、流向、水位等
湖、库	五项常规指标、高锰酸盐指数、氨氮、总磷、总氮、叶绿素a	挥发酚、挥发性有机物、油类、重金属、粪大肠菌群、藻类密度、水位等

四、水质自动监测仪器

（一）五项常规指标自动监测仪

五项常规指标的测定不需要复杂的操作程序，已广泛应用的五项常规指标自动监测仪将五种监测仪安装在同一机箱内，使用方便，便于维护。

（二）综合指标自动监测仪

1.高锰酸盐指数自动监测仪

有分光光度式和电位滴定式两种高锰酸盐指数自动监测仪，它们都是基于以高锰酸钾溶液为氧化剂氧化水中的有机物等可氧化物质，通过高锰酸钾溶液消耗量计算出耗氧量（以mg/L为单位表示），只是测量过程和测定方式有所不同。

有两种分光光度式高锰酸盐指数自动监测仪，一种是程序式高锰酸盐指数自动监测仪，另一种是流动注射式高锰酸盐指数自动监测仪。前者是一种将高锰酸盐指数标准测定方法操作过程程序化和自动化，用分光光度法确定滴定终点，自动计算高锰酸盐指数值的仪器，测定速度慢，试剂用量较大；后者是将水样和高锰酸钾溶液注入流通式毛细管，反应后，进入测量池测量吸光度，并换算成高锰酸盐指数的仪器。

流动注射式高锰酸盐指数自动监测仪。在自动控制系统的控制下，载流液由陶瓷恒流泵连续输送至反应管道中，当按照预定程序通过电磁阀将水样和高锰酸钾溶液切入反应管道（流通式毛细管）后，被载流液载带，并在向前流动过程中与载流液渐渐混合，在高温、高压条件下快速反应后，经过冷却，流过流通式比色池，由分光光度计测量液流中剩余高锰酸钾对530nm波长光吸收后透过光强度的变化值，获得具有峰值的响应曲线，将其峰高与标准水样的峰高比较，自动计算出水样的高锰酸盐指数。完成一次测定后，用载流液清洗管道，再进行下一次测定。

电位滴定式高锰酸盐指数自动监测仪与程序式高锰酸盐指数自动监测仪测定程序相同，只是前者用指示电极系统电位的变化指示滴定终点。

2.化学需氧量（COD）自动监测仪

这类仪器有流动注射-分光光度式COD自动监测仪、程序式COD自动监测仪和库仑滴定式COD自动监测仪。流动注射-分光光度式COD自动监测仪的工作原理与流动注射式高锰酸盐指数自动监测仪相同，只是所用氧化剂和测定波长不同。

程序式COD自动监测仪基于在酸性介质中，加入过量的重铬酸钾标准溶液氧化水样中的有机物和无机还原性物质，用分光光度法测定剩余的重铬酸钾量，计算出水样消耗重铬酸钾量和COD。仪器利用微型计算机或程序控制器将量取水样、加液、加热氧化、测定及数据处理等操作自动进行。恒电流库仑滴定式COD自动监测仪也是利用微型计算机将各项操作按预定程序自动进行，只是将氧化水样后剩余的重铬酸钾用库仑滴定法测定，根据消耗电荷量与加入的重铬酸钾总量所消耗的电荷量之差，计算出水样的COD。

3.总有机碳（TOC）自动监测仪

这类仪器有燃烧氧化-非色散红外吸收TOC自动监测仪和紫外照射-非色散红外吸收TOC自动监测仪。前者要使其成为间歇式自动监测仪，需要安装自动控制装置，将加入水样和试剂、燃烧氧化和测定、数据处理和显示、清洗等操作按预定程序自动进行。后者的工作原理是在自动控制装置的控制下，将水样、催化剂（TiO_2悬浮液）、氧化剂（过硫酸钾溶液）导入反应池，在紫外线的照射下，水样中的有机物氧化成二氧化碳和水，被载气带入冷却器除去水蒸气，送入非色散红外气体分析仪测定二氧化碳，由数据处理单元换算成水样的TOC。仪器无高温部件，易于维护，但灵敏度较燃烧氧化-非色散红外吸收法低。

4.紫外吸收值（UVA）自动监测仪

由于溶解于水中的不饱和烃和芳香烃化合物等有机物对254nm附近的光有强烈吸收，而无机物对其吸收甚微。实验证明，某些废水或地表水对该波长附近紫外线的吸光度与其COD有良好的相关性，故可用来反映有机物的含量。该方法操作简便，易于实现自动测定，目前在国外多用于监控排放废（污）水的水质，当紫外吸收值超过预定控制值时，就按超标处理。

单光程双波长UVA自动监测仪由低压汞灯发出约90%的254nm紫外线光束，通过水样发送池后，聚焦并射到与光轴成45°的半透射半反射镜上，将其分成两束，一束经紫外线滤光片得到254nm的紫外线（测量光束），射到光电转换器上，将光信号转换成电信号，它反映了水中有机物对254nm紫外线的吸收和水中悬浮物对该波长紫外线吸收及散射而衰减的程度。另一束光成90°反射，经可见光滤光片滤去紫外线（参比光束）射到另一光电转换器上，将光信号转换为电信号，它反映水中悬浮物对参比光束（可见光）吸收和散射后的衰减程度。假设悬浮物对紫外线的吸收和散射与对可见光的吸收和散射近似相等，则两束光的电信号经差分放大器作减法运算后，其输出信号即为水样中有机物对254nm紫外线的吸光度，消除了悬浮物对测定的影响。仪器经校准后可直接显示、记录有机物浓度。

（三）单项污染指标自动监测仪

1.总氮（TN）自动监测仪

这类仪器的测定原理是：将水样中的含氮化合物氧化分解成NO_2或NO、NO_3^-，用化学发光分析法或紫外分光光度法测定。根据氧化分解和测定方法不同，有三种TN自动监测仪。

（1）紫外氧化分解-紫外分光光度TN自动监测仪：测定原理是将水样、碱性过硫酸钾溶液注入反应器中，在紫外线照射和加热至70℃条件下消解，则水样中的含氮化合物氧化分解生成NO_3^-；加入盐酸溶液除去CO_2后，输送到紫外分光光度计，于220nm波长处测其吸光度，通过与标准溶液吸光度比较，自动计算水样TN浓度，并显示和记录。

（2）催化热分解-化学发光TN自动监测仪：将微量水样注入置有催化剂的高温燃烧管中进行燃烧氧化，则水样中的含氮化合物分解生成NO_x经冷却、除湿后，和O_3发生化学发光反应，生成NO_2，测量化学发光强度，通过与标准溶液发光强度比较，自动计算TN浓度，并显示和记录。

（3）流动注射-紫外分光光度TN自动监测仪：利用流动注射系统，在注入水样的载液（NaOH溶液）中加入过硫酸钾溶液，输送到加热至150～160℃的毛细管中进行消解，将含氮化合物氧化分解生成NO_3^-，用紫外分光光度法测定NO_3^-浓度，自动计算TN浓度，并显示和记录。

2.总磷（TP）自动监测仪

测定总磷的自动监测仪有分光光度式和流动注射式，它们都是基于将水样消解，将不同价态的含磷化合物氧化分解为磷酸盐，经显色后测其对特征光（880nm）的吸光度，通过与标准溶液的吸光度比较，计算出水样TP浓度。

（1）分光光度式TP自动监测仪：可见，它也是一种将手工测定的标准操作方法程序化、自动化的仪器。

（2）流动注射-分光光度式TP自动监测仪：仪器的工作原理与流动注射式高锰酸盐指数自动监测仪大同小异，即在自动控制系统的控制下，按照预定程序由载流液（H_2SO_4溶液）载带水样和过硫酸钾溶液进入毛细管，在150～160℃下消解，水样中各种含磷化合物被氧化分解，生成磷酸盐，和加入的酒石酸锑氧钾-钼酸铵溶液进入显色反应管，发生显色反应，生成磷钼杂多酸，再加入抗坏血酸溶液，使之生成磷钼杂多蓝，输送到流通式比色池，测定对880nm波长光的吸光度，由数据处理系统通过与标准溶液的吸光度比较，自动计算水样TP浓度，并显示和记录。

3.氨氮自动监测仪

按照仪器的测定原理，有分光光度式和氨气敏电极式两种氨氮自动监测仪。

（1）分光光度式氨氮自动监测仪：这类仪器有两种类型，一种是将手工测定的标准操作方法（水杨酸-次氯酸盐分光光度法或纳氏试剂分光光度法）程序化和自动化的氨氮自动监测仪，即在自动控制系统的控制下，按照预定程序自动采集水样送入蒸馏器，加入氢氧化钠溶液，加热蒸馏，使水样中的离子态氨转换成游离氨，进入吸收池被酸（硫酸或硼酸）溶液吸收后，送到显色反应池，加入显色剂（水杨酸-次氯酸溶液或纳氏试剂）进行显色反应，待显色反应完成后，再送入比色池测其对特征波长（前一种显色剂为670nm，后一种显色剂为420nm）光的吸收度，通过与标准溶液的吸光度比较，自动计算水样中的氨氮浓度，并显示和记录。测定结束后，自动抽入自来水清洗测定系统，转入下一次测定，一个周期需要60min。另一种类型是流动注射–分光光度式氨氮自动监测仪。在自动控制系统的控制下，将水样注入由蠕动泵输送来的载流液（NaOH溶液）中，在毛细管内混合并进行富集后，送入气液分离器的分离室，释放出氨气并透过透气膜，被由恒流泵输送至另一毛细管内的酸碱指示剂（溴百里酚蓝）溶液吸收，发生显色反应，将显色溶液送入分光光度计的流通比色池，用光电检测器测其对特征波长光的吸光度，获得吸收峰高，通过与标准溶液吸收峰高比较，自动计算出水样的氨氮浓度。仪器最短测定周期为10min，水样不需要预处理。

（2）氨气敏电极式氨氮自动监测仪：在自动控制系统的控制下，将水样导入测量池，加入氢氧化钠溶液，则水样中的离子态氨转换成游离态氨，并透过氨气敏电极的透气膜进入电极内部溶液，使其pH发生变化，通过测量pH的变化并与标准溶液pH的变化比较，自动计算水样的氨氮浓度。仪器结构简单，试剂用量少，测定浓度范围宽，但电极易受污染。

五、水质监测船

水质监测船是一种水上流动的水质分析实验室，它用船作运载工具，装上必要的监测仪器、相关设备和实验材料，可以灵活地开到需要监测的水域进行监测工作，以弥补固定监测站的不足；可以方便地追踪寻找污染源，进行污染物扩散、迁移规律的研究；可以在大水域范围内进行物理、化学、生物、底质和水文等参数的综合观测，取得多方面的数据。在水质监测船上，一般装备有水体、底质、浮游生物等采样系统或工具，固定监测站和水质分析实验室中必备的分析仪器、化学试剂、玻璃仪器及相关材料、水文、气象参数测量仪器，以及其他辅助设备和设施，如标准源、烘箱、冰箱、实验台、通风和生活设施等，还备有浸入式多参数水质监测仪，可以垂直放入水体不同深度，同时测量pH、水温、溶解氧、电导率、氧化还原电位和浊度等参数。

六、近岸海域水质自动监测系统

近岸海域水质自动监测系统由海水自动监测子站、中心控制室、质量控制实验室和系统支持实验室四部分组成。

海水自动监测子站包括浮体（或平台）、水质、水文及气象监测仪器，无线数据采集、处理、传输和存储系统，卫星定位系统，固定系统，太阳能供电及视频系统等。其功能是对近岸海域海水水质和水文、气象状况等进行连续自动监测；存储监测数据，按中心控制室的指令传输监测数据和设备工作状态等信息。

中心控制室主要包括数据接收和处理系统，实时监视和远程控制系统。其功能是收集子站的监测数据和设备工作状态信息，并对收集的数据进行统计处理、分析判断、检查和存储；对子站监测仪器进行远程诊断和控制。

　　系统支持实验室主要配备日常保养、维护设备和工具，根据仪器设备的运行要求进行日常保养、维护和检修。质量控制实验室主要对监测设备进行校准、考核和质量控制。

　　近岸海域水质自动监测系统监测参数应根据监测目的、监测区域污染状况、自动监测仪器设备性能水平和准确度的要求进行选择。一般应选择：水温、电导率/盐度、pH、溶解氧、浊度、氧化还原电位、叶绿素等；专项监测（如赤潮自动监测子站、入海河口区域监测子站、入海河口通量监测断面子站）还应增加氨氮、亚硝酸盐氮、硝酸盐氮、磷酸盐、蓝绿藻、水文动力学参数和气象参数。

第三节　污染源连续自动监测系统

　　在企业固定污染源防治设施和城市污水处理厂，安装连续自动监测系统的目的有两个，一是跟踪监测处理后的废（污）水、废气是否达到排放标准，二是为优化处理过程控制参数及时提供依据，保证废（污）水、废气处理设施始终处于正常运行状态。

一、水污染源连续自动监测系统

（一）水污染源连续自动监测系统的组成与功能

　　水污染源连续自动监测系统由流量计、自动采样器、污染物及相关参数自动监测仪、数据采集及传输设备等组成，是水污染源防治设施的组成部分。这些仪器的主机安装在距离采样点不大于50m、环境条件符合要求、具备必要的水电设施和辅助设备的专用站房内。

　　数据采集、传输设备用于采集各自动监测仪测得的监测数据，经数据处理后，进行显示、存储并发送到控制中心，通过计算机进行集中控制，并与各级环境保护管理部门计算机联网，实现远程监管；提高了科学监管能力。

　　该系统具有：时间设定、校对、显示；自动零点、量程校正；限值报警和报警信号输出；故障报警、显示和诊断，并具有自动保护且能够将故障报警信号输出到远程控制网；接收远程控制网的外部触发命令、启动分析等操作的功能。

（二）水污染源连续自动监测项目

对于不同类型的水污染源，各个国家都制定了相应的排放标准，规定了排放废（污）水中污染物的允许浓度。我国已颁布了50多种废（污）水排放标准，标准中要求控制的污染物项目有些是相同的，有些是行业特有的，要根据不同行业的具体情况，选择那些能综合反映污染程度、危害大，并且有成熟的连续自动监测仪的项目进行监测，对于没有成熟的连续自动监测仪的项目，仍需要用手工分析。

根据《水污染源在线监测系统安装技术规范》（HJ/T335-2007），目前，水污染源连续自动监测的项目有：pH、化学需氧量（COD）、紫外吸收值（UVA）、总有机碳（TOC）、氨氮、总磷（TP）、污水排放总量及污染物排放总量等。其中，COD、UVA、TOC都是反映有机物污染的综合指标，当废（污）水中污染物组分稳定时，三者之间有较好的相关性。因为COD监测法消耗试剂量大，监测仪器比较复杂，易造成二次污染，故应尽可能地使用不用试剂、仪器结构简单的UVA连续自动监测仪测定，再换算成COD的方法。

企业排放废水的监测项目也要根据其所含污染物的特征进行增减，如钢铁、冶金、纺织、煤炭等工业废水需增测汞、镉、铅、铬、砷等有害金属化合物。

（三）监测方法和监测仪器

pH、COD、TOC、UVA、氨氮、总磷的监测方法和自动监测仪器与地表水连续自动监测系统相同，但是，废（污）水的测定环境较地表水恶劣，水样进入监测仪器前的预处理系统往往比地表水复杂。

污染物排放总量是根据监测仪器输出的浓度信号和流量计输出的流量信号，由监测系统中的负荷运算器进行累积计算得到，可输出TP、TN、COD的1h排放量、1h平均浓度、日排放量和日平均浓度。这些数据由显示器显示，打印机打印和送到存储器储存，并利用数据处理和传输设备进行信号处理，输送到远程控制中心。

二、烟气连续排放监测系统

烟气连续排放监测系统（CEMS）是指对固定污染源排放烟气中污染物（SO_2、NO_x、颗粒物）浓度及其总量和相关排气参数进行连续自动监测的仪器仪表设备。通过该系统跟踪测定获得的数据，一是用于评价排污企业排放烟气污染物浓度和排放总量是否符合排放标准，实施实时监管；二是用于对脱硫、脱硝等污染治理设施进行监控，使其处于稳定运行状态。《固定污染源烟气（SO_2、NO_x、颗粒物）排放连续监测技术规范》（HJ/T75—2007）和《固定污染源烟气（SO_2、NO_x、颗粒物）排放连续监测系统技术要求及检测方法》（HJ/T74–2007）中，对CEMS的组成、技术性能要求、检测方法及安装、管理和质量保证等都做了明确规定。

（一）CEMS的组成及监测项目

CEMS由颗粒物（烟尘）监测、烟气参数测量、气态污染物（SO_2、NO_x）监测和数据采集与处理四个单元组成。

CEMS监测的主要污染物有：二氧化硫、氮氧化物和颗粒物。监测的主要烟气参数有：含氧量、含湿量（湿度）、流量（或流速）、温度和压力等。同时计算烟气中污染物浓度、排放速率和排放量，显示和打印各种数据和参数，形成相关图表，并通过数据采集与处理系统传输至管理部门。

（二）颗粒物（烟尘）自动监测仪

烟尘的测定方法有浊度法、光散射法、β射线吸收法等。使用这些方法测定时，烟气中其他组分的干扰可忽略不计，但水滴有干扰，不适合在湿法净化设备后使用。

1.浊度法

浊度法测定烟尘的原理基于烟气中颗粒物对光的吸收。一种双光程浊度仪的光源和检测器组合件安装在烟囱的左侧，反光镜组合件安装在烟囱的右侧。当被斩光器调制的入射光束穿过烟气到达反光镜组合件时，被角反射镜反射后再次穿过烟气返回到检测器，根据用测定烟尘的标准方法对照确立的烟尘浓度与检测器输出信号间的关系，仪器经校准后即可显示、输出实测烟气的烟尘浓度。仪器配有空气清洗器，以保持与烟气接触的光学镜片（窗）清洁。仪器经过改进，调制、校准及光源的参比等功能用特种LCD材料来实现，使整个系统无运动部件，提高了稳定性。LCD材料具有通过改变电压可以改变其通光性的特点。

2.光散射法

光散射法基于颗粒物对光的散射作用，通过测量偏离入射光一定角度的散射光强度，间接测定烟尘的浓度。根据散射光偏离入射光的角度不同，其监测仪器有后散射烟尘监测仪、边散射烟尘监测仪和前散射烟尘监测仪。探头式后散射烟尘监测仪将它安装在烟囱或烟道的一侧，用经两级过滤器处理的空气冷却和清扫光学镜窗口；手工采样利用重量法测定烟气中烟尘的浓度，建立与仪器显示数据的相关关系，并用数字电子技术实现自动校准。

光散射法比浊度法灵敏度高，仪器的最小测定范围与光路长度无关，特别适用于低浓度和小粒径颗粒物的测定。

（三）烟气参数的测量

烟气温度、压力、流量（或流速）、含氧量、含湿量及大气压力都是计算烟气污染物浓度及其排放总量需要的参数。

温度常用热电偶温度仪或热电阻温度仪测量。流速（或流量）常用皮托管流速测量仪或超声波测速仪、靶式流量计测量。烟气压力可由皮托管流速仪的压差传感器测得。含湿量常用测氧仪测定烟气除湿前、后含氧量计算得知，也可以用电容式传感器湿度测量仪测量。含氧量用氧化锆氧量分析仪或磁氧分析仪、电化学传感器氧量测量仪测量。大气压力用大气压力计测量。

（四）气态污染物的测定

烟气具有温度高、湿度大、腐蚀性强和含尘量高的特点，监测环境恶劣，测定气态污染物需要选择适宜的采样、预处理方式及自动监测仪。

1.采样方式

连续自动测定烟气中气态污染物的采样方式分为抽取采样法和直接测量法。抽取采样法又分为完全抽取采样法和稀释抽取采样法；直接测量法又分为内置式测量法和外置式测量法。

（1）完全抽取采样法。完全抽取采样法是直接抽取烟囱或烟道中的烟气，经处理后进行监测，其采样系统有两种类型，即热-湿采样系统和冷凝-干燥采样系统。

热-湿采样系统适用于高温条件下测定的红外线或紫外线气体分析仪。它由带过滤器的高温采样头、高温条件下运行的反吹清扫系统、校准系统及样气输送管路、采样泵、流量计等组成。仪器要求从采样探头到分析仪器之间所有与气体介质接触的组件采取加热、控温措施，保持高于烟气露点温度，以防止水蒸气冷凝，造成部件堵塞、腐蚀和分析仪器故障。压缩空气沿着与气流相反的方向反吹过滤器，把过滤器孔中滞留的颗粒物吹出来，避免堵塞。反吹周期视烟气中颗粒物的特性和浓度而定。

冷凝-干燥采样系统是在烟气进入监测仪器前进行除颗粒物、水蒸气等净化、冷却和干燥处理。如果在采样探头后离烟囱或烟道尽可能近的位置安装处理装置，称为预处理采样法，具有输送管路不需要加热，能较灵活地选择监测仪器和按干烟气计算排放量等优点，但维护不够方便，且传输距离较远时仍然会使气样浓度发生变化。如果在进入监测仪器前，距离采样探头一定距离处安装处理装置，称为后处理采样法，具有维护方便、能更灵活地选择监测仪器和按干烟气计算排放量、污染物浓度等优点，但要求整个采样管路保持高于烟气露点温度。

（2）稀释抽取采样法。这种方法利用探头内的临界限流小孔，借助于文丘里管形成的负压作为采样动力，抽取烟气样品，用干燥气体稀释后送入监测仪器。有两种类型的稀释探头，一种是烟道内稀释探头，另一种是烟道外稀释探头。二者的工作原理相同，主要不同处在于：前者在位于烟道中的探头部分稀释烟气，输送管路不需要加热、保温；后者将临界限流小孔和文丘里管安装在烟道外探头部分内，如果距离监测仪器远，输送管路需要加热、保温。因为烟气样进入监测仪器前未经除湿，故测定结果为湿基浓度。

稀释抽取采样法的优点在于：烟气能以很低的流速进入探头的稀释系统，可以比完全抽取采样法的进气流量低两个数量级，如烟气流量2～5L/min，进入探头稀释系统的流量只有20～50mL/min，这就解决了完全抽取采样法需要过滤和调节处理大量烟气的问题，可以进入空气污染监测仪器测定。

（3）直接测量法。这种方法类似于测量烟气烟尘，将测量探头和测量仪器安装在烟囱（道）上，直接测定烟气中的污染物。这种测量系统一般有两种类型，一种是将传感器安装在测量探头的端部，探头插入烟囱（道）内用电化学法或光电法测定，相当于在烟囱（道）中一个点上测量，称为内置式，如用氧化锆氧量监测仪测定烟气含氧量。另一种是将测量仪器部件分装在烟囱（道）两侧，用吸收光谱法测定，如将光源和光电检测器单元安装在烟囱（道）的一侧，反射镜单元安装在另一侧，入射光穿过烟气到达反射镜单元，被反射镜反射，进入光电检测器，测量污染物对特征波长光的吸收，相当于线测量，这种方式将光学镜片全部装在烟囱（道）外，不易受污染，称为外置式。这种方法适用于低浓度气体测定，有单光束型和双光束型，可用双波长法、差分吸收光谱法、气体过滤相关光谱法等测量。

2.监测仪器

一台监测烟气中气态污染物的仪器，除采样单元外，还包括测量单元（光学部件和光电转换器或电化学传感器）、校准系统、自动控制和显示记录单元、信号处理单元等。烟气中主要气态污染物常用的监测仪器如下。

SO_2：非色散红外吸收自动监测仪、非色散紫外吸收自动监测仪、紫外荧光自动监测仪、定电位电解自动监测仪。

NO_x：化学发光自动监测仪、非色散红外吸收自动监测仪、非色散紫外吸收自动监测仪。

CO：非色散红外吸收自动监测仪、定电位电解自动监测仪。

第四节　环境应急监测

一、相关定义

《突发环境事件应急监测技术规范》（HJ589-2010）中定义，应急监测是指突发环境事件后，对污染物、污染物浓度和污染范围进行的监测。

《国家突发环境事件应急预案》（国办函〔2014〕119号）中具体规定：突发环境事件应急监测是在环境应急情况下，为发现、查明环境污染情况和污染范围而进行的环境监测，包括定点监测和动态监测，随时掌握并报告事态进展情况。

（1）根据突发环境事件污染物的扩散速度和事件发生地的气象、地域特点，确定污染物扩散范围。

（2）根据监测结果，综合分析突发环境事件污染变化趋势，并通过专家咨询和讨论的方式，预测并报告突发环境事件的发展情况和污染物的变化情况，作为突发环境事件应急决策的依据。

二、环境应急监测的分类

环境应急监测的目的是发现和查明环境污染状况，掌握污染的范围和程度。按照环境应急监测目的，一般可以分为突发环境事件应急监测和非常态环境应急监测两大类。其中，突发环境事件应急监测还可按照应急对象分为环境污染事故应急监测和自然灾害环境应急监测，典型案例如松花江重大水污染事件应急监测和四川汶川特大地震环境应急监测。非常态环境应急监测还可分为潜在环境风险应急监测和重大社会活动环境应急监测，典型案例如太湖水华污染应急监测和北京奥运会环境质量应急监测。突发环境事件应急监测和非常态环境应急监测在启动条件、报告内容、应急终止等方面都有各自不同的要求和特点。

三、突发环境事件应急监测的特点

突发环境事件应急监测的启动条件一般是污染事故或者自然灾害，造成环境质量明显异常或形成较大的环境风险。其特点是预案比较完备，但经常需根据现场情况及时调整监测方案。

从报告内容上看，突发环境事件应急监测一般要求做到三个方面：明确危害、关注变化、结论规范。明确危害是指对环境质量要素的影响程度，关注变化是污染随时间的变化情况，结论规范是指应对监测结果有比较明确的结论。

环境污染事故应急监测报告内容重点针对事故污染物，自然灾害环境应急监测一般进行多要素环境质量监测以全面评价环境质量，多数情况下饮用水监测是重点。突发环境事件应急监测终止的条件一般是环境质量恢复或者环境风险解除，具体终止条件可能按照影响范围等有所差别。

四、非常态环境应急监测的特点

非常态环境应急监测的启动条件一般根据监测方案确定，其主要目的就是及时发现环境质量异常，预警环境风险。其特点是方案完备，一般不需在执行过程中进行调整。

从报告内容上看，非常态环境应急监测一般具有定量评价、结论简明两个特点。定量评价是根据监测目的，按照预先制定的评价标准进行评价。结论简明是评价结果简明扼要，一般归结为环境质量是否正常、是否存在环境风险两个方面。

潜在环境风险应急监测报告内容重点针对风险源，重大社会活动环境应急监测一般进行多要素环境质量监测，重点环境要素依据活动特点有所不同，现阶段空气质量往往成为关注目标。非常态环境应急监测终止的条件比较明确，一般根据监测方案按时终止即可。

第五节　简易监测

简易监测是环境监测中非常重要的部分，其特点是：用比较简单的仪器或方法，便于在现场或野外进行监测，快速、简便，往往不需要专业技术人员即可完成，价格低廉；其缺点是：监测方法一般不是标准方法，在产生疑问或发生诉讼时，缺乏法律依据；监测精度较低。但简易监测在实际应用中却十分重要，例如，突发性环境污染事故应急监测、野外监测、现场监测、企业废水治理站常规监测，用简易监测技术快速简便，当发现接近或超标时再用标准方法验证，这样可大量节省时间和经费。

当然，简易监测技术还需要和实验室监测技术相配合，以获取精确数据对事件定性，后期生态恢复、总结经验等也需要精确数据。

一、简易比色法

用视觉比较样品溶液或采样后的试纸浸渍后颜色与标准色列的颜色，以确定欲测组分含量的方法称为简易比色法。它是环境监测中常用的简单、快速的分析方法，常用的有溶液比色法和试纸比色法。

（一）溶液比色法

该方法是将一系列不同浓度待测物质的标准溶液分别置于材料相同，高度、直径和壁厚一致的平底比色管（纳氏比色管）中，加入显色剂并稀释至刻度，经混合、显色后制成标准色列（或称标准色阶）。然后取一定体积样品，用与标准色列相同方法和条件显色，再用目视方法与标准色列比较，确定试样中被测物质的浓度，该方法操作和所用仪器简单，并且由于比色管长，液层厚度高，特别适用于浓度很低或颜色很浅的溶液的比色测定。

在水质分析中，较清洁的地表水和地下水色度的测定、pH的测定及某些金属离子和非金属离子的测定可采用此方法。在空气污染监测中，使待测空气通过对待测物质具有吸收兼显色作用的吸收液，则待测物质与吸收液迅速发生显色反应，由其颜色的深度与标准色列比较进行定量。表4–5为用溶液比色法测定几种空气污染物时所用试剂及颜色变化。

表4-5　用溶液比色法测定几种空气污染物时所用主要试剂及颜色变化

被测物质	所用主要试剂	颜色变化
氮氧化物	对氨基苯磺酸、盐酸萘乙二胺	无色→玫瑰红色
二氧化硫	品红、甲醛、硫酸	无色→紫色
硫化氢	硝酸银、淀粉、硫酸	无色→黄褐色
氟化氢	硝酸锆、茜素磺酸钠	紫色→黄色
氨	氯化汞、碘化钾、氢氧化钠	红色→棕色
苯	甲醛、硫酸	无色→橙色

（二）试纸比色法

常用的试纸比色法有两种，一种是将被测水样或气样作用于被试剂浸泡的滤纸（称为试纸），使试样中的待测物质与试纸上的试剂发生化学反应而产生颜色变化，与标准色列比较定量；另一种是先将被测水样或气样通过空白滤纸，使被测物质吸附或阻留在滤纸上，然后在滤纸上滴加或喷洒显色剂，据显色后颜色的深浅与标准色列比较定量。前者适用于能与试剂迅速反应的物质，如空气中硫化氢、汞等气态和蒸气态有害物质，以及水样的pH等；后者适用于显色反应较慢的物质和空气中的气溶胶。表4-6列出一些试纸比色法的显色剂和颜色变化。

表4-6 一些试纸比色法的显色剂和颜色变化

被测物质	显色剂	颜色变化
一氧化碳	氯化钯	白色→黑色
二氧化硫	亚硝基五氰合铁酸钠+硫酸锌	浅玫瑰色→砖红色
二氧化氮	邻联甲苯胺（或联苯胺）	白色→黄色
光气	（1）二甲基苯胺+对二甲氨基苯甲醛+邻苯二甲酸二乙酯 （2）硝基苯甲基吡啶+苯胺	白色→蓝色 白色→砖红色
硫化氢	乙酸铅	白色→褐色
氟化氢	对二甲氨基偶氮苯胂酸	棕色→红色
氯化氢	甲基橙	黄色→红色
臭氧	邻联甲苯胺	白色→蓝色
汞	碘化亚铜	奶黄色→玫瑰红色
铅	玫瑰红酸钠	白色→红色
二氧化锰	p，p'-四甲基二氨基二苯甲烷+过碘酸钾	紫色→蓝色

试纸比色法是以滤纸为介质进行化学反应的，滤纸的质量如致密性、均匀性、吸附能力及厚度等均影响测定结果的准确度，应选择纸质均匀、厚度和阻力适中的滤纸，一般使用层析滤纸，也可用致密、均匀的定量滤纸。滤纸本身含有微量杂质，可能会对测定产生干扰，使用前应处理除去杂质。如测铅的滤纸要预先用稀硝酸除去其本身所含微量铅。

试纸比色法简便、快速，便于携带，但测定误差大，只能作为一种半定量方法。

（三）植物酯酶片法测定蔬菜、水果上的有机磷农药

植物酯酶（如胆碱酯酶）能使2，4-二氯靛酚乙酯（底物）分解。

当蔬菜、水果样品浸泡液中不含有机磷农药时，则依次加入酶片和底物后，底物迅速分解，样品浸泡液很快由橙色变为蓝色，否则，酶片受有机磷农药抑制，底物分解变慢或不分解，导致浸泡液在较长时间内保持橙色不变或呈浅蓝色。故可通过与标准样品浸泡液中加入酶片和底物后变色情况比较，确定样品中有机磷农药含量。标准样品是在无农药的清洁蔬菜或水果上均匀涂抹不同量的有机磷农药制得的。对几种农药的检出限（mg/kg）为：敌敌畏为0.06；敌百虫为2.0；1605为5.0；氧乐果为7.0；甲胺磷为10.0；乐果为10.0。

酶片由胆碱酯酶固定在纤维素膜上制成，测定时将其碾碎加入浸泡液中，混合均匀并

振荡数次。

（四）人工标准色列

简易比色法要求预先制备好标准色列，但标准溶液制成的标准色列管携带不方便，长时间放置会褪色，故不便于保存和现场使用。因此常常使用人工标准溶液或人工标准色板来代替，称为人工标准色列。

人工标准色列是按照溶液或试纸与被测物质反应所呈现的颜色，用不易褪色的试剂或有色塑料制成的对应于不同被测物质浓度的色阶。前者为溶液型色列，后者为固体型色列。

制备溶液型色列的物质有无机物和有机物。无机物常用稳定的盐类溶液，如黄色用氯化铁、铬酸钾，蓝色用硫酸铜，红色用氯化钴，绿色用硫酸镍等。将其一种或几种按不同比例混合配成所需不同颜色和深度的有色溶液，熔封在玻璃管中。有机物一般用各种酸碱指示剂，通过调整pH或不同指示剂溶液按适当比例混合调配成所要求的颜色。

固体型色列可用明胶、硝化纤维素、有机玻璃等作原料，用适当溶剂溶解成液体后加入不同颜色和不同量的染料，按照标准色列颜色要求调配成色阶，倾入适合的模具中，再将溶剂挥发掉，制成人工比色柱或比色板。

二、检气管法

检气管是将用适当试剂浸泡过的多孔颗粒状载体填充于玻璃管中制成，当被测气体以一定流速通过此管时，被测组分与试剂发生显色反应，根据生成有色化合物的颜色深度或填充柱的变色长度确定被测组分的浓度。

检气管法适用于测定空气中的气态或蒸气态物质，但不适合测定形成气溶胶的物质。该方法具有现场使用简便、测定快速、便于携带并有一定准确度等优点。每种检气管有一定测定范围、采气体积、抽气速率和使用期限，需严格按规定操作才能保证测定的准确度。

商品检气管根据被测气体标定结果，已将填充柱变色长度对应的浓度值标在管外壁上，测定时只要按照要求的抽气速率和进样体积进行操作，显色后可直接读出浓度。

最常用的抽气装置是100mL注射器。需要抽取较大体积的气样时，在注射器和检气管之间接一个三通活塞，通过切换活塞，可分次抽取100mL以上的气样。还可以用抽气泵自动采样。测定时最好使用与标定时同类型的抽气装置，以减少误差。

可用于测定空气和作业环境空气中有害气体的检气管已达数十种，表4-7列出常用检气管的试剂及其颜色变化和定量方法。

表4-7　常用检气管的试剂及其颜色变化和定量方法

检气管	灵敏度/ （mg·m⁻¹）	抽气量/ mL	抽气速度/ （mL·s⁻¹）	试剂	颜色 变化	测定 方法
一氧化碳	20	450～500	1.5～1.7	硫酸钯、钼酸铵、硫酸、硅胶	黄→绿→蓝	比色
二氧化碳	400	100	0.5	百里酚酞、氢氧化钠、氧化铝	蓝→白	比长度
二氧化硫	10	400	1	亚硝基铁氰化钠、氯化锌、六亚甲基四胺、素陶瓷	棕黄→红	比长度
硫化氢	10	200	2	乙酸铅、氯化钡、素陶瓷	白→褐	比长度
氯	2	100	2	荧光素、溴化钾、碳酸钾、氢氧化钾、硅胶	黄→红	比长度
氨	10	100	0.8	百里酚蓝、乙醇、硫酸、硅胶	红→黄	比长度
二氧化氮	10	100	1	邻甲联苯胺、硅胶	白→绿	比长度
汞	0.1	500	1.7	碘化亚铜、硅胶	灰黄→淡橙	比长度
苯	10	100	1	发烟硫酸、多聚甲醛、硅胶	白→紫褐	比长度

三、环炉检测技术

环炉检测技术是将样品滴于圆形滤纸的中央，以适当的溶剂冲洗滤纸中央的微量样品，借助于滤纸的毛细管效应，利用冲洗过程中可能发生的沉淀、萃取或离子交换等作用，将样品中的待测组分选择性地洗出，并通过环炉加热而浓集在外圈，然后用适当的显色剂进行显色，从而达到分离和测定的目的。这是一种特殊类型的点滴分析，具有设备简单、成本低廉、便于携带，并有较高灵敏度和一定准确度等优点，已成功地用于冶金、地质、生化、临床、法医及环境污染方面的分析检测。

（一）基本原理

环炉检测技术是利用纸上层析作用对欲测组分进行分离、浓缩和定性、定量的过程。

点于滤纸上的样品中各组分，由于在冲洗液（流动相）中的迁移速度不同而彼此分开，也可以利用沉淀物质在不同溶剂中溶解度的差异进行分离。例如，当把含有Cu^{2+}和Fe^{3+}的样品滴在滤纸中心，用氨水冲洗时，Fe^{3+}生成氢氧化铁沉淀留在湿斑上，而Cu^{2+}生成可溶性铜氨络离子随流动向外迁移，当Cu^{2+}和Fe^{3+}分离后，再将滤纸放在浓氯化氢气体中熏，使其重新成为离子状态，继之用六氰合铁酸钾溶液喷雾显色，则处于中心位置的Fe^{3+}生成$Fe_4[Fe(CN)_6]_3$蓝色沉淀，而迁移至外圈的Cu^{2+}生成$Cu_2[Fe(CN)_6]$红棕色沉淀。

将一定体积的样品滴在滤纸上形成圆斑，经冲洗将被分离组分洗到一定直径的圆环上，比圆斑的面积小了若干倍，所以可达到浓缩的目的。组分彼此分离后，就可以根据各自的显色反应特征进行定性分析；比较样品圆环与标准系列圆环的颜色深度确定待测组分的含量。

环炉是环炉检测技术使用的主要仪器，它分为电热式金属质环炉和玻璃环炉两种，均有商品生产。

电热式金属质环炉主要由金属质加热炉体（内绕电炉丝）、铜质辅环、微量移液管、照明灯、温度计等组成。铜质辅环用于控制测定操作时所得圆环大小；微量移液管通过导管对准加热炉圆孔的中心，用于点样和加冲洗液；照明灯用于帮助观察样品或溶液在滤纸上的流动情况。玻璃环炉用加热烧瓶中水沸腾产生的水蒸气加热炉体。

（二）在环境监测中的应用

据有关资料报道，能用环炉检测技术分析空气和水体中30余种污染物。例如，空气中二氧化硫、氮氧化物、硫酸雾、氯化氢、氟化氢和氯气等的测定；空气和水体中铅、汞、铜、铍、锌、镉、锰、铁、钴、镍、钒、锑、铝、银、硒、砷、氰化物、硫化物、硫酸盐、亚硝酸盐、硝酸盐、磷酸盐、氯化物、氟化物、钙、镁、咖啡碱和放射性核素^{40}Sr等的测定。

第五章
环境监测技术

第一节　自动在线监测

一、空气在线监测系统

（一）空气在线监测系统的组成

空气在线监测系统由一个中心站、若干个子站和信息传输系统组成。中心站设有功能齐全的计算机系统和无线电台，其主要任务是向各子站发送各种工作指令；管理子站的工作；定时收集各子站的监测数据并进行处理；打印各种报表，绘制各种图形。同时，为满足检索和调用数据的需要，还能将各种数据存储在磁盘上，建立数据库。当发现污染物浓度超标时，立即发出遥控指令，如指令排放污染物的单位减少排放量，通知居民引起警惕，或者采取必要的措施等。

子站按其任务不同可分为两种：一种是为评价地区整体的大气污染状况而设置的，装备有大气污染连续自动监测仪（包括校准仪器）、气象参数测量仪和一台环境微机；另一种是为掌握污染源排放污染物浓度等参数变化情况而设置的，装备有烟气污染组分监测仪和气象参数测量仪。环境微机及时采集大气污染监测仪等仪器的测量数据，将其进行处理和存储，并通过有线或无线信息传输系统传输到中心站，或记入子站磁带机，或由打印机打印。

（二）子站布设及监测项目

自动监测系统中各子站的布点方法和设置数目决定于监测目的，监测网覆盖区域面积、人口数量及分布，污染程度、气象条件和地形地貌等因素，可用经验法、统计法、模式法、综合优化法等方法确定。经验法是常用的方法，包括功能区划分法、几何图形法、人口数量法等。这些方法在前面章节已做介绍。统计法是依据城市空气污染因子的变化在时间与空间上的相关关系，运用相关原理设计布点方案的方法。模式法是用建立污染扩散模式，预测某种条件下污染物分布情况，并结合监测目的进行布点的方法。综合优化法是考虑以上方法依据的主要因素，按照一定程序进行综合、比较和优化，最后确定布点方案。例如，先用网格布点法经统计法优化后得出一批点位，再与计算机按模式法计算得出的另一批点位比较、综合和优化，获得最佳方案。这种方法近年来在国内外已较普遍地采用。

子站位置的选择应满足以下条件。

（1）代表性。指所获得的数据能反映一定地区范围空气污染物的浓度水平及其波动范围，其周围应无污染源、高大建筑物、树木等干扰。

（2）可比性。指各子站的各种工作条件如测定方法、仪器、采样参数等应尽可能标准化、统一化，使其获得的数据彼此可比。

（3）满足仪器设备正常运转所需其他物质条件。如仪器长期运转；有足够的电力供应；有保暖和散热设施，便于维修等。

（三）大气污染自动监测仪器

大气污染自动监测仪器是获得准确污染信息的关键设备，必须具备连续运转能力强、灵敏，准确、可靠等特点。

（四）气象观测仪器

大气污染状况与气象条件有密切关系，因此，在进行污染物质监测的同时，往往还要进行气象观测。气象观测包括两部分，即地面常规气象观测和梯度观测。前者是对地面的气象要素进行观测，其观测项目有风向、风速、温度、湿度、气压、太阳辐射、雨量等。梯度观测是在一定高度气层内观测温度、风向、风速等随高度的变化情况。

大、中城市一般都设置了气象塔，可以连续观测各种气象参数，为分析大气污染趋势，研究污染物扩散迁移规律等提供了基础数据。但是，气象部门的资料不是为大气污染监测而收集的，并且观测站往往设在远离城市的郊外。为取得所监测地区的主要气象数据，一般大气监测系统的各子站内都安装有风向、风速、气压、温度、湿度及太阳辐射等参数的自动观测仪器。

（五）大气污染监测车

大气污染监测车是装备有大气污染自动监测仪器、气象参数观测仪器、计算机数据处理系统及其他辅助设备的汽车。它是一种流动监测站，也是大气环境自动监测系统的补充，可以随时开到污染事故现场或可疑点采样测定，以便及时掌握污染情况，采取有效措施。

我国生产的大气污染监测车装备的监测仪器有SO_2自动监测仪，NO_x自动监测仪、O_2自动监测仪，CO自动监测仪和空气质量专用色谱仪（可测定总经、甲烷、乙烯、乙炔及CO）；测量风向、风速、温度、湿度的小型气象仪；用于进行程序控制、数据处理的电子计算机及结果显示、记录、打印仪器；辅助设备有标准气源及载气源、采样管及风机、配电系统等。

除大气污染监测车外，还有污染源监测车，只是装备的监测仪器有所不同。

二、水污染连续自动监测系统

水质污染的连续自动监测系统是一套以在线自动分析仪器为核心，运用现代传感器技术、自动测量技术、自动控制技术、计算机应用技术以及相关的专用分析软件和通信网络所组成的一个综合性的在线自动监测体系。但较之大气污染的连续自动监测、水质的连续自动监测要困难得多，这是因为水环境中的污染物种类更多，成分更复杂，从而导致基体干扰严重，通常都要进行化学前处理，而且污染物的含量往往是痕量的，要求建立可行的提取、分离、富集和痕量分析方法，所有这些均为连续自动监测技术带来一系列困难。根据目前水质污染连续自动监测技术的发展，首先连续自动监测那些能反映水质污染的综合指标项目，然后逐步增加其他污染物项目。

（一）水污染连续自动监测系统的组成

水污染自动监测系统是在一个水系或一个地区设置若干个有连续自动监测仪器的监测站，由一个中心站控制若干个固定监测子站，随时对该区的水质污染状况进行连续自动监测，形成一个连续自动监测系统。

自动监测系统在正常运行时一般不需要人的参与，而是在电脑的自动控制下进行工作。其工作系统由信息采集系统、信息传输系统、信息管理系统和信息服务系统四部分组成。信息采集系统完成自动监测系统的信息采集、整理，并通过通信系统和计算机网络把各类信息传送给水质监测中心站，使决策部门及时了解水质状况，发布水质公报，为控制水质和治理水环境提供科学依据。信息采集系统的建设主要包括自动采样器、自动分析仪和多参数水质监测仪，水量测定装置的配备、设计和安装，以及采样场所的基建工程。信息传输系统充分利用流域现有的通信网和计算机网络系统，建立覆盖流域水资源监测实验室的计算机网络系统，实现水资源信息的网上传输和资料共享，以达到快速、准确地传递水质信息的目的，为充分利用水资源提供服务。

（二）子站布设及监测项目

对水污染连续自动监测系统各子站的布设，首先也要调查研究，收集水文、气象、地质和地貌、污染源分布及污染现状，水体功能、重点水源保护区等基础资料，然后经过综合分析，确定各子站的位置，设置具有代表性的监测断面和监测点。关于监测断面和监测点的设置原则、方法与第三章中介绍的原则、方法基本相同。

目前许多国家都建立了以监测水质一般指标和某些特定污染指标为基础的水污染连续自动监测系统。需与水质指标同步测量的水文、气象参数有水位、流速、潮汐、风向、风速、气温、湿度、日照量、降水量等。

水污染连续自动监测系统不仅用于环境水域如河流、湖泊等，也应用于大型企业的给排水水质监测。

水污染连续自动监测系统目前存在的主要问题是监测仪器长期运转的可靠性尚差；经常发生传感器玷污，采水器、样品流路堵塞等故障。

三、水质污染监测船

水质污染监测船是一种水上流动的水质分析实验室，它用船作运载工具，装上必要的监测仪器、相关设备和实验材料，可以灵活地开到需要监测的水域进行监测工作，以弥补固定监测站的不足；可以方便地追踪寻找污染源，进行污染物扩散、迁移规律的研究；可以在大水域范围内进行物理、化学、生物、底质和水文等参数的综合测量，取得多方面的数据。

在水质污染监测船上，一般装备有水体、底质、浮游生物等采样系统或工具，固定监测站和水质分析实验室中必备的分析仪器、化学试剂，玻璃仪器及材料，水文、气象参数测量仪器及其他辅助设备和设施，如标准源、烘箱、冰箱、实验台，通风及生活设施等。有的还备有浸入式多参数水质监测仪，可以垂直放入水体不同深度同时测量pH、水温、溶解氧、电导率、氧化还原电位和浊度等参数。

我国设计制造的长清号水质污染监测船早已用于长江等水系的水质监测。船上装备有pH计，电导率仪，溶解氧测定仪，氧化还原电位测定仪，浊度测定仪，水中油测定仪，总有机碳测定仪，总需氧量测定仪，氟、氯、氰、铵等离子活度计及分光光度计，原子吸收分光光度计，气相色谱仪，化学分析法仪器，水文、气象观测仪器及相关辅助设备和设施等，能够较全面地分析监测水体有关物理参数及污染物组分，综合进行底质、水生生物等项目的考察和测量。

第二节　遥感监测技术

遥感监测就是用仪器对一段距离以外的目标物或现象进行观测，是一种不直接接触目标物或现象而能收集信息，对其进行识别、分析、判断的更高自动化程度的监测手段。它最重要的作用是不需要采样而直接可以进行区域性的跟踪测量，快速进行污染源的定点定位，污染范围的核定，大气生态效应，污染物在水体、大气中的分布、扩散等变化，从而获得全面的综合信息。

对环境污染进行遥感监测的主要方法有摄影、红外扫描、相关光谱和激光雷达探测。

一、摄影遥感技术

摄影机是一种遥感装置，将其安装在飞机、卫星上对目标物进行拍照摄影，可以对土地利用、植被、水体、大气污染状况等进行监测。其原理基于上述目标物或现象对电磁波的反射特性有差异，用感光胶片感光记录就会得到不同颜色或色调的照片。

水的反射能力是最弱的，当地表水挟带大量黏土颗粒进入河道后，由于天然水与颗粒物反射电磁波能力的差异，在摄影底片上未污染区与污染区之间呈现很强的黑白反差。正常的绿色植物在彩色红外照片上呈鲜红色，而受污染的植物内部结构，叶绿素和水分含量将发生不同程度的变化，在红彩照片上呈现浅红、紫色或灰绿色等不同情况。含有不同污染物质的水体，其密度、透明度、颜色、热辐射等有差异，即使是同一污染物质，由于浓度不同，导致水体反射波谱的变化反映在遥感影像上也有差异。缺氧水其色调呈黑色或暗色；水温升高改变了水的密度和黏度，彩片上呈现淡色调异常；海面被石油污染的彩片上色调变化明显等。在大气监测中，根据颗粒物对电磁波的反射、散射特性，采用摄影遥感技术可对其分布、浓度进行监测。

感光胶片乳胶所能感光的电磁波波长范围为 $0.3 \sim 0.9 \mu m$，其中包括近紫外、可见和近红外光区，所以在无外来辐射源的情况下，照相摄影技术一般可在白天借助于天然光源施行。

航空、卫星摄影是在高空飞行状态下进行的。为获得清晰的图像，必须采用影像移动补偿技术，最简单的方法是在曝光时移动胶片，使胶片与影像同步移动。还可以将照相摄影装置设计成扫描系统，在系统中有一旋转镜面指向目标物并接受其射来的电磁辐射能，将接收到的能量送给光电倍增管产生相应的电脉冲，该信号再被调制成电子束，转换成可被摄影胶片感光的发光点，从而得到扫描所及区域的影像。

用不同波长范围的感光胶片—滤光镜组成的多波段摄影系统，用不同镜头感应不同波段的电磁波，可同时对同空间的同一目标物进行拍摄，获得一组遥感相片，借以判定不同种类的污染物。例如，天然水和油膜在0.30~0.45μm紫外光波段对电磁波反射能力差别很大，使用对此波段选择性感应的镜头摄得的照片油水界线明显，可判断油膜污染范围。漂浮在水中的绿藻和蓝绿藻在另一波段处也有类似情况，可选择另一相应波段的镜头摄影，借以判断两种藻类的生成区域。

二、红外扫描遥测技术

红外扫描技术是指采用一定的方式将接收到的监测对象的红外辐射能转换成电信号或其他形式的能量，然后加以测量，获知红外辐射能的波长和强度，借以判断污染物种类及其含量。

地球可被视为一个黑体，平均温度约300K，其表面所发射的电磁波波长在4~30μm内，介于中红外（1.5~5.5μm）和远红外（5.5~1 000μm）区域。这一波长范围的电磁波在由地球表面向外发射过程中，首先被低层大气中的水蒸气、二氧化碳、氧等组分吸收，只剩下4.0~5.5μm和8~14μm光可透过"大气窗"射向高层空间，所以遥测热红外电磁波范围就在这两个波段。因为地球连续地发射红外线，所以这类遥测系统可以日夜监测。

普通黑白全色胶片和红外胶片对上述红外光区电磁波均不能感应，所以需用特殊感光材料制成的检测元件，如半导体光敏元件。当热红外扫描仪的旋转镜头对准受检目标物表面扫描时，镜面将传来的辐射能反射聚焦在光敏元件上，光敏元件随受照光量不同，引起阻值变化，从而导致传导电流的变化。让此电流流过具有恒定电阻的灯泡时，则灯泡发光明暗度随电流大小变化，变化的光度又使照相胶片产生不同程度的曝光，这样便可得到能反映被检目标物情况的影像。这种影像还可以通过阴极射线管的屏幕得以显示，或进一步由计算机处理后以直方图的图像形式输出。

各种受检目标物具有不同的温度，其辐射能量随之不同；温度越高，辐射功率越强，辐射峰值的波长越短，测量扫描过程中获得各辐射能的差异便可鉴别不同的物体。例如，利用其遥测水域，可以获得水体热分布图像。如果同时利用观测船测量两个以上不同点的表面水温，并与热分布图像比较，便可得到温度分布图，确定热污染区域。同理，可用于探测发现海洋水面石油污染范围、森林火灾等。

三、相关光谱遥测技术

相关光谱技术是基于物质分子对特征光吸收的原理并辅以相关技术的遥测方法。在吸收光谱技术基础上配合相关技术是为了排除测定中非受检组分的干扰。这种技术采用的吸收光为紫外光和可见光，故可利用自然光做光源。在一些特殊场合，也可采用人工光源。其测定过程是：自然光源由上而下透过受检大气层后，使之相继进入望远镜和分光器，随后穿过由一排狭缝组成的与待测气体分子吸收光谱相匹配的相关器，则从相关器透射出的光的光谱图正好相应于受检气体分子的特征吸收光谱，加以测量后，便可推知其含量。相关器是根据某一特定污染物质吸收光谱的某一吸收带，预先复制出的刻有一组狭缝的光谱型板，狭缝的宽度和间距与真实的吸收光谱波峰和波谷所在波长模拟对应，这样可从这组狭缝射出受检物质分子的吸收光谱。因此，在相关技术中使用的是成对的吸收光，每对吸收光波长都是邻近的，且所选波长要使其通过受检对象时分别发生强吸收和弱吸收，这有利于提高检测灵敏度。

相关光谱分析仪整体系统中的相关器装在一个可旋转的盘上，通过旋转将相关器两组件之一轮换地插入光路，分别测定透过光。将这种仪器装备在汽车或飞机上，即可大范围遥测大气污染物及其分布情况。也可以装在烟囱里侧，在其对面安装一个人工光源，用以测定烟道气中的污染物。

相关光谱技术的实用对象目前还只限于一氧化氮、二氧化氮和二氧化硫，如对它们同时进行连续测定时，在系统中需装置三套相关器。监测这三种污染组分的实际工作波长范围是：SO_2为250～310nm；NO为195～230nm；NO_2为420～450nm。

四、激光雷达遥测技术

激光具有单色性好、方向性强和能量集中等优点，由激光原理制作的传感器灵敏度高、分辨率好、分析速度快，所以运用激光对大气污染和水体污染进行遥测的技术、仪器发展很快。

激光雷达遥测环境污染物质是利用测定激光与监测对象作用后发生散射、发射、吸收等现象来实现的。例如，激光射入低层大气后，将会与大气中的颗粒物作用，因颗粒物粒径大于或等于激光波长，故光波在这些质点上发生米氏散射。据此原理，将激光雷达装置的望远镜瞄准由烟囱口冒出的烟气，对发射后经米氏散射、折返并聚焦到光电倍增管窗口的激光做强度检测，就可对烟气中的烟尘量做出实时性遥测。当射向大气的激光束与气态分子相遇时，则可能发生另外两种分子散射作用而产生折返信号，一种是散射光频率与入射光频率相同的雷利散射，这种散射占绝大部分；另一种是约占1%以下的散射光频率与入射光频率相差很小的拉曼散射。应用拉曼散射原理制作的激光雷达可用于遥测大气中SO_2、NO、CO、CO_2、H_2S和CH_4等污染组分。因为不同组分都有各自的特定拉曼散射光谱，借此可进行定性分析；拉曼散射光的强度又与相应组分的浓度成正比，借此又可做定量分析。因为拉曼散射信号较弱，所以这种装置只适用于近距离（数百米范围内）或高浓度污染物的监测。

激光荧光技术是利用某些污染物分子受到激光照射时被激发而产生共振荧光，测量荧光的波长可作为定性分析的依据，测量荧光的强度可作为定量分析的依据。如一种红外激光-荧光遥测仪可监测大气中的NO、NO_2、CO、CO_2、SO_2、O_3等污染组分。还有一种紫外荧光-激光遥测仪可监测大气中的HO·自由基浓度，也可以监测水体中有机物污染和藻类大量繁殖情况等。

利用激光单色性好的特点，也可以用简单的光吸收法监测大气中污染物浓度。例如，曾用长光程吸收法测定了大气中HO·自由基的浓度。将波长为307.9951 nm、光束宽度小于0.002nm的激光束射入大气，测其经过10km射程被HO·自由基吸收衰减后的强度变化，便可推算出大气中HO·自由基的浓度。还有一种差分吸收激光雷达监测仪，以其高灵敏度及可进行距离分辨测量等优点已成功地用于遥测大气中NO_2、SO_2、O_3等分子态污染物的浓度。这种仪器使用了两个波长不同而又相近的激光光源，它们交替或同时沿着同一大气途径传输，被测污染物分子对其中一束光产生强烈吸收，而对波长相近的另一束光基本没有吸收。同时，气体分子和气溶胶颗粒物对这两束光具有基本相同的散射能力（因光受颗粒物散射的截面大小主要由光的波长决定），因此两束激光的被散射返回波的强度差仅由被测分子对它们具有不同吸收能力决定，根据这两束反射光的强度差就能确定被测污染物在大气中的浓度；分析这两束光强随时间变化而导致的检测信号变化，就可以进行分子浓度随距离变化的分辨测定。

第三节　简易监测方法

一、简易比色法

用视力比较试样溶液或采样后的试纸与标准色列的颜色深度，以确定欲测组分含量的方法称为简易比色法。它是环境监测中常用的简单、快速的分析方法，常用的有溶液比色法和试纸比色法。

（一）溶液比色法

溶液比色法是将一系列不同浓度待测物质的标准溶液分别置于质料相同，高度、直径和壁厚一致的平底比色管（纳氏比色管）中，加入显色剂并稀释至刻度，经混合、显色后制成标准色列（或称标准色阶）。然后取一定体积试样，用与标准色列相同的方法和条件显色，再用目视方法与标准色列比较，确定试样中被测物质的浓度，方法操作和所用的仪器简单，并且由于比色管长，液层厚度高，特别适用于浓度很低或颜色很浅的溶液的比色测定。

水质分析中的较清洁地面水和地下水色度的测定，pH的测定及某些金属离子和非金属离子的测定可采用此方法。大气污染监测中可以使待测空气通过具有对待测物质吸收兼显色作用的吸收液，则待测物质与显色剂迅速发生显色反应，由其颜色的深度与标准色列比较进行定量。

（二）试纸比色法

常用的试纸比色法有两种，一种是将被测水样或气样作用于被试剂浸泡的滤纸，使试样中的待测物质与试纸上的试剂发生化学反应而产生颜色变化，与标准色列比较定量；另一种方法是先将被测水样或气样通过空白滤纸，使被测物质吸附或阻留在滤纸上，然后在滤纸上滴加或喷洒显色剂，据显色后颜色的深浅与标准色列比较定量。前者适用于能与试剂迅速反应的物质，如大气中硫化氢、汞等气态和蒸汽态有害物质及水样的pH等；后者适用于显色反应较慢的物质和大气中的气溶胶。

试纸比色法是以滤纸为介质进行化学反应的，滤纸的质量如致密性、均匀性、吸附能力及厚度等均影响测定结果的准确度，应选择纸质均匀、厚度和阻力适中的滤纸，一般使用层析用纸，也可用致密、均匀的定量滤纸。滤纸本身含有微量杂质，可能会对测定产生干扰，使用前应经过处理除去杂质。如测铅的滤纸要预先用稀硝酸除去其本身所含微量铅。

试纸比色法简便、快速、便于携带，但测定误差大，只能作为一种半定量方法。

（三）人工标准色列

溶液比色法和试纸比色法都要求预先制备好标准色列，但标准溶液制成的标准色列管携带不方便，长时间放置会褪色，故不便于保存和现场使用，因此常常使用人工标准溶液或人工标准色板来代替，称为人工标准色列。它是按照溶液或试纸与被测物质反应所呈现的颜色，用不易褪色的试剂或有色塑料制成的对应于不同被测物质浓度的色阶。前者为溶液型色列，后者为固体型色列。

制备溶液型色列的物质有无机物和有机物。无机物常用稳定的盐类溶液，如黄色可用氯化铁、铬酸钾，蓝色用硫酸铜，红色用氯化钴，绿色用硫酸镍等。将其一种或几种按不同比例混合配成所需不同颜色和深度的有色溶液，熔封在玻璃管中。有机物一般用各种酸碱指示剂，通过调整pH或不同指示剂溶液按适当比例混合调配成所需要求的颜色。

固体型色列可用明胶、硝化纤维素、有机玻璃等做原料，用适当溶剂溶解成液体后加入不同颜色和不同量的染料，按照标准色列颜色要求调配成色阶，倾入适合的模具中，再将溶剂挥发掉，制成人工比色柱或比色板。

二、检气管法

所谓检气管是用适当试剂浸泡过的多孔颗粒状载体填充于玻璃管中制成，当被测气体以一定流速通过此管时，被测组分与试剂发生显色反应，根据生成有色化合物的颜色深度或填充柱的变色长度确定被测气体的浓度。

检气管法适用于测定空气中的气态或蒸汽态物质，但不适合测定形成气溶胶的物质。该方法具有现场使用简便、测定快速、便于携带并有一定准确度等优点。每种检气管有一定测定范围，采气体积、抽气速度和使用期限，需严格按规定操作才能保证测定结果准确度。

（一）载体的选择与处理

载体的作用是将试剂吸附于它的表面，保证流过气体中被测物质迅速与试剂发生显色反应。为此，载体应具备下列性质：化学惰性；质地牢固又能被破碎成一定大小的颗粒；呈白色、多孔性或表面粗糙，以便于观察显色情况。常用的载体有硅胶、素陶瓷、活性氧化铝等。当需要表面积较大的载体时，可选用粗孔或中孔硅胶；如需表面积较小的载体，选用素陶瓷。

1.硅胶

市售硅胶含有各种无机和有机物杂质，需处理去除。其处理方法是先进行破碎过筛，选取40～60目、60～80目、80～100目的颗粒，将其分别置于带回流装置的烧瓶中，加1∶1硫酸—硝酸混合液至硅胶面以上1～2cm，在沸水浴上回流8～16h，冷却后倾去酸液，洗去余酸，再用沸蒸馏水浸泡、抽滤、洗涤，至浸泡过夜的蒸馏水pH在5以上和不含硫酸根离子为止（用氯化钡检验）。洗好的硅胶先在110℃烘箱中烘干，使用前再视需要在指定温度下活化，冷却后装瓶备用。

2.素陶瓷

将洁白素陶瓷片破碎，筛选40～60目、60～80目、80～100目的颗粒，分别在烧杯中用自来水搅拌洗涤，吸去上层混浊液，继续洗涤至无混浊后，再以蒸馏水洗至无氯离子为止。若陶瓷上黏有油污等，需用1∶1硫酸—硝酸混合酸在沸水浴上处理2~3h，再洗至无硫酸根为止。洗净的陶瓷颗粒用抽滤法滤去残留水，于110℃烘干，冷却后装瓶备用。

（二）检气管的制备

1.试剂和载体粒度的选择

供制备填充载体的化学试剂（称指示剂）应与待测物质显色反应灵敏，这就要求一方面尽量选择灵敏度高、选择性好的指示剂，另一方面需要控制试剂的用量和载体的粒度。增加试剂量可使变色柱长度缩短或颜色加深，而载体颗粒大，则抽气阻力小，变色柱增长，但界限不清楚；颗粒小，则抽气阻力大，变色柱长度缩短，但界限清楚。因此，应通过试验选择粒度大小合适的载体。此外，为防止指示剂吸收水分而变质，消除干扰物质对测定的干扰，还可以加入适当的保护剂。

先将试剂配成一定浓度的溶液，再将适量载体置于溶液中，不断地进行搅拌，使载体表面上均匀地吸附一层试剂溶液，然后，在适当的温度（视试剂性质而定）下，用蒸发或减压蒸发的方法除去溶剂。载体在试剂中浸泡时间、烘干温度等均应通过试验选择确定。

2.检气管的玻璃管及封装

用于制备检气管的玻璃管径要均匀，长度要一致。一般内径为2.5~2.6mm，长度为120~180mm。玻璃管用清洗液浸泡、洗净、烘干，将一端熔封，并用玻璃棉或其他塑料纤维塞紧，装入制备好的载体。填装时不断用小木棒轻轻敲打管壁，使填充物压紧，防止管内形成气体通道而使变色界限不清，造成测定误差。填充后，用玻璃棉塞紧，在氧化焰上快速熔封。

（三）检气管的标定

1.浓度标尺法

这种方法适用于对管径相同的检气管进行标定。任意选择5~10支新制成的检气管，用注射器分别抽取规定体积的5~7种不同浓度的标准气样，按规定速度分别推进或抽入检气管中，反应显色后测量各管的变色柱长度，一般每种浓度重复做几次，取其平均值。

2.标准浓度表法

大批量生产玻璃管时，严格要求管径一致是困难的，但管径不同会出现装入相同量的指示剂填充物而显色柱长度不等的情况，此时要用标准浓度表法进行标定。

用于现场测定时，按规定的抽气速度及体积抽取气体试样，显色后，将检气管内指示剂填充颗粒物全长与横线比齐，读取变色柱长度，从标准浓度表上查得气样的浓度。当实际测定时温度与标定时的温度不一致时，可能会影响变色柱的长度，必要时应进行校正。

目前已有商品检气管，在出厂前，根据标定结果，将待测气体的浓度标在管上，使用时只要按照要求的抽气速度和进样体积进行操作，显色后可直接读出浓度，极为方便，精度也较高。

（四）检气管的抽气装置

最常用的抽气装置是100mL注射器。需要抽取较大体积的气样时，在注射器和检气管之间接一个三通活塞，通过切换活塞，可分次抽取100mL以上的气样。还可以用抽气泵自动采样，如真空活塞抽气泵等。

在测定样品时，最好使用与标定时相同类型的抽气装置，以减少误差。

目前已制出数十种有害气体的检气管，可用于测定大气和作业环境空气中有毒、有害气体，也可以测定废水中挥发性的有害物质，如将废水中的游离氰在酸性介质中转换为挥发性氢氰酸，用抽气装置抽出并带入检气管显色测定。

三、环炉技术

环炉技术是将水样滴于圆形滤纸的中央，以适当的溶剂冲洗滤纸中央的微量试样，借助于滤纸的毛细管效应，利用冲洗过程中可能发生沉淀、萃取或离子交换等作用，将试样中的待测组分选择性地洗出，并通过环炉仪加热而浓集在外圈，然后用适当的显色试剂进行显色，从而达到分离和测定的目的。这是一种特殊类型的点滴分析，具有设备简单、成本低廉、便于携带并有较高灵敏度和一定准确度等优点，已成功地用于冶金、地质、生化、临床、法医及环境污染方面的分析检测。

（一）基本原理

环炉技术是利用纸上层析作用对欲测组分进行分离、浓缩和定性、定量的过程。

点于滤纸上的试样中各组分，由于在冲洗液（流动相）中的迁移速度不同而彼此分开，也可以利用沉淀物质在不同溶剂中溶解度的差异进行分离。

将一定体积的试样滴在滤纸上形成圆斑，经冲洗使被分离组分洗到一定直径的圆环上，比圆斑的面积缩小了若干倍，所以可达到浓缩的目的。组分彼此分离后，就可以根据各自的显色反应特征做定性分析；比较试样圆环与标准系列圆环的颜色深度确定待测组分的含量。

环炉是环炉法使用的主要仪器，它分为电热式金属质环炉和玻璃环炉两种，均有商品生产。

（二）环炉技术在环境监测中的应用

环炉技术在环境监测中的应用日趋广泛，据有关资料报道，目前能用环炉法分析大气和水体中30余种污染物质，如大气中二氧化硫、氮氧化物、硫酸雾、氯化氢、氟化氢和氯气等的测定；大气和水体中铅、汞、铜、锌、镉、锰、铁、钴、镍、钒、锑、铝、银、硒、砷、氰化物、硫化物、硫酸盐、亚硝酸盐、硝酸盐、磷酸盐，氯化物、氟化物、钙、镁、咖啡因和放射性核素锶等的测定。

第四节　我国环境监测网

环境监测网是运用计算机和现代通信技术将一个地区、一个国家乃至全球若干个业务相近的监测管理层按照一定组织、程序相互联系，传递环境监测数据、信息的网络系统。通过该系统的运行，达到信息共享，提高区域性监测数据的质量，为评价大尺度范围环境和科学管理提供依据的目的。以下介绍我国环境监测网的情况。

一、国家地表水水质环境监测系统

（一）国家地表水环境监测网

环境保护部新建和重新调整了国家环境监测网。文件确定了长江、黄河、淮河、海河、珠江、辽河、松花江、太湖、巢湖和滇池十大流域国家环境监测网。各网络组长单位如下。

长江、黄河流域国家环境监测网组长单位为中国环境监测总站；淮河流域国家环境监测网组长单位为河南省环境监测中心站；海河流域国家环境监测网组长单位为河北省环境监测中心站；珠江流域国家环境监测网组长单位为广东省环境监测中心站；辽河流域国家环境监测网组长单位为辽宁省环境监测中心站；松花江流域国家环境监测网组长单位为黑龙江省环境监测中心站；太湖流域国家环境监测网组长单位为江苏省环境监测中心站；巢湖流域国家环境监测网组长单位为安徽省环境监测中心站；滇池流域国家环境监测网组长单位为云南省昆明市环境监测中心站。

1.流域环境监测网概况

常规监测主要以流域为单元，优化断面为基础，采用手工采样、实验室分析的方式。

目前环保部在全国重点水域共布设759个国控断面（其中含国界断面26个，省界断面145个，入海口断面30个），监控318条河流，26个湖（库），共262个环境监测站承担国控网点的监测任务。其中：长江流域，105个；黄河流域，44个；珠江流域，33个；松花江流域，42个；淮河流域，86个；海河流域，70个；辽河流域，38个；太湖流域，111个；滇池流域，19个；巢湖流域，24个；另外，还在26个国控重点湖库上设置断面110个，浙闽片、西南和内陆诸河共77个。

2.流域环境监测情况

每年按水期进行监测，每年进行枯、平、丰3个水期共6次监测。每月开展监测，监测时间为每月的1—10日。

每月河流的监测项目为水温、pH、电导率、溶解氧、高锰酸盐指数、五日生化需氧量、氨氮、石油类、挥发酚、汞、铅11项，部分省界断面还进行流量监测，以计算污染物通量。湖库的监测项目在河流监测项目的基础上，增加总磷、总氮、叶绿素a、透明度、水位5项。

（二）国家地表水水质自动监测系统介绍

实施地表水水质的自动监测，可以实现水质的实时连续监测和远程监控，及时掌握主要流域重点断面水体的水质状况，预警预报重大或流域性水质污染事故，解决跨行政区域的水污染事故纠纷，监督总量控制制度落实情况。

及时、准确、有效是水质自动监测的技术特点。近年来，水质自动监测技术在许多国家地表水监测中得到了广泛的应用，我国的水质自动监测站（以下简称水站）的建设也取得了较大的进展，环境保护部已在我国重要河流的干支流、重要支流汇入口及河流入海口、重要湖库湖体及环湖河流、国界河流及出入境河流、重大水利工程项目等断面上建设了100个水质自动监测站，监控包括七大水系在内的63条河流、13座湖库的水质状况。

现有100个水站分布在25个省（自治区、直辖市），由85个托管站负责日常运行维护管理工作。其中：①位于河流上有83个水站，湖库17个；②位于国界或出入国境河流上有6个，省界断面37个，入海口5个，其他52个。目前还有36个水质自动监测站正在建设中，水站仪器设备更新项目也在实施中。

水质自动监测站的监测项目包括水温、pH、溶解氧、电导率、浊度、高锰酸盐指数、总有机碳、氨氮。湖泊水质自动监测站的监测项目还包括总氮和总磷。以后将选择部分点位进行挥发性有机物、生物毒性及叶绿素a试点工作。

水质自动监测站的监测频次一般采用每4h采样分析一次。每天各监测项目可以得到6个监测结果，可根据管理需要提高监测频次。监测数据通过外网VPN方式传送到各水质自动站的托管站、省级监测中心站及中国环境监测总站。

水质自动监测站为在线连续监测设备，在仪器故障检查维修、日常维护校准时将出现数据缺失现象。水质自动监测站在日常运行中也会经常受到停电、洪水、断流、雷击破坏、通信中断等意外影响，造成水站暂停运行。

目前我国松花江、辽河、海河、淮河、黄河、长江、珠江、钱塘江和闽江、西南诸河均布设了自动监测断面。松花江设有8个断面，其中干流断面7个，国界断面1个；辽河6个断面，其中入海口断面2个，国界断面1个；海河设8个断面，其中入海断面1个，水库断面4个，省界断面2个；淮河27个断面，其中干流断面6个，省界断面24个；黄河断面9个，其中干流断面7个，省界断面2个；长江设19个监测断面，其中干流断面6个，省界断面4个，南水北调取水口断面2个；珠江设8个断面，其中入海断面1个，入国境断面1个；钱塘江设1个省界断面；闽江设1个入海断面；西南诸河设2个出国境断面。此外，太湖设7个监测断面，巢湖设2个监测断面，滇池设2个监测断面。

二、国家大气监测网

我国大气监测网包括沙尘暴监测网、酸雨监测网和空气自动监测网三部分。

（一）沙尘暴监测网

中国环境监测总站组织43个地方环境监测站建立了沙尘暴监视网。这些监测站主要分布在新疆、甘肃、宁夏、内蒙古、山西、河北和北京等中国北方地区。多数站采用手工监测。主要监测项目为TSP、PM10。各站通过传真方式向总站报送数据和报告。

（二）酸雨监测网

为了解我国酸雨污染现状和发展趋势，根据环境保护部的要求，总站组织各级监测站开展了全国酸雨普查工作，并向总局提交了调查报告。为进一步核实我国酸雨污染的年际变化规律，更准确地确定全国酸雨区域分布状况和污染程度，更好地为制定酸雨防治战略提供依据。参加全国酸雨普查的城市共有679个，其中地级以上城市283个，县级市、县（区）共396个，点位1122个（其中城区点864个，郊区点258个）；全国目前有190个监测点安装了降水自动采样器；全国开展离子组分监测的城市有301个，能够开展8项离子测定的城市有201个。

（三）空气自动监测网

到目前为止，全国已有180个地级以上城市（109个大气污染防治重点城市）实现了环境空气质量日报，其中90个地级城市（83个大气污染防治重点城市）还实现了环境空气质量预报，并通过地方电视台、电台、报纸或互联网站等媒体向社会发布。

目前，在国家级媒体上发布的城市空气质量日报和预报的47个环境保护重点城市名单如下：北京、天津、上海、重庆、石家庄、太原、呼和浩特、沈阳、长春、哈尔滨、南京、杭州、合肥、福州、南昌、济南、郑州、武汉、长沙、广州、南宁、海口、成都、贵阳、昆明、拉萨、西安、兰州、银川、西宁、乌鲁木齐、深圳、珠海、汕头、厦门、大连、秦皇岛、苏州、南通、连云港、宁波、温州、湛江、北海、青岛、烟台、桂林。

第六章
空气与废气监测

空气作为地球生态系统的重要组成，其环境质量对人体健康和生态环境具有重要的影响，随着世界人口的不断增加，人们对物质生活需求的不断提高，大气污染日益加剧，改善大气环境质量已成为全球关注的焦点，需要对影响大气环境质量的主要污染物开展监测并控制污染源。本章简要介绍空气中主要的污染物及其来源，重点介绍气体污染物和颗粒物的采样与监测方法，通过空气污染和污染源监测实例让读者掌握空气污染物的布点、采样方法，熟悉不同污染物的监测方法，以及空气质量的评价方法。

第一节　空气污染及其监测

一、空气中污染物的来源、种类及其分布特点

（一）空气中污染物的来源

大气是指包围在地球周围的气体，其厚度达1000～1400km，其中对人类及生物生存起着重要作用的是近地面约10km内的气体层（对流层）。在环境科学相关书籍中，"空气"和"大气"常作为同义词使用。清洁的空气是人类和生物赖以生存的环境要素之一，但随着工业及交通运输等行业的迅速发展，大量有害物质（如烟尘、二氧化硫、氮氧化物等）排放到大气中，当大气中有害物质的浓度超过环境所能允许的极限并持续一定时间后，就会改变大气的正常组成，破坏自然的物理、化学和生态平衡体系，从而危害人们的生活、工作和健康，影响工农业生产等，这种情况称为大气污染。空气中的污染源分为自然污染源和人为污染源两种：自然污染源是由自然现象造成的，如火山爆发时喷射出大量

粉尘、二氧化硫气体等。人为污染源是由人类的生产和生活活动造成的，是大气污染的主要来源，主要有以下三类：

1.工业企业排放的废气

工业生产过程中排放到大气中的污染物种类多、数量大，是环境空气的重要污染源。近年来，随着燃煤电厂全面实施超低排放和节能改造，钢铁、有色金属、建材、石油化工等非电力行业已成为我国主要工业大气污染源。

2.家庭炉灶与取暖设备排放的废气

这类污染源数量大、分布广、排放高度低，排放的气体不易扩散，在气象条件不利时会造成严重的大气污染，是低空大气污染不可忽视的污染源，气体中的主要污染物是烟尘、SO_2、CO、CO_2等。

3.交通运输工具排放的废气

在交通运输工具中，尤其以汽车数量最大，排放的污染物最多，并且集中在城市；随着我国家庭汽车保有量的逐年增加，汽车尾气污染已成为城市大气污染的主要来源之一。

（二）空气中的污染物及其存在形态

空气中的污染物按其形成过程可分为一次污染物和二次污染物。一次污染物是指直接从各种污染源排放到大气中的有害物质，常见的有SO_2、CO、CO_2、NOx、颗粒物等。二次污染物是指排入大气的一次污染物之间及它们与大气组分之间反应产生的新污染物，其毒性往往高于一次污染物，如臭氧、过氧乙酰硝酸酯（光化学氧化剂）、硫酸雾（盐）等。

按存在状态又可分为分子态污染物和粒子态污染物。

1.分子态污染物

分子态污染物按常温常压下存在形态的不同又可分为气态污染物与蒸气态污染物。气态污染物是指常温常压下以气体分子形式存在，并以分子状态分散在大气中，如SO_2、CO、CO_2、NO_2、NH_3等。蒸气态污染物是指常温常压下为液体或固体，但因其挥发性强，能以蒸气态进入大气中，如苯、汞、氯仿等。无论是气体分子还是蒸气分子，都具有运动速度较大、扩散快、在大气中分布均匀的特点。

2.粒子态污染物

粒子态污染物是分散在大气中的微小液滴和固体颗粒，粒径多为$0.01 \sim 100 \mu m$，按其在重力作用下的沉降特性和粒径大小可分为以下几种。

降尘：粒径较大，大于在重力作用下能较快地从大气沉降到地面；总悬浮微粒（TSP）：粒径在$100 \mu m$以下的液体或固体微粒；可吸入颗粒物（PM10）：空气动力学直径小于等于$10 pm$的颗粒物，因这种微粒能在大气中长期飘浮而不沉降，也称飘尘。

细颗粒（PM2.5）：空气动力学直径小于等于2.5μm的颗粒物，是我国目前绝大部分城市的首要污染物，对人体健康、空气质量和能见度影响极大。

以固体或液体微小颗粒分散于大气中的分散体系俗称气溶胶，通常遇到的气溶胶微粒的直径范围为0.1～10μm。根据气溶胶形成的方式可将其分为分散性气溶胶和凝聚性气溶胶。

（1）分散性气溶胶。是指固体或液体在破碎、振荡、气流通过时以固体小微粒或液体小雾滴悬浮于大气中，其粒度及分散范围大。

（2）凝聚性气溶胶。是指在加热过程中蒸发出来的分子遇冷凝聚成液体或固体小微粒分散于大气中，其粒度小，分散均匀。

根据气溶胶存在的形式，可分为以下几种。

雾：悬浮在空气中由微小液滴构成的气溶胶。

霾：悬浮在空气中由大量细颗粒（主要为固体）构成的气溶胶。

烟：固态凝聚性气溶胶，如熔铅过程中铅蒸气遇冷所形成的铅烟，同时含有固体和液体两种微粒的凝聚性气溶胶也称为烟。

尘：固态分散性气溶胶，是固体物质被粉碎时所产生的固体微粒。

烟雾：由烟和雾同时构成的固、液混合态气溶胶。

（三）空气中污染物的时空分布特点

环境空气中的污染物具有随时间、空间变化大的特点，其时空分布与污染物排放源的分布、排放量及地形、地貌、气象等条件密切相关。

1.时间性

同一地点大气污染物的浓度常随时间的变化而变化，同一污染源对同一地点所造成的地面浓度随时间的变化会产生很大的差别，具体与污染源的排放规律、污染物性质和气象条件，如风向、风速、大气湍流等有关。例如，我国北方地区由于冬季采暖，污染源排放规律发生变化，在一年内采暖期的污染物浓度相对较高。又如，一次污染物和二次污染物的浓度在一天之内不断地变化，一次污染物因受逆温层及气温、气压等限制，清晨和黄昏时浓度较高，中午较低；二次污染物如光化学烟雾，因在阳光照射下才能形成，故中午浓度较高，清晨和夜晚浓度低。

2.空间性

大气中的污染物随空气运动而迁移和扩散，各种污染物的迁移和扩散速度又与气象条件、地理环境和污染物的性质有关，使得污染物浓度存在空间上的分布不均匀。点污染源（如烟囱）或线污染源（如交通道路）排放的污染物可形成一个较小的污染气团或污染条带，局部地方污染浓度变化较大。大量地面小污染源，如工业区的炉窑、分散供热锅炉及千家万户的炊炉，则会对一个城市或一个地区形成面污染源，使地面空气中污染物的浓度比较均匀，并随气象条件变化呈现较强的规律性。

二、空气和废气监测的类型和对象

空气和废气监测一般可分为：环境大气监测、污染源监测、室内空气监测、降水监测。

环境大气监测的对象是整个大气，目的是了解和掌握环境污染的情况，进行大气污染质量评价，并提出警戒限度。通过长期监测，可为修订或制定国家环境空气标准及其他环境保护法规积累资料，为预测预报创造条件。此外，研究有害物质在大气中的变化，如二次污染物的形成（光化学反应等），以及某些大气污染的理论，也需要进行大气监测。

污染源监测包括固定污染源和流动污染源的监测，主要是了解污染源所排出的有害物质是否符合现行排放标准的规定，分析它们对大气污染的影响，以便对其加以控制。污染源的监测还可对现有的净化装置性能进行评价。通过长时间的定期监测积累数据，也可为进一步修订和充实排放标准及制定环境保护法规提供科学依据。

室内空气监测主要是通过采样和分析手段，研究室内空气中有害物质的来源、组成成分、数量、动向、转化和消长规律。它以消除污染物的危害、改善室内空气质量和保护居民健康为目的。

降水监测的目的是了解在降雨（雪）过程中从大气沉降到地面的沉降物的主要组成、性质及有关组分的含量，为分析大气污染状况和提出控制污染方法提供依据。

目前，国内外空气和废气监测的对象是各类大气标准规定的主要污染物。国内现行有关大气环境质量的标准有《室内空气质量标准》（GB/T18883—2002）、《环境空气质量标准》（GB3095—2012）。《室内空气质量标准》规定了室内空气物理、化学、生物和放射四个方面的参数的数值范围，其中物理指标包括温度、相对湿度、空气流速、新风量；化学指标包括SO_2、NO_2、CO、氨、臭氧、甲醛、苯、甲苯、二甲苯、苯并[a]芘、PM10、总挥发性有机化合物。《环境空气质量标准》规定了环境空气质量功能区划分、标准分级、污染物类别浓度限值等，涉及的污染物包括SO_2、NO_2、NO^-、CO、臭氧、颗粒物（TSP、PM10与PM2.5）、Pb、苯并[a]芘、氟化物等11种。

此外，我国还颁布了相关的大气污染物综合排放标准和多达40多项的行业排放标准，如《工业炉窑大气污染物排放标准》（GB9078—1996）、《火电厂大气污染物排放标准》（GB13223—2011）等，每个标准都对特征污染物限值进行了规定。

以上标准涉及的污染物是空气和废气监测的主要对象。

第二节　空气样品的采集

一、监测方案的制定

制定大气监测方案的程序同制订水与废水监测方案类似，依次为：根据监测目的进行环境空气污染调查研究，收集必要的基础资料，然后经过综合分析，确定监测项目、采样点的布设方法，选定采样频率、采样方法和监测分析方法，建立质量保证程序和措施，提出实施计划及监测结果报告要求等。下面结合我国现行的《环境监测技术规范》（大气和废气部分），对大气污染监测方案的制定予以介绍。

（一）监测目的

（1）通过对环境空气中的主要污染物进行定期或连续监测，判断空气质量是否符合《环境空气质量标准》或环境规划目标的要求，为空气质量状况评价提供依据。

（2）为研究空气质量的变化规律和发展趋势，开展空气污染的预测预报，以及研究污染物迁移、转化情况提供基础资料。

（3）为政府环保部门执行环境保护法规，开展空气质量管理及修订空气质量标准提供依据和基础资料。

（二）调研与资料收集

1.污染源分布及排放情况

对于不同的工业污染源，调查的内容和方法不完全相同。须掌握废气的组成，特别是对当地大气影响大、污染较严重的物质；充分了解工业污染源的相关信息，如基本生产工艺流程、烟囱高度、排烟温度、排出污染物的浓度及排放量等。

2.气象资料

污染物在大气中的扩散、输送和一系列物理、化学变化在很大程度上取决于当时当地的气象条件。因此，要收集监测区域的风向、风速、气温、气压、降水量、日照时间、相对湿度、温度的垂直梯度和逆温层底部高度等资料。

3.地形资料

地形对当地的风向、风速和大气的稳定情况等有影响，也是设置监测网点应当考虑的重要因素。一般而言，监测区域的地形越复杂，要求布设监测点越多。

4.土地利用和功能分区情况

不同功能区的污染状况是不同的，如工业区、商业区、混合区、居民区等，还可以按照建筑物的密度、有无绿化地带等做进一步分类。

5.人口分布及人群健康情况

环境保护的目的是维护自然环境的生态平衡，保护人群的健康，因此需要掌握监测区域的人口分布、居民和动植物受大气污染危害情况及流行性疾病等资料。

此外，对于监测区域以往的大气监测资料等也应尽量收集，以供制定监测方案时参考。

（三）监测项目

空气中的污染物种类繁多，应根据《环境空气质量标准》（GB3095—2012）规定的污染物项目确定监测项目。对于国家空气质量监测网的监测点，须开展必测项目的监测，必测和选测项目见表6-1。地方空气质量监测网的监测点，可根据各地环境管理工作的实际需要及具体情况，参照本条规定确定其必测项目和选测项目。

表6-1 环境空气质量常规监测项目

必测项目	按地方情况增加的必测项目	选测项目
SO_2、NO_2、CO、O_3、PM10、PM2.5	总氧化剂、总烃、F_2、HF、苯并[a]芘、Pb、H_2S、光化学氧化剂、TSP、硫酸盐化速率、灰尘自然沉降量	CS_2、Cl_2、HCl、硫酸雾、HCN、NH_3、Hg、Be、铬酸雾、非甲烷烃、芳香烃、苯乙烯、酚、甲醛、甲基对硫磷、异氰酸甲酯等

（四）监测点位的布设

1.布设原则和要求

（1）监测点的位置应具有较好的代表性，设点的测量值能反映一定范围地区的大气环境质量或污染水平和规律。

（2）设监测点时应考虑自然地理环境（如地形地貌、污染气象等）、功能布局和敏感受体的分布；对建设项目环境影响评价，同时还应根据拟建项目的规模和性质等综合考虑。

（3）原则上，在整个监测区的高、中、低不同污染浓度的地方都应设置监测点（采样点）。

（4）在污染源集中的情况下，应在下风向多设监测点，上风向则设置少量的采样点及对照点。

（5）工矿区、交通密集区、污染超标区、人群集中区域的监测点数目要多些，郊区、人口相对少的地方和污染浓度较低的地区及农村，则可适当减少监测点；有敏感目标，如风景区、旅游区、保护区、名胜古迹等，应适当增加设置采样点。

（6）监测点周围应开阔，避开干扰地带，采样口水平线与周围建筑物高度的夹角应小于30°，原则上，应在50m以内没有局地污染排放源（如炉窑、烟囱等）；在15～20m以内避开乔、灌木林带。

（7）采样点的高度应根据监测目的而定，如监测大气对植物的影响时，采样高度应与植物的高度一致；监测对人体的危害时，采样点应距地面1.5～2.0m等。

（8）各监测点的设置条件应尽可能一致或标准化，一经确定不宜轻易变动，以保证监测数据的连续性和可比性。

2.采样点数目的确定

采样点数目的确定应根据监测范围的大小、污染物的空间分布特征、人口分布密度、气象、地形、经济条件等因素综合考虑确定；我国空气质量例行监测的采样点设置数目主要依据城市人口数量确定（表6-2）。

表6-2　我国环境空气质量例行监测采样点设置数目

城市人口数量/万人	必测项目	灰尘自然沉降量 /[t/（km²·30d）]	硫酸盐化速率 /[mgSO₃/（100cm²·d）]
<50	3	>3	>6
50～100	4	4～8	6～12
100～200	5	8～11	12～18
200～400	6	12～20	18～30
>400	7	20～30	30～40

3.采样点的布设方法

采样点的总数确定后，可采用经验法、统计法、模拟法等进行布设。常用经验法，具体有以下四种。

（1）功能区布点法：该布点法多用于区域性的常规监测，先将监测区域划分成工业区、商业区、居住区、工业和居住混合区、文化区、交通枢纽区、清洁区等不同功能区；再根据功能区的地形、气象、人口密度、建筑密度等，在每个功能区设若干采样点；在污染源集中的工业区和人口较密集的居住区需多设采样点。

（2）网格布点法：该布点法适用于有多个污染源，且污染源分布较均匀的地区；将监测区域划分成若干个均匀网状方格，采样点设在两条直线的交点处或方格中心；网格大小视污染源强度、人口分布及人力、物力条件等确定。若主导风向明显，下风向应多设采样点。

（3）同心圆布点法：该布点法适用于多个污染源构成污染群，且大污染源较集中的地区。先找出污染群的中心，以此为圆心在地面上画若干个同心圆，再从圆心作若干条放射线，将放射线与圆周的交点作为采样点，不同圆周上的采样点数目不一定相等或均匀分布，常年主导风向的下风向应比上风向多设采样点。

（4）扇形布点法：该布点法适用于孤立的高架点源，且主导方向明显的地区。以点源所在位置为顶点，主导风向为轴线，在下风向地面上画出一个扇形区作为布点范围，扇形的角度一般为45°，也可更大些，但不能超过90°。采样点设在扇形平面内距点源不同距离的若干弧线上，每条弧线设3～4个采样点，在上风向应设对照点。

采用同心圆和扇形布点法时，应考虑高架点源排放污染物的扩散特点，在靠近最大浓度值的地方应设置得密一些。此外，在实际工作中，常采用一种布点法为主，兼用其他方法的综合布点法，目的就是有代表性地反映污染物的浓度，为大气监测提供可靠的样品。

（五）采样时间与频次

二者要根据监测目的、污染物的分布特征、分析方法灵敏度等因素确定。

1.采样时间

采样时间是指每次采样从开始到结束所经历的时间，也称采样时段。不同污染物的采样时间要求不同，我国大气质量分析方法对每一种污染物的采样时间都有明确规定。依据采样时间的不同，可分为短期采样、间歇采样、长期采样三种。

（1）短期采样：一般只适用于气象条件极不利于污染物扩散、事故引起的排出污染物浓度剧增及广泛监测之前的初步调查等情况。

（2）间歇采样：是指每隔一段时间采样测定1次，并从多次测定结果中求出平均值。如每季度采样、每1个月或每6天采样1次，而1天内又间隔相等时间（如2h、8h）采样测定，以求出日平均值、季度平均值。这种采样尤其适合手工操作的采样器。

（3）长期采样：是指在一段较长时间内连续自动采样测定。这种采样所得到的数据具有较好的代表性，能反映出污染物浓度随时间变化的规律，可进行远期趋势分析。

2.采样频率

采样频率是指在一定时间范围内的采样次数；采样频率越高，监测数据越接近真实情况。我国的监测技术规范是根据《环境空气质量标准》（GB3095—2012）中各项污染物数据统计的有效性规定，确定相应污染物的采样频次及采样时间。表6-3给出了《环境空气质量标准》中对污染物监测数据的统计有效性规定。

表6-3 污染物浓度数据有效性的最低要求

污染物项目	平均时间	数据有效性规定
SO_2、NO_2、PM10、PM2.5、NOx	年平均	每年至少有324个日平均浓度值，每月至少有27个日平均浓度值（2月至少有25个日平均浓度值）
SO_2、NO_2、CO、PM10、PM2.5、NOx	24h平均	每日至少有20h平均浓度值或采样时间
O_3	8h平均	每8h至少有6h平均浓度值
SO_2、NO_2、CO、O_3、NOx	1h平均	每小时至少有45min的采样时间
TSP、BaP、Pb	年平均	每年至少有分布均匀的60个日平均浓度值，每月至少有分布均匀的5个日平均浓度值
Pb	季度平均	每季度至少有分布均匀的15个日平均浓度值，每月至少有分布均匀的5个日平均浓度值
TSP、BaP、Pb	24h平均	每日应有24h的采样时间

（六）采样方法、监测方法和质量保证

根据污染物的存在状态、浓度、理化性质选择采样方法、采样仪器和监测分析方法。常用的监测分析方法有化学分析法和仪器分析法。由于大气监测大多是微量成分的测定，所以仪器分析是主要的分析方法；其中最常用的有分光光度法、气相色谱法、荧光光度法、液相色谱法、原子吸收光谱法、离子选择电极法等。一些含量低、难分离、危害大的有机污染物，越来越多地采用仪器联用的方法进行测定，如气相色谱-质谱、液相色谱-质谱、气相色谱-傅里叶变换红外光谱等联用技术。另外，还有一些项目的专用测定仪器。

对监测过程的每个环节进行质量控制，是保证获得准确监测数据的必备条件，需要建立相应的质量保障程序和方法。

二、采样方法

根据待测物质在空气中的存在状态、浓度、理化特性，以及所用分析方法的灵敏性，选择合适的采样方法。常用的采样方法一般分为直接采样法和富集（浓缩）采样法两大类。

（一）直接采样法

直接采样法一般用于空气中被测物质浓度较高，或者所用的分析方法灵敏度高，直接

采样就能满足监测分析的要求。该方法测得的结果是短时间内的平均浓度，它可以较快地得到分析结果。直接采样法常用的采样容器有注射器、塑料袋（采样袋）、采气管、真空瓶等。

1.注射器采样

常用100mL注射器采集有机蒸气样品，采样时，先用现场气体抽洗2~3次，然后抽取100mL，密封进气口，带回实验室尽快分析；气相色谱分析法常采用此法取样。

2.塑料袋采样

应选不吸附、不渗漏，也不与样气中污染组分发生化学反应的塑料袋，如聚四氟乙烯袋、聚乙烯袋、聚氯乙烯袋和聚酯袋等，还可用金属薄膜作衬里（如衬银、衬铝）的塑料袋。采样时，先用双连球打进现场气体，冲洗采样袋2~3次，再充满样气，夹封进气口，带回实验室尽快分析。

3.采气管采样

采气管是两端具有旋塞的管式玻璃容器，容积一般为100~500mL。采样时，打开两端旋塞，用双连球或抽气泵接在管的一端，迅速抽进比采气管容积大6~10倍的欲采气体，使采气管中原有的气体被完全置换出，关上旋塞，采气管体积即为采气体积。

4.真空瓶采样

真空瓶是一种具有活塞的耐压玻璃瓶，容积一般为500~1000mL。采样前，先用抽真空装置把采气瓶内的气体抽走，使瓶内真空度达到1.33kPa后，便可打开旋塞采样，采完即关闭旋塞，则采样体积即为真空瓶的体积。

真空瓶采样虽然简单，但后续样品的处理及采样存放不方便且易发生变化，使得其使用时存在一定的缺陷；为此，美国Entech等公司开发了苏玛采样罐。其采样前同样是抽真空，采样时只需要打开阀，当采样结束时罐内的压力与大气平衡，阀自动关闭。样品带到实验室，可直接连接分析仪器（如GC-MS），样品还可放置多天几乎无变化。在目前众多的VOCs采样方法中，真空苏玛采样罐采样是公认的最准确最有效的采样方式之一。

（二）富集（浓缩）采样法

空气中的污染物浓度通常较低[ppm~ppb（1ppb=10⁻⁹）数量级]，直接采样法往往不能满足分析方法检出限的要求，常用富集采样法进行空气样品的采集。富集采样的时间一般较长，所得的分析结果是在富集采样时段内的平均浓度，它更能反映环境污染的真实情况。富集采样方法有溶液吸收法、填充柱阻留法、滤料阻留法、低温冷凝法等多种。在实际应用时，可根据监测目的、污染物的理化性质、污染物的存在状态，以及所用的分析方法来选择。

1.溶液吸收法

该方法是采集空气中气态、蒸气态及某些气溶胶态污染物的常用方法；用抽气装置使待测空气以一定的流量通入装有吸收液的吸收管，待测组分与吸收液发生化学反应或物理作用，使待测污染物溶解于吸收液中。采样结束后，取出吸收液，分析吸收液中被测组分的含量，根据测定结果及采样体积计算空气中污染物的浓度。采样的吸收效率主要取决于吸收速度和气样与吸收液的接触面积；吸收速度取决于吸收液的选择，常用吸收液有水、水溶液和有机溶剂等。增大气样与吸收液的接触面积的有效措施是选用结构适宜的吸收管（瓶）。

（1）气泡吸收管：该吸收管可装5～10mL吸收液，采样流量为0.5～2.0L/min，适用于采集气态和蒸气态物质，而对于气溶胶态物质，因不能像气态分子那样快速扩散到气液界面，吸收效率差。

（2）冲击式吸收管：该吸收管有小型（装5～10mL吸收液，采样流量为3.0L/min）和大型（装50～100mL吸收液，采样流量为30L/min）两种规格，管内有一尖嘴玻璃管做冲击器，适宜采集气溶胶态物质，被采气样快速从喷嘴喷出冲向管底时，气溶胶颗粒因惯性作用冲击到管底被分散，从而易被吸收液吸收。因为气体分子的惯性小，在快速抽气情况下，容易随空气一起跑掉，它不适合采集气态和蒸气态物质。

（3）多孔筛板吸收管（瓶）：该吸收管可装5～10mL吸收液，采样流量为0.1～1.0L/min；吸收瓶有小型（装10～30mL吸收液）和大型（装50～100mL吸收液）两种。在内管出气口熔接一块多孔性的砂芯玻板，当气体通过多孔玻板时，一方面被分散成很小的气泡，增大了与吸收液的接触面积；另一方面被弯曲的孔道所阻留，然后被吸收液吸收。它适合采集气态和蒸气态及气溶胶态物质。

2.填充柱阻留法

填充柱是用一根长6～10cm，内径3～5mm的玻璃管或塑料管，内装颗粒状或纤维状填充剂制成。采样时，让气样以一定流速通过填充柱，则被测组分因吸附、溶解或化学反应而被阻留在填充剂上。采样后，通过加热解吸、吹气或溶剂洗脱，被测组分从填充剂上释放出来进行测定。根据填充剂的阻留原理，填充柱可分为吸附型、分配型、反应型填充柱三种。

吸附型填充柱中的填充剂主要为颗粒状固体吸附剂，如活性炭、硅胶、分子筛、高分子多孔微球等，这些物质均为多孔性物质，比表面积大，对气体和蒸气有较强的吸附能力。分配型填充柱的填充剂为表面涂有高沸点有机溶剂的惰性多孔颗粒物，类似于气液色谱柱中的固定相，当被采集气样通过填充柱时，在有机溶剂中分配系数大的组分保留在填充剂上而被富集。反应型填充柱的填充剂由惰性多孔颗粒物（如石英砂、玻璃微球）或纤维状物（如滤纸、玻璃棉等）表面涂渍能与被测组分发生化学反应的试剂制成，气样通过填充柱时，被测组分在填充剂表面因发生化学反应被阻留，如空气中的微量氨可用装有涂渍硫酸的石英砂填充柱富集。

3.滤料阻留法

该方法是将过滤材料（滤纸、滤膜等）放在采样夹上，用抽气装置抽气，则空气中的颗粒物基于直接阻截、惯性碰撞、扩散沉降和重力沉降等作用被阻留在过滤材料上，称量过滤材料上富集的颗粒物质量，根据采样体积计算出空气中颗粒物的浓度，是目前采集环境空气中颗粒物最为常用的方法。采样前，拧下采样头顶盖，取出滤料夹，使滤膜毛面向上，放入采样头内的滤膜支持网上。压好滤膜夹，拧紧采样头顶盖。启动抽气泵，调节流量调节阀，设定采样流量。当夹带着颗粒物的空气被不断抽入采样头后，颗粒物被留在滤膜上，而氧气、氮气等分子状物质则通过滤膜。

常用滤料有纤维状滤料（滤纸、玻璃纤维滤膜、过氯乙烯滤膜等）和筛孔状滤料（微孔滤膜、核孔滤膜、银薄膜等）。选择滤膜时，应根据采样目的，选择采样效率高、性能稳定、空白值低、易于处理和利于采样后分析测定的滤料。

4.低温冷凝法

该方法借制冷作用使空气中某些低沸点气态物质冷凝成液态物质，以达到浓缩的目的，适用于大气中某些沸点较低的气态、蒸气态污染物的采集，如烯烃类、醛类等。采样时，将U形或螺旋形采样管插入冷阱中，当空气流经采样管时，被测组分因冷凝而凝结在采样管底部。采样时，应在采样管的进气端设置选择性过滤器（内装过氯酸镁、碱石棉、氯化钙等），以消除空气中水蒸气和二氧化碳等的干扰。

制冷方法有制冷剂法和半导体制冷器法，常用的制冷剂有冰（0℃）、冰–盐水（–10℃）、干冰–乙醇（–72℃）、液氧（–183℃）、液氮（–196℃）等。

5.扩散（或渗透）法

该方法常用于个体采样器中，采集气态、蒸气态及气溶胶态有害物质。利用被测污染物分子自身扩散或渗透到达吸收层（吸收剂、吸附剂或反应性材料）被吸附或吸收，又称无动力采样法；采样器体积小，可以佩戴在人的身上，常用于对人体接触有害物质的监测。

6.自然积集法

该方法利用空气中污染物的自然重力、空气动力或浓差扩散作用采集，如自然降尘量、硫酸盐化速率、氟化物等空气样品的采集，属于无动力采样法，简单易行，且采样时间长，测定结果可较好地反映空气的污染情况。

（1）降尘样品采集。降尘样品采集分为湿法与干法两种，其中干法应用得较为普遍。

湿法采样是在集尘缸中加入一定量的水，放置在距地面5～15m高，附近无高大建筑物及局部污染源的地方（如空旷的屋顶），采样口距基础面1.5m以上，以避免地面扬尘的影响。夏季需加入少量硫酸铜溶液抑制微生物及藻类的生长，冬季需加入适量的乙醇或乙二醇避免结冰。我国集尘缸的尺寸为：内径15cm，高30cm，一般加水1500~3000mL。采样时间为（30±2）天，多雨季节注意及时更换集尘缸，防止水满溢出。

干法采样一般使用标准集尘器，夏季需加除藻剂。

（2）硫酸盐化速率样品采集。硫酸盐化速率指污染源排放到空气中的二氧化硫、硫化氢、硫酸蒸气等含硫污染物，经过一系列氧化演变和反应，最终形成危害更大的硫酸雾和硫酸盐雾，这种演变过程的速度称为硫酸盐化速率。其采集方法有二氧化铅法和碱片法两种。

二氧化铅法是将涂有二氧化铅糊状物的纱布绕贴在素瓷管上，制成二氧化铅采样管，将其放置在采样点上，则空气中的二氧化硫、硫酸雾等与二氧化铅反应生成硫酸铅。碱片法是将用碳酸钾浸渍过的玻璃纤维滤膜置于采样点上，则空气中的二氧化硫、硫酸雾等与碳酸盐反应生成硫酸盐而被采集。

7.综合采样法

实际上，空气中的污染物大多数不是以单一状态存在的，往往同时存在于气态和颗粒态中。综合采样法就是针对这种情况提出的，它采用不同采样方法相结合的综合采样法，将不同状态的污染物同时采集，如采用溶液吸收法与滤料阻留法结合同时采集气态、颗粒态污染物。

三、采样仪器

（一）组成

空气污染物监测多采用动力采样法，其采样器由收集器、流量计、采样动力三部分组成。采样系统流程：空气样→收集器→流量计→采样动力（抽气泵）。

1.收集器

采集空气中被测污染物的装置，如气体吸收管（瓶）、填充柱、滤料、冷凝采样管等，根据欲采集物质的存在状态、理化性质等选用适宜的收集器。

2.流量计

测量气体流量的仪器，以用于计算采气体积。常用的有孔口流量计、转子流量计、皂膜流量计、质量流量计等。流量计在使用前应进行校准，以保证刻度值的准确性。校正方法是将皂膜流量计或标准流量计串接在采样系统中，以皂膜流量计或标准流量计的读数标定被校流量计。

3.采样动力

采样抽气动力装置应根据采样流量、采样体积、收集器类型及采样点的条件进行选择，一般应选择质量小、抽气动力大、流量稳定的采样动力。采气量小（直接采样法）一般选用注射器、连续抽气筒、双连球等手动采样动力；采气量和采样速度大、采样时间长（富集浓缩采样）的需用抽气泵，如真空泵、薄膜泵、电磁泵等。

（二）专用采样器

专用采样器是由收集器、流量计、抽气泵及气体预处理、流量调节、自动定时控制等部件组装的采样设备，按其用途可分为空气采样器、颗粒物采样器和个体采样器。

1.空气采样器

该类采样器用于采集空气中的气态与蒸气态物质，采样流量为0.5～2.0L/min。

2.颗粒物采样器

颗粒物采样器有TSP采样器、可吸入颗粒物采样器及细颗粒物采样器。

（1）TSP采样器。TSP采样器由滤膜夹、流量测量仪及控制部件、抽气泵组成，按采气流量可分为大流量、中流量、小流量三种类型。

TSP大流量采样器结构，滤料夹安装20cm×25cm的玻璃纤维滤膜，采样流量为1.1～1.7m³/min。

TSP中流量采样器：工作原理与大流量采样器相似，只是采样夹的面积和采样流量比大流量采样器小。我国规定采样夹的有效直径为80mm或100mm。当用有效直径80mm滤膜采样时，采气流量控制在7.2～9.6m³/h；用100mm滤膜采样时，流量控制在11.3～15m³/h。

TSP小流量采样器：工作原理与大流量、中流量采样器相似，采样夹的有效直径为47mm，采样流量推荐使用13L/min。

（2）可吸入颗粒物采样器。该采样器根据采样流量的不同，分为大流量采样器和小流量采样器。目前，广泛使用大流量采样器。PM10和PM2.5采样器的工作原理相似，均由切割器、滤膜夹、流量测量仪及控制部件、抽气泵等组成，都装有分离大于10μm或2.5μm颗粒物的切割器（也称分尘器）；采样时，使一定体积的大气通过采样器，先由切割器将粒径大于10μm或2.5μm的颗粒物分离出去，小于10μm或2.5μm的颗粒物被收集在预先恒量的滤膜上，根据采样前后滤膜质量之差及采样体积，即可计算出PM10、PM2.5的浓度。分尘器有旋风式、向心式、撞击式等多种，前者仅用于采集PM10、PM2.5颗粒物，后者可分级采集不同粒径的颗粒物，可用于测定颗粒物的质量粒度分布。

二级旋风分尘器工作原理：空气以高速度沿180°渐开线进入分尘器的圆筒内，形成旋转气流，在离心力的作用下，将颗粒物甩到筒壁上并继续向下运动，粗颗粒在不断与筒壁撞击中失去前进的能量而落入收集器内，细颗粒随气流沿气体排出管上升，随后被安装在分尘器气体出口的滤膜捕集，从而将粗、细颗粒物分开。

向心式分尘器工作原理：气流从小孔高速喷出时，因所携带的颗粒物大小不同，惯性也不同，颗粒的质量越大，惯性越大。不同粒径的颗粒各有一定的运动轨迹，其中，质量较大的颗粒运动轨迹接近中心轴线，进入锥形收集器被底部的滤膜收集；小颗粒物的惯性小，离中心轴线较远，偏离锥形收集器入口，随气流进入下一级。第二级的喷嘴直径和锥形收集器的入口孔径变小，二者之间距离缩短，使更小一些的颗粒物被收集。如此经过多级分离，剩下的极细颗粒到达最底部，被夹持的滤膜收集。

撞击式分尘器的工作原理：当含颗粒物气体以一定速度由喷孔喷出后，颗粒获得一定的动能并具有一定的惯性。在同一喷射速度下，粒径越大，惯性越大，当气流从第一级喷孔喷出后，惯性大的粗颗粒难以改变运动方向，与第一块捕集板碰撞被沉积下来，而惯性较小的颗粒则随气流绕过第一块捕集板进入第二级喷孔。因第二级喷孔较第一级小，故喷出颗粒的动能增加，速度增大，其中惯性较大的颗粒与第二块捕集板碰撞而被沉积，而惯性较小的颗粒继续向下级运动。如此逐级进行下去，则气流中的颗粒由大到小地被分开，沉积在不同的捕集板上，最末级捕集板用玻璃纤维滤膜代替，捕集更小的颗粒。这种采样器可以设计为3~6级，也有8级的，被称为多级撞击式采样器，应用较普遍的是安德森采样器，由8级组成，每级200~400个喷嘴。

3.个体采样器

个体采样器主要用于研究大气污染物对人体健康的危害，其特点是体积小、质量小，便于佩戴在人体上，可以随人的活动连续地采样，经分析测定得出污染物的时间加权平均浓度，以反映人体实际吸入的污染物量。它分为扩散式、渗透式两种类型。

（三）采样效率

采样效率是指在规定的采样条件下所采集到的污染物量占其总量的百分数，由于污染物的存在状态不同，评价方法也不同。

1.采集气态和蒸气态污染物效率的评价方法

（1）绝对比较法。精确配制一个已知浓度为c_0的标准气体，用所选用的采样方法采集，测定被采集的污染物浓度（c_1），其采样效率（K）为：

$$K = \frac{c_1}{c_0} \times 100\% \qquad (6-1)$$

用这种方法评价采样效率虽然比较理想，但因配制已知浓度的标准气有一定困难，往往在实际应用时受到限制。

（2）相对比较法。配制一个恒定的但无须知道待测污染物准确浓度的气体样品，串联2～3个采样管采集所配制的样品，采样结束后，分别测定各采样管中污染物的浓度，其采样效率（K）为：

$$K = \frac{c_1}{c_1 + c_2 + c_3} \times 100\% \qquad (6-2)$$

式中，c_1、c_2、c_3分别为第一、第二和第三个采样管中污染物的实测浓度。

第二、第三个采样管中污染物浓度所占的比例越小，采样效率越高，一般要求值在90%以上。采样效率过低时，应更换采样管、吸收剂或降低抽气速度。

2.采集颗粒物效率的评价方法

颗粒物的采样效率有两种评价方法：一种是用采集颗粒数效率表示，即所采集到的颗粒物粒数占总颗粒数的百分数；另一种是质量采样效率，即所采集到的颗粒物质量占颗粒物总质量的百分数。在大气监测评价中，评价采集颗粒物方法的采样效率多用质量采样效率表示。

（四）采样记录

采样记录与实验室分析测定记录同等重要。在实际工作中，不重视采样记录，往往会导致由于采样记录不完整而使一大批监测数据无法统计而报废。采样记录的内容主要有：所采集样品中被测污染物的名称及编号；采样地点和采样时间；采样流量、采样体积及采样时的温度和大气压力；采样仪器及采样时的天气状况及周围情况；采样者、审核者的姓名。

四、标准气的配制

在空气和废气监测中，标准气同标准溶液、标准物质一样重要，是检验监测方法、分析仪器、监测技术及进行质量控制的依据。制取标准气的方法因物质的性质不同而异。对于挥发性较强的液态物质，可利用其挥发作用制取；不能用挥发法制取的可使用化学反应法制取，表6-4列出了常见有害气体的制取方法。上述方法制取的标准气通常收集到钢瓶、玻璃容器或塑料袋等容器中保存，因其浓度比较大，称为原料气，使用时需进行稀释配制，商品标准气一般稀释成多种浓度出售。配制低浓度标准气的方法有静态配气法和动态配气法。

表6-4 常见有害气体的制取方法

气体	制取方法	杂质	杂质去除的方法
CO	HCOOH滴入浓H_2SO_4中加热	H_2SO_4、HCOOH	用NaOH溶液洗，再用水洗
CO_2	Na_2CO_3中加入HCl	HCl	用水洗

续表

气体	制取方法	杂质	杂质去除的方法
NO	滴40%的 $NaNO_2$ 溶于30% $FeSO_4$ 的1∶7的 H_2SO_4 中	NO_2	用20%的NaOH溶液洗
NO_2	①浓 H_2SO_4 滴入 $NaNO_2$ 溶液中 ②Pb（NO_3）$_2$ 加热（360～370℃）分解	NO	①与 O_2 混合，氧化成 NO_2 ②Pb（NO_3）$_2$ 在 O_2 中加热
SO_2	浓 H_2SO_4 滴入 Na_2SO_3 溶液中	SO_3	用浓 H_2SO_4 洗
H_2S	加20%的HCl于 Na_2S 或FeS	HCl	用水洗
H_3As	As_2O_3 加锌及HCl	HCl、H_2	用NaOH溶液及水洗，但 H_2 不能去除
HCl	浓盐酸蒸发或（1+1）HCl通气	—	—
HF	滴数滴HF于塑料容器中放置数日	—	—
HCN	浓KCN溶液加（1+1）H_2SO_4 加热	NH_3	用10% H_2SO_4 洗
Cl_2	高锰酸钾加浓HCl	HCl	用水洗
Br_2	纯 Br_2 溶液挥发或饱和 Br_2 水通气挥发	—	—
NH_3	氨水挥发	—	—
甲醛	福尔马林溶液挥发	—	—

（一）静态配气法

静态配气法是把一定量的气态或蒸气态的原料气加入已知容积的容器中，再充入稀释气体混匀制得。标准气的浓度根据加入原料气和稀释气量及容器容积计算得知。所用原料气可以是纯气，也可以是已知浓度的混合气。这种配气法的优点是设备简单、操作容易，但因有些气体的化学性质较活泼，长时间与容器壁接触可能发生化学反应，同时，容器壁也有吸附作用，故会造成配制气体浓度不准确或其浓度随放置时间而变化，特别是配制低浓度标准气，常引起较大的误差。该法适用于配制活泼性较差、浓度较高、用量不大的标准气。常用的静态配气方法有注射器配气法、塑料袋配气法、配气瓶配气法及高压钢瓶配气法等。

1.注射器配气法

配制少量标准气时，先用100mL注射器吸取原料气，再经数次稀释制得。

2.配气瓶配气法

（1）常压配气。将20L的玻璃瓶洗净、烘干，精确标定容积后，将瓶内抽成负压，用净化空气冲洗几次，再排净抽成负压，注入原料气或原料液，充入净化空气至大气压力，充分摇动混匀。

（2）正压配气。配气装置所配标准气略高于一个大气压。配气瓶由耐压玻璃制成，预先校准容积。配气时，将瓶中气体抽出，用净化空气冲洗三次，充入近于大气压力的净化空气，再用注射器注入所需体积的原料气，继续向配气瓶内充入净化空气达一定压力（如绝对压力133kPa），放置1h后即可使用。

3.高压钢瓶配气法

用钢瓶作容器配制具有较高压力的标准气体。按配气计量方法不同分为压力配气法、流量配气法、体积配气法和重量配气法，其中，以重量配气法最准确，被广泛应用。

（二）动态配气法

动态配气法是使已知浓度的原料气与稀释气按一定比例连续不断地进入混合器混合，从而可以不间断地配制并供给一定浓度的标准气，根据稀释倍数（两股气流的流量比）计算出标准气的浓度。该法不但能提供大量的标准气，而且可通过调节原料气和稀释气的流量比获得所需浓度的标准气，适用于配制低浓度的标准气、标准气用量较大或通标准气时间较长的情况。

1.连续稀释法

以高压钢瓶为气源，将原料气以恒定小流量送入混合器，被较大量的净化空气稀释后，用流量计准确测量两种气体的流量，即可计算获得标准气的浓度。

2.负压喷射法

当稀释气流F以Q（L/min）的流量进入固定喷管A，再从狭窄的喷口处向外放空时，造成毛细管R的左端压力P'低于P_0，此时B管处于负压状态。容器D内的压力为大气压，装有已知浓度c_0的原料气，通过毛细管R与B管相连。B管两端有压力差，使原料气以Q_0（mL/min）流量从容器D经毛细管R从B管左端喷出，混合于稀释气流中，经充分混合，配成一定浓度c的标准气。其浓度按式（6-3）计算。

$$c = \frac{Q_0 \times c_0}{Q} \times 10^3 \qquad （6-3）$$

3.渗透管法

以渗透管作为原料气气源，主要由装原料液的小容器和渗透膜组成，小容器由耐腐蚀和耐一定压力的惰性材料制作，渗透膜用聚四氟乙烯或聚氟乙烯塑料制成帽状，套在小容器的颈部，其厚度小于1mm。

瓶内气体分子在其蒸气压作用下，通过渗透面向外渗透。

对特定渗透管而言，渗透率仅与原料液的饱和蒸气压有关。当温度一定时，原料液的饱和蒸气压也是一定的。

因此，通过改变原料液的温度，即改变饱和蒸气压，或者改变稀释气体的流量，可以配制不同浓度的标准气。

凡是易挥发的液体和能被冷冻或压缩成液态的气体都可以用该方法配制标准气，还可以将互不反应的不同组分的渗透管放在同一气体发生器中配制多组分混合标准气。

此外，动态配气法还可分为气体扩散法、电解法、饱和蒸气压法等。气体扩散法基于气体分子从液相扩散至气相中，再被稀释气带走，通过控制扩散速度和调节稀释气流量配制不同浓度的标准气。电解法常用于制备二氧化碳标准气。

第三节　空气中气态污染物的测定

一、二氧化硫的测定

二氧化硫是一种无色、有刺激性气味的气体，为大气环境污染例行监测的必测项目，主要源于煤和石油等化石燃料的燃烧、含硫矿石的冶炼、硫酸等化工产品生产排放的废气等。环境空气中的二氧化硫检测方法有四氯汞盐吸收–副玫瑰苯胺分光光度法、甲醛缓冲溶液吸收–副玫瑰苯胺分光光度法、定电位电解法和紫外荧光法等。

（一）四氯汞盐吸收–副玫瑰苯胺分光光度法

1.基本原理

用氯化钾和氯化汞配制四氯汞钾溶液，二氧化硫被四氯汞钾溶液吸收后，生成稳定的二氯亚硫酸盐络合物，再与甲醛及盐酸副玫瑰苯胺作用，生成紫红色络合物，其颜色深浅与二氧化硫含量成正比，在575mm处用分光光度计测量吸光度。反应式如下。

$$HgCl_2+2KCl=K_2[HgCl_4]$$

$$[HgCl_4]^{6-}+SO_2+H_2O=[HgCl_2SO_3]^{6-}+2H^++2Cl^-$$

$$[HgCl_2SO_3]^{6-}+HCHO+2H^+=HgCl_2+HOCH_2SO_3H（羟基甲基磺酸）$$

2.测定步骤

（1）采样和样品保存。用一个内装5mL0.04mol/L四氯汞钾（TCM）吸收液的多孔玻板吸收管，以0.5L/min流量采气10～20L。在采样、样品运输及存放过程中应避免日光直接照射。如果样品不能当天分析，需将样品放在5℃的冰箱中保存，但存放时间不得超过7d。

（2）标准曲线的绘制。先用亚硫酸钠标准溶液配制标准色列，在最大吸收波长处以蒸馏水为参比测定吸光度，用经试剂空白修正后的吸光度对标准色列二氧化硫含量绘制标准曲线。

（3）样品测定。样品应放置20min，使臭氧分解。将吸收管中的样品溶液全部转入比色管中，用少量水洗涤吸收管，并入比色管中，使总体积为5mL。加0.5mL6g/L氨基磺酸钠溶液，摇匀，放置10min以除去氮氧化物的干扰，以水为参比，测定样品的吸光度，在标准曲线上查出样品中二氧化硫的含量。

3.结果表

环境空气中二氧化硫的浓度计算如式（6-4）所示。

$$\rho(SO_2) = \frac{A - A_0 - a}{b \times V_s} \times \frac{V_t}{V_a} \qquad (6-4)$$

式中，$\rho(SO_2)$为空气中二氧化硫的质量浓度，mg/m^3；A为样品溶液的吸光度；A_0为试剂空白溶液的吸光度；b为标准曲线的斜率；a为标准曲线的截距；V_t为样品溶液总体积，mL；V_a为测定时所取样品溶液的体积，mL；V_s为换算成标准状态下的采样体积，L。

4.注意事项

（1）温度、酸度、显色时间等因素影响显色反应；标准溶液和试样溶液的操作条件应保持一致。

（2）氮氧化物、臭氧及锰、铁、铬等离子对测定有干扰，消除干扰的方法：采集后放置片刻，臭氧可自行分解；加入磷酸和乙二胺四乙酸二钠盐可消除或减少金属离子的干扰。

（二）甲醛缓冲溶液吸收-副玫瑰苯胺分光光度法

1.基本原理

二氧化硫被甲醛缓冲溶液吸收后，生成稳定的羟甲基磺酸加成化合物，在样品溶液中加入氢氧化钠，使加成化合物分解，释放出的二氧化硫与副玫瑰苯胺、甲醛作用，生成紫红色化合物，用分光光度计在波长577nm处测量吸光度。该方法可避免使用毒性大的四氯汞钾吸收液。

2.采样及样品保存

短时间采样：采用内装10mL吸收液的U形多孔玻板吸收管，以0.5L/min的流量采样。

采样时吸收液温度的最佳范围在23～29℃。

24h连续采样：用内装50mL吸收液的多孔玻板吸收瓶，以0.2～0.3L/min的流量连续采样24h，吸收液温度范围须保持在23～29℃。

样品运输和储存过程中，应避光保存。

3.测定要点

短时间采样：将吸收管中的样品溶液全部移入10mL比色管中，用甲醛缓冲吸收液稀释至标线，加入0.5mL氨基磺酸钠溶液，混匀，放置10min以除去氮氧化物的干扰。

连续24h采样：将吸收瓶中的样品溶液移入50mL容量瓶中，用少量甲醛缓冲吸收液洗涤吸收瓶，洗涤液并入样品溶液后，再用甲醛缓冲吸收液稀释至标线。吸取适量样品溶液于10mL比色管中，再用甲醛缓冲吸收液稀释至刻度线，加入0.5mL氨基磺酸钠溶液，混匀，放置10min以除去氮氧化物的干扰。

4.注意事项

该法主要干扰物为氮氧化物、臭氧及某些重金属元素。采样后放置一段时间可使臭氧自行分解；加入氨基磺酸钠溶液可消除氮氧化物的干扰；吸收液中加入磷酸及环己二胺四乙酸二钠盐可以消除或减少金属离子的干扰。

（三）定电位电解法

定电位电解法是一种建立在电解基础上的监测方法，其传感器为由工作电极、对电极、参比电极及电解液组成的电解池（三电极传感器）；工作电极是由具有催化活性的高纯度金属（如铂）粉末涂覆在透气憎水膜上构成。当气样中的二氧化硫通过透气隔膜进入电解池后，在工作电极上迅速产生氧化反应，所产生的极限扩散电流与二氧化硫浓度呈线性关系。通过测定极限扩散电流值，即可测得气样中二氧化硫的浓度。

（四）紫外荧光法

紫外荧光法测定环境空气中的二氧化硫，具有选择性好、不消耗化学试剂、适用于连续自动监测等特点。商用紫外荧光二氧化硫监测仪的测量范围为0～1000ppb，检出限为1.0ppb。

测定原理：用波长190～230nm的紫外光照射样品，则二氧化硫被紫外光激发至激发态，即：

$$SO_2 + hv_1 \rightarrow SO_2^*$$

激发态SO_2^*不稳定，瞬间返回基态，发射出330nm的荧光，即：

$$SO_2^* \rightarrow SO_2 + hv_2$$

其发射荧光强度与二氧化硫浓度成正比，用光电倍增管及电子测量系统测量荧光强度，即可测定二氧化硫的浓度。

二、氮氧化物的测定

环境空气中，氮氧化物多种多样，有NO、NO_2、N_2O、N_2O_3、N_2O_4、N_2O_5等，主要为NO和NO_2。环境空气中氮氧化物的测定方法主要有盐酸萘乙二胺分光光度法、化学发光法、差分吸收光谱分析法等。

（一）盐酸萘乙二胺分光光度法

测定过程需将NO氧化为NO_2，依据所用氧化剂的不同，可分为Saltzman（萨尔兹曼）法、酸性高锰酸钾溶液氧化法、三氧化铬-石英砂氧化法。其中，Saltzman法适于测量NO_2的含量，酸性高锰酸钾溶液氧化法和三氧化铬-石英砂氧化法可以监测大气中氮氧化物的总量。

1.Saltzman法

用冰醋酸、对氨基苯磺酸和盐酸萘乙二胺配成吸收液采样。采样时大气中的NO_2被吸收转变成亚硝酸和硝酸，在冰醋酸的存在下，亚硝酸再与吸收液中的对氨基苯磺酸发生重氮化反应，然后与盐酸萘乙二胺偶合，生成玫瑰红色偶氮染料，其颜色深浅与气样中NO_2的浓度成正比，于波长540nm处用分光光度计测定其吸光度。

吸收液吸收空气中的NO_2后，并不是全部转化为亚硝酸，还有一部分生成硝酸，计算结果时需要采用萨尔茨曼（Saltzman）实验系数f进行换算，f表示NO_2（气）→NO_2^-（液）的转换系数。该值可以根据经验值确定，也可以通过NO_2标准气体反应，根据生成的HNO_2量获得f值。

2.酸性高锰酸钾溶液氧化法

该方法是在两只显色吸收瓶间接一内装有酸性高锰酸钾溶液的氧化瓶，空气中的NO_2被串联的第一支吸收瓶中的吸收液吸收生成玫瑰红色的偶氮染料，空气中的NO不与吸收液反应，通过装有酸性高锰酸钾溶液的氧化瓶被氧化为NO_2后，被串联的第二支吸收瓶中的吸收液吸收生成玫瑰红色的偶氮染料，分别于波长540nm处用分光光度计测定其吸光度。分别测定第一支和第二支吸收瓶中样品的吸光度，计算两支吸收瓶内NO_2和NO的质量浓度，二者之和即为氮氧化物的总质量浓度（以NO_2计）。

空气中NO_2质量浓度 ρ（NO_2）（mg/m^3）按式（6-5）计算。

$$\rho(NO_2) = \frac{(A_1 - A_0 - a) \times V \times D}{b \times f \times V_0} \qquad (6-5)$$

空气中NO质量浓度 ρ（NO）（mg/m³）按式（6-6）计算。

$$\rho(\text{NO}) = \frac{(A_2 - A_0 - a) \times V \times D}{b \times f \times V_0 \times K} \qquad (6\text{-}6)$$

空气中NOx质量浓度 ρ（NO_x）（mg/m³）按式（6-7）计算。

$$\rho(\text{NO}_x) = \rho(\text{NO}_2) + \rho(\text{NO}) \qquad (6\text{-}7)$$

以上各式中，A_1、A_2为串联的第一支和第二支吸收瓶中吸收液样品的吸光度；为试剂空白溶液的吸光度；b、a分别为标准曲线的斜率（mL/μg）和截距；K为采样用吸收液体积，mL；h为换算为标准状态下的采样体积，L；K为NO氧化为NO_2的氧化系数，0.68；D为样品的稀释倍数；f 为Saltzman实验系数，0.88（当空气中NO_2质量浓度高于0.72mg/m³时，f 取值0.77）。

采样测定过程中，吸收液应为无色，宜密闭避光保存；如显现微红色，说明已被污染，应检查试剂和蒸馏水的质量。空气中SO_2质量浓度为NOx质量浓度的30倍时，对NO_2的测定产生负干扰，可以在采样管前接一个氧化管来消除SO_2的干扰；空气中O_3的浓度超过0.25mg/m³时，会产生正干扰，采样时在吸收瓶入口端串接一段15～20cm长的硅橡胶管，可排除干扰。

（二）化学发光法

化学发光法测定NOx是基于NO分子吸收化学能后，被激发到激发态，再由激发态返回基态时以光量子的形式释放出能量，利用测量化学发光强度对NOx进行分析测定的方法。反应式如下。

$$\text{NO} + \text{O}_3 \rightarrow \text{NO}_2^* + \text{O}_2$$

$$\text{NO}_2^* \rightarrow \text{NO}_2 + h\nu$$

发光强度与气样中NO的浓度成正比，可通过测定发光强度确定NO的含量；气样中的NO_2可先在碳钼催化剂的作用下转化为NOx再用发光法测定气样中氮氧化物的总量。

商用化学发光氮氧化物监测仪的测量范围：0～1000ppb，检出限：0.40ppb。气路分为两部分：一是O_3发生气路，即氧气经过电磁阀、膜片阀、流量计进入臭氧发生器，在紫外光照或者无声放电的作用下，产生的O_3进入反应室；二是气样经过粉尘过滤器进入转换器，将NO_2转换为NOx再通过三通电磁阀、流量计到达反应室。气样中的NO与O_3在反应室中发生光化学反应，产生的光量子经过反应室端面上的滤光片获得特征波长光射到光电倍增管上，将光信号转换成与浓度成正比的电信号，显示读数。切换NO_2转换器可以分别测出NO_2和NO的含量。

三、一氧化碳与二氧化碳的测定

（一）一氧化碳的测定

CO作为空气中的主要污染物之一，主要源于化石燃料的不充分燃烧及汽车尾气等。CO是一种无色、无味的有毒气体，容易与人体血液中的血红蛋白结合，形成碳氧血红蛋白，使血液输送氧的能力降低，造成缺氧症。CO的检测方法主要有非分散红外吸收法、气相色谱法等。

1.非分散红外吸收法

非分散红外吸收法广泛用于CO、CO_2、CH_4、SO_2、NH_3等气态污染物的监测。CO、CO_2等气态分子受到红外辐射（1~25μm）时吸收各自特征波长的红外光，因其分子振动和转动能级的跃迁，形成红外吸收光谱。在一定浓度范围内，吸收光谱的峰值（吸光度）与气态物质浓度之间的关系符合朗伯-比尔定律，通过测定吸光度即可确定气态物质的浓度。

该法使用CO红外分析仪作为主要检测仪器，测定范围为0~62.5mg/m³，最低检出浓度为0.3mg/m³。红外光源发射出能量相等的两束平行光，被同步电机M带动的切光片交替切断；一束光通过参比室，称为参比光束，光强度不变；另一束光称为测量光束，通过测量室。由于测量室内有气样通过，则气样中的CO吸收了部分特征波长的红外光，使射入检测室的光束强度减弱，且CO含量越高，光强减弱越多。由于射入检测室的参比光束强度大于测量光束强度，使两室中气体的温度产生差异，通过测试温度变化值即可得出气样中CO的浓度值，由指示表和记录仪显示和记录测量结果。

干扰和消除：CO的红外吸收峰在4.5μm附近，CO_2在4.3μm附近，水蒸气在6μm和3μm附近，而大气中CO_2和水蒸气的浓度又远大于CO的浓度，会干扰CO的测定。在测定前用制冷剂或通过干燥剂的方法可以除去水蒸气；用窄带光学滤片或气体滤波室将红外辐射限制在CO吸收的窄带光范围内，可消除CO_2的干扰。

2.气相色谱法

测定原理：空气中的CO、CO_2和CH_4经TDX-01碳分子筛柱分离后，于氢气流中在镍催化剂（360℃±10℃）的作用下，CO、CO_2皆能转化为CH_4，然后用氢火焰离子化检测器分别测定上述三种物质，其出峰顺序为：CO、CH_4、CO_2。

测定时，先在预定实验条件下，用定量管加入各组分标准气，记录色谱峰，并测量其峰高。按照式（6-8）计算定量校正值。

$$K = \frac{\rho_s}{h_s} \qquad (6-8)$$

式中，K为定量校正值，表示每毫米峰高所代表的气体质量浓度，mg/（m²·mm）；ρ_s为标准气中CO（或CO_2、CH_4）的质量浓度，mg/m³；h_s为标准气中CO（或CO_2、CH_4）的峰高，mm。

然后在与测定标准气同样条件下测定气样，测定各组分的峰高（h_s），按照式（6-9）计算出CO（或CO_2、CH_4）的质量浓度（a）。

$$\rho_s = h_s \times K \qquad (6-9)$$

（二）二氧化碳的测定

CO_2是导致温室效应的主要气体组分，已成为温室气体削减与控制的重点。目前，推荐的分析方法主要有非分散红外吸收法、容量滴定法和气相色谱法。

1.非分散红外吸收法

非分散红外吸收法的基本原理是基于二氧化碳在4.3μm红外区有一个吸收峰，在此波长下，氧、氮、一氧化碳、水蒸气都没有明显的吸收。利用红外吸收原理，可制成便携式二氧化碳测试仪，该方法已成为国家标准。

2.容量滴定法

其基本原理为：用装有氢氧化钡溶液的砂芯吸收管采集空气中的二氧化碳，形成碳酸钡沉淀。采样后，用草酸标准液返滴定剩余的氢氧化钡，同时滴定吸收液中的氢氧化钡含量作为空白值，根据空白与样品中氢氧化钡含量之差计算出二氧化碳的含量。

3.气相色谱法

详见一氧化碳测试中的气相色谱法。

四、氟化物的测定

空气中氟化物以气态和含氟粉尘两种形态存在，气态氟化物主要是氟化氢（HF）和少量的氟化硅（SiF_4）和四氟化碳（CF_4）；含氟粉尘主要是冰晶石（Na_3AlF_6）、萤石（CaF_2）、氟化铝（AlF_3）、氟化钠（NaF）及磷灰石[$3Ca_3(PO_4)_2 \cdot CaF_2$]等。氟化物属高毒类物质，由呼吸道进入人体，会引起黏膜刺激、中毒等症状，并影响各组织和器官的正常生理功能；对于植物的生长也会产生危害。含氟废气主要源于炼铝行业和磷肥工业、烧结及冶炼含氟金属矿石、氟和氟盐生产、含氟农药生产、玻璃陶瓷及制冷剂的生产等。

目前，氟离子选择电极法是测定空气中氟化物广泛采用的方法，该法依据氟化物采样方法的不同，又可分为滤膜采样–氟离子选择电极法、石灰滤纸采样–氟离子选择电极法两种。

（一）滤膜采样–氟离子选择电极法

用滤膜夹中装有磷酸氢二钾溶液浸渍或碳酸氢钠–甘油溶液浸渍的玻璃纤维滤膜的采样器采样，则空气中的气态氟化物被吸收固定，尘态氟化物同时被阻留在滤膜上；采样后的滤膜用水或酸浸取后，用氟离子选择电极法测定。

如需要分别测定气态、尘态氟化物时，第一层采样膜用孔径0.8μm经柠檬酸溶液浸渍的纤维素酯微孔膜先阻留尘态氟化物，第二层用磷酸氢二钾浸渍过的玻璃纤维滤膜采集气态氟化物。用水浸取滤膜，测定水溶性氟化物；用盐酸溶液浸取，测定酸溶性氟化物；用水蒸气热解法处理采样膜，测定总氟化物。另取未采样的浸取吸收液的滤膜3~4张，按照采样滤膜的测定方法测定空白值（取平均值）。

空气中氟化物的质量浓度 ρ（F）按照式（6–10）计算。

$$\rho(F) = \frac{W_1 + W_2 - 2W_0}{V_0} \tag{6–10}$$

式中，ρ（F）为空气中氟化物的质量浓度，mg/m³；W_1 为上层滤膜样品的氟含量，W_2 为下层滤膜样品的氟含量，μg；W_0 为空白滤膜平均氟含量，μg；V_0 为标准状态下的采样体积，m³。

该法适用于环境空气中氟化物的小时浓度和日平均浓度的测定，当采样体积为6m³时，测定下限为0.9μg/m³。

（二）石灰滤纸采样–氟离子选择电极法

用浸渍氢氧化钙溶液的滤纸采样，则空气中的氟化物（氟化氢、四氟化硅等）与浸渍在滤纸上的氢氧化钙反应而被固定。用总离子强度调节缓冲液浸提后，以氟离子选择电极法测定。测定结果反映的是放置期间空气中氟化物的平均浓度水平。

空气中氟化物的质量浓度 ρ（F）按照式（6–11）计算。

$$\rho(F) = \frac{W - W_0}{S \times n} \tag{6–11}$$

式中，ρ（F）为空气中氟化物的含量，μg/（100cm² · d）；W 为石灰滤纸样品的氟含量，μg；W_0 为空白石灰滤纸平均氟含量，ng；S 为石灰滤纸暴露在空气中的面积，cm²；n 为石灰滤纸在空气中放置的天数，d，应准确至0.1d。

该法适用于环境空气中氟化物长期平均污染水平的测定，当采样时间为一个月时，测定下限为0.18μg/（dm² · d）。

五、硫酸盐化速率的测定

测定硫酸盐化速率可以反映出城市大气污染的相对程度，常用的测定方法有二氧化铅-重量法、碱片-重量法、碱片-离子色谱法和碱片-铬酸钡分光光度法等。

（一）二氧化铅-重量法

空气中的二氧化硫、硫酸雾、硫化氢等与二氧化铅反应生成硫酸铅，用碳酸钠溶液处理。

使硫酸铅转化为碳酸铅，释放出硫酸根离子，再加入氯化钡溶液，生成硫酸钡沉淀，用重量法测定。其结果是以每天在100cm²面积的二氧化铅涂层上所含三氧化硫毫克数表示[mg（SO_3）/（100cm²·d）]。该法检出限为0.05mg（SO_3）/（100cm²·d）。相关反应式如下。

$$SO_2 + PbO_2 \rightarrow PbSO_4$$

$$H_2S + PbO_2 \rightarrow PbO + H_2O + S$$

$$PbO_2 + O_2 + S \rightarrow PbSO_4$$

$$PbSO_4 + BaCl_2 \rightarrow BaSO_4 \downarrow + PbCl_2$$

PbO_2采样管的制备是在素瓷管上涂一层黄芪胶乙醇溶液，将适当大小的湿纱布平整地绕贴在素瓷管上，再均匀地刷上一层黄芪胶乙醇溶液，除去气泡，自然晾至近干后，将PbO_2与黄芪胶乙醇溶液研磨制成的糊状物均匀地涂在纱布上，涂布面积约为100cm²，晾干，移入干燥器存放。采样时将PbO_2采样管固定在百叶箱中，在采样点上放置30d左右。注意不要靠近烟囱等污染源；收样时，将PbO_2采样管放入密闭容器中。

$$硫酸盐酸盐化\left[mg（SO_3）/（100cm^2·d）\right] = \frac{W_s - W_0}{S \times n} \cdot \frac{M(SO_3)}{M(BaSO_4)} \times 100 \qquad (6-12)$$

式中，W_s为采样管测得$BaSO_4$的质量，mg；W_0为空白采样管测得$BaSO_4$的质量，mg；S为采样管上PbO_2涂层面积，cm²；n为采样天数，准确至0.1d；$\dfrac{M(SO_3)}{M(BaSO_4)}$为$SO_3$与$BaSO_4$相对分子质量的比值，0.343。

PbO_2的粒度、纯度、表面活度，PbO_2的涂层厚度和表面湿度，含硫污染物的浓度及种类，采样期间的风速、风向及空气温度、湿度等因素均会影响测定。

（二）碱片-重量法

用碳酸钾溶液浸渍的玻璃纤维滤膜暴露于大气中，碳酸钾与空气中的SO_2等反应生成硫酸盐，加入$BaCl_2$溶液将其转化为$BaSO_4$沉淀，用重量法测定。采样测定过程中，将制备好的碱片放入塑料皿（碱片毛面向上），携带至现场采样点，固定在特制的塑料皿支架上，采样30d。将采样后的碱片置于烧杯中，加盐酸使CO_2完全逸出，捣碎碱片并加热煮沸，用定量滤纸过滤，即得到样品溶液。加入$BaCl_2$溶液，获得$BaSO_4$沉淀，烘干、称量，计算方法同二氧化铅-重量法。

六、光化学氧化剂与臭氧的测定

空气中总氧化剂是指除氧以外显示有氧化性的物质，一般是指能氧化碘化钾析出碘的物质，主要有O_3、过氧乙酰硝酸酯（PAN）、NOx等。光化学氧化剂是指除去氮氧化物以外的能氧化碘化钾的物质。一般情况下，O_3占光化学氧化剂总量的90%以上，故测定时常以O_3浓度计为光化学氧化剂的含量。总氧化剂和光化学氧化剂二者的关系为：

$$\rho（光化学氧化剂）= \rho（总氧化剂）-0.269 \times \rho（氮氧化物） \qquad （6-13）$$

式中，0.269为NO_2的校正系数，即在采样后4～6h，有26.9%的NO_2与碘化钾反应。同时，因采样时在吸收管前安装了三氧化铬-石英砂氧化管，将NO等低价氮氧化物氧化成NO_2，所以式中使用大气中NOx总浓度。

（一）光化学氧化剂的测定

测定空气中光化学氧化剂常用硼酸-碘化钾分光光度法。用硼酸碘化钾吸收液吸收空气中的臭氧及其他氧化剂，吸收反应如下：

$$O_3+2I^-+2H^+ \rightarrow I_2+O_2+H_2O$$

碘离子被氧化析出碘分子的量与臭氧等氧化剂有定量关系，于352mm处测定游离碘的吸光度，与标准色列吸光度比较，可得总氧化剂浓度，扣除参加反应的NOx部分后即为光化学氧化剂的浓度。

测定时，以硫酸酸化的碘酸钾（准确称量）-碘化钾溶液做O_3标准溶液（以O_3计）配制标准系列，在352nm波长处以蒸馏水为参比测其吸光度，以吸光度对相应的O_3质量浓度绘制标准曲线，或用最小二乘法建立标准曲线的回归方程。然后，在同样操作条件下测定气样吸收液的吸光度，按照式（6-14）计算光化学氧化剂的质量浓度。

$$\rho(光化学氧化剂)[O_3，mg/m^3] = \frac{(A_1 - A_0) - a}{bV_sK} - 0.269\rho \qquad （6-14）$$

式中，A_1为气样吸收液的吸光度；A_0为试剂空白溶液的吸光度；a为标准曲线的截距；b为标准曲线的斜率，μg^{-1}（以O_3计）；V_s为标准状况下的采样体积，L；K为吸收液采样效率（用相对比较法测定），%；ρ为同步测定气样中NOx的质量浓度（以NO_2计），mg/m^3。

用碘酸钾溶液代替O_3标准溶液的反应如下：

$$KIO_3+5KI+3H_2SO_4=3I_2+3K_2SO_4+3H_2O$$

当标准曲线不通过原点而与横坐标相交时，表示标准溶液中存在还原性杂质，可加入适量过氧化氢将其氧化。三氧化铬–石英砂氧化管使用前必须通入含量较高的O_3气体，否则，采样时O_3的损失可达50%～90%。

（二）臭氧的测定

臭氧是强氧化剂，主要集中在大气平流层中，它是空气中的氧在太阳紫外线的照射下或受雷击形成的，是仅次于PM2.5的导致我国城市空气质量超标的大气污染物。臭氧具有强烈的刺激性，在紫外线的作用下，参与烃类和NOx的光化学反应。测定大气中臭氧的方法有分光光度法、化学发光法、紫外分光光度法等。

1.分光光度法

分光光度法主要有靛蓝二磺酸钠分光光度法、硼酸碘化钾分光光度法。

靛蓝二磺酸钠分光光度法是用含有靛蓝二磺酸钠的磷酸盐缓冲溶液做吸收液采集空气样品，则空气中的O_3与蓝色的靛蓝二磺酸钠发生等摩尔反应，生成靛红二磺酸钠，使之褪色，于610nm波长处测其吸光度，用标准曲线法定量。

硼酸碘化钾分光光度法是用含有硫代硫酸钠的硼酸碘化钾溶液做吸收液采样，空气中的O_3氧化碘离子为碘分子，而碘分子又立即被硫代硫酸钠还原，剩余硫代硫酸钠加入过量碘标准溶液氧化，剩余碘于352nm处以水为参比测定吸光度。同时采集零气（除去O_3的空气），并准确加入与采集空气样品相同量的碘标准溶液，氧化剩余的硫代硫酸钠，于352nm处测定剩余碘的吸光度，则气样中剩余碘的吸光度减去零气样剩余碘的吸光度即为气样中O_3氧化碘化钾生成碘的吸光度。采样测定过程中，SO_2、H_2S等还原性气体会干扰测定，采样时应串接三氧化铬管消除；采样效率还受温度影响，25℃时可达100%，30℃时达96.8%；此外，样品吸收液和试剂溶液均应于暗处保存。

2.化学发光法

测定臭氧的化学发光法有三种，即罗丹明B法、一氧化氮法和乙烯法。其中，乙烯法是基于O_3和乙烯发生均相化学发光反应，生成激发态甲醛，当激发态甲醛瞬间回到基态时，放出光子，波长范围为300～600nm，峰值波长为435nm；发光强度与O_3浓度成正比，通过测试发光强度即可测得环境空气中O_3的浓度。反应式如下：

$$2O_3+2C_2H_4 \rightarrow 2C_2H_4O_3 \rightarrow 4HCHO^*+O_2$$

$$HCHO^* \rightarrow HCHO+hv$$

3.紫外分光光度法

当样品空气以恒定的流速通过除湿器和颗粒物过滤器进入仪器的气路系统时分成两路，一路为样品空气，另一路通过选择性臭氧洗涤器成为零气，样品空气和零气在电磁阀的控制下交替进入样品吸收池（或分别进入样品吸收池和参比池），臭氧对253.7nm波长的紫外光有特征吸收。设零气（不含能使臭氧分析仪产生可检测响应的空气）通过吸收池时检测的光强度为I_0，样品空气通过吸收池时检测的光强度为I，则I/I_0为透光率。仪器的微处理系统根据朗伯-比尔定律，由透光率计算臭氧浓度。

$$\ln(I/I_0)=a\rho d \tag{6-15}$$

式中，I/I_0为样品的透光率，即样品空气和零气的光强度之比；ρ为采样温度、压力条件下臭氧的质量浓度，$\mu g/m^3$；d为吸收池的光程，m；a为臭氧在253.7nm处的吸收系数，$a=1.44 \times 10^{-5}m^2/\mu g$。

环境臭氧分析仪主要由紫外吸收池、紫外光源灯、紫外检测器等组成。

七、总烃与非甲烷总烃的测定

污染环境空气的烃类一般是指具有挥发性的碳氢化合物（C1～C8），常用以下两种方法表示：一种是包括甲烷在内的碳氢化合物，称为总烃（THC）；另一种是除甲烷以外的碳氢化合物，称为非甲烷总烃（NMHC）。空气中的碳氢化合物主要来自石油炼制、焦化、化工等生产过程中逸散和排放的废气及汽车尾气。目前，普遍采用气相色谱法测定总烃与非甲烷总烃含量。

气相色谱法的测定原理是基于以氢火焰离子化检测器分别测定气样中总烃和甲烷含量，两者之差即为非甲烷总烃含量。可采用以氮气或除烃净化气为载气测定，气相色谱仪中并联两根色谱柱。

（1）以氮气为载气测定。一根是不锈钢螺旋空柱，用于测定总烃；另一根是填充GDX-502担体的不锈钢柱，用于测定甲烷。

（2）以除烃净化气为载气测定。一根是填充玻璃微球的不锈钢柱，用于测定总烃；另一根是填充GDX-502担体的不锈钢柱，用于测定甲烷。在相同色谱条件下，将空气试样、甲烷标准气及除烃净化气依次分别经定量管和六通阀注入，通过色谱仪空柱到达检测器，可分别得到三种气样的色谱峰。设大气试样总烃峰高（包括氧峰）为h_1，甲烷标准气样峰高为h_s，除烃净化气峰高为h_a。

在相同色谱条件下，将大气试样、甲烷标准气样通过定量管和六通阀分别注入仪器，经GDX-502柱分离到达检测器，依次得到气样中甲烷的峰高（Am）和甲烷标准气样中甲烷的峰高（h_s）。按式（6-16）～式（6-18）分别计算总烃、甲烷和非甲烷总烃的含量。

$$总烃[以CH_4计，mg/m^3] = \frac{h_t - h_a}{h_s}c_s \qquad (6-16)$$

$$甲烷[g/m^3] = \frac{h_m}{h'_s}c_s \qquad (6-17)$$

$$非甲烷总烃浓度=总烃浓度-甲烷浓度 \qquad (6-18)$$

式中，c_s为甲烷标准气浓度，mg/m^3。

八、挥发性有机化合物和甲醛的测定

（一）挥发性有机化合物的测定

VOCs是指沸点在50～260℃，室温下饱和蒸气压超过133.325Pa的有机物，如苯、卤代烃、氧烃等。VOCs排入大气后可转化为二次PM2.5和形成光化学烟雾，是目前大气污染关注的重点。

VOCs通常采用气相色谱法或气相色谱-质谱法测定。HJ644—2013规定的VOCs测定由吸附管采样-热脱附/气相色谱-质谱法完成；采用固体吸附剂（TenaxGC或TenaxTA）富集环境空气中挥发性有机化合物，将吸附管置于热脱附仪中，解吸挥发性有机化合物，待测样品经气相色谱分离后，用质谱进行检测。通过与待测目标物标准质谱图相比较和保留时间进行定性，外标法或内标法定量。

（二）甲醛的测定

甲醛，无色气体，有特殊的刺激气味，对人眼、鼻等有刺激作用，易溶于水和乙醇。测定环境空气中甲醛的方法有酚试剂分光光度法、高效液相色谱法等。

1.酚试剂分光光度法

空气中的甲醛与酚试剂[盐酸-3-甲基-苯并噻唑胺，$C_6H_4SN（CH_3）C=NNH_2·HCl$]反应，简称MBTH反应，生成嗪，在高价铁离子存在下，嗪与酸试剂的氧化产物反应生成蓝绿色化合物，在波长630nm处用分光光度法测定。

2.高效液相色谱法

使用填充了涂渍2，4-二硝基苯肼（DNPH）的采样管采集一定体积的空气样品，样品中的醇酮类化合物经强酸催化与涂渍于硅胶上的DNPH反应生成稳定有颜色的腙类衍生物，经乙腈洗脱后，使用高效液相色谱仪的紫外（360nm）或二极管阵列检测器检测，根据标准色谱图各组分的保留时间定性，采用色谱峰面积定量。

九、苯及苯系物的测定

苯系物是苯及其衍生物的总称。苯系物的测定主要有活性炭吸附/二硫化碳解吸–气相色谱法（HJ584—2010）和固体吸附/热脱附–气相色谱法（HJ583—2010），主要适用于环境空气及室内空气中苯、甲苯、乙苯、邻二甲苯、间二甲苯、对二甲苯、异丙苯和苯乙烯的测定，同时也适用于常温下低浓度废气中苯系物的测定。

（一）活性炭吸附/二硫化碳解吸–气相色谱法

空气中的苯系物用吸附剂富集后，进入色谱柱前需要进行解吸。在常温条件下，将一定体积的空气富集在采样管中，在热解吸附仪上通载气，30s内升温至200℃用二硫化碳进行解吸，由载气将解吸的有机物全量导入具有氢火焰离子化检测器的气相色谱仪汽化室，在一定温度下经色谱柱分离后，各组分以时间顺序（保留时间）进入氢火焰检测器，被测组分电离产生信号经放大后被记录（峰面积或峰高），利用在一定浓度范围内有机物含量与峰面积（或峰高）成正比对苯系物进行定性和定量分析。

（二）固体吸附/热脱附–气相色谱法

用填充聚2，6-二苯基对苯醚（tenax）采样管，在常温条件下，富集环境空气或室内空气中的苯系物，采样管连热脱附仪，加热后将吸附成分导入带有氢火焰离子化检测器的气相色谱仪进行分析。

十、其他污染物的测定

（一）二噁英类的测定

二噁英类是多氯代二苯并对二噁英（PCDDs）和多氯代二苯并呋喃（PCDFs）的统称，共有210种同类物。二噁英类是一类无色无味、毒性强且结构非常稳定的脂溶性物质，其分解温度大于700℃，极难溶于水，可溶于大部分有机溶剂，易在生物体内积累，对人体危害严重。同位素稀释高分辨气相色谱-高分辨质谱（HRGC-HRMS）法（HJ77.2—2008）可用来对2，3，7，8-氯代二噁英类、四氯～八氯取代的二噁英类进行定性和定量分析。该方法主要是利用滤膜和吸附材料对环境空气、废气中的二噁英类进行采样，采集的样品加入提取内标，分别对滤膜和吸附材料进行处理得到样品提取液，再经过净化和浓缩转化为最终分析样品，用高分辨气相色谱–高分辨质谱法进行定性和定量分析。

（二）多环芳烃的测定

环境空气中多环芳烃的测定主要采用高效液相色谱法（HJ647—2013）进行测定。测试过程中，空气中的多环芳烃收集于采样筒中，用10/90（F/F）乙醚/正己烷的混合液进行提取，提取液经过浓缩、硅胶柱或弗罗里硅土柱等方式净化后，用具有荧光/紫外检测器的高效液相色谱仪分离检测。在样品采集、储存和处理过程中受热、臭氧、氮氧化物、紫外光都会引起多环芳烃的降解，需要密闭、低温、避光保存。

（三）酚类化合物的测定

常用高效液相色谱法（HJ638—2012）测定环境空气中的酚类化合物。主要是用XAD–7树脂采集的气态酚类化合物经甲醇洗脱后，用高效液相色谱分离，紫外检测器或二极管阵列检测器检测，以保留时间定性，外标法定量。

（四）汞的测定

汞属极度危害物，具有易蒸发特性，人吸入后会引起中毒，危害神经系统。空气中的汞来源于汞矿开采和冶炼、仪表制造、有机合成、燃料燃烧等工业生产过程排放及逸散的废气和粉尘。其测定方法有分光光度法、冷原子吸收法、冷原子荧光法等。其中，冷原子吸收法和冷原子荧光法应用广泛。其测定原理为用金膜微粒富集管在常温下富集空气中的微量汞蒸气，生成金汞齐，将其加热（500℃以上）释放汞，被载气带入冷原子吸收测汞仪，利用汞蒸气对253.7nm光吸收量，用标准曲线法进行定量。

第四节　颗粒物的测定

重量法（手工监测）是大气颗粒物（TSP、PM10与PM2.5）质量浓度监测参比方法。2011年，我国发布了《环境空气PM10和PM2.5的测定重量法》（HJ618—2011）用于指导大气颗粒物手工监测的标准方法，2013年再次发布了《环境空气颗粒物（PM2.5）手工监测规范（重量法）技术规范》（HJ656—2013）；以上两个标准对PM10和PM2.5手工监测的方法原理、仪器设备、样品采集和分析步骤、质量控制和质量保证等均做出了详细的规定，是我国PM0和PM2.5手工监测的基本依据。

重量法基本原理：通过一定切割特性的采样器，以恒定流量抽取定量体积的环境空气，使环境空气中的大气颗粒物（TSP、PM10与PM2.5）被截留在已知质量的空白滤膜上，根据采样前后滤膜的重量差和采样体积测出大气颗粒物的质量浓度。

一、总悬浮颗粒物的测定

（一）总悬浮颗粒物质量浓度的测定

测定TSP常用重量法，以恒定流量抽取定量体积的环境空气通过已恒量的滤膜，则空气中的悬浮颗粒物被阻留在滤膜上，根据采样前后滤膜质量之差及采样体积，即可计算TSP的浓度，滤膜经处理后还可进行TSP组分分析。

常用的滤膜有聚四氟乙烯（Teflon）滤膜、石英滤膜和玻璃纤维滤膜等。由于颗粒物不同成分分析对象对所使用的采样滤膜种类要求不同，因此在以成分分析为目的的颗粒物监测中，需选用不同种类的滤膜，各种滤膜处理方法见表6-5。

表6-5　不同种类滤膜的特点及前处理方式

滤膜种类	特点	成分分析对象	前处理要求
石英滤膜	较脆弱	EC/OC、有机组分	450～500℃烘焙4h
Teflon滤膜	稳定、含碳量高	水溶性离子、元素	60℃烘焙2h

注：EC表示元素碳，OC表示有机碳。

根据采样流量不同，分为大流量采样法和中流量采样法。大流量采样（1.1～1.7m³/min）使用大流量采样器连续采样24h，按式（6-19）计算TSP浓度。

$$\text{TSP}（\text{mg/m}^3）= \frac{W_C - W_0}{V_n} \times 1000 \qquad （6\text{-}19）$$

式中，W_c 为尘膜的质量，g；W_0 为空白膜的质量，g；V_n 为标准状态下的累积采样体积，m^3。

中流量采样法使用中流量采样器（50～150L/min），所用滤膜直径比大流量采样法小，采样和测定方法同大流量采样法。此外，采样器在使用期间每月应采用孔板（口）流量校准器对采样器的流量进行校准。

（二）总悬浮颗粒物中污染组分的测定

1.金属和非金属化合物的测定

颗粒物中常需要测定的金属和非金属化合物有铍、铬、铅、铁、铜、锌、镉、镍、钴、锑、锰、砷、硒、硫酸根、硝酸根、氯化物等。其测定方法分为不需要样品预处理和需要样品预处理两类。不需要样品预处理的方法如X射线荧光光谱法、等离子体发射光谱法等，这些方法灵敏度高，能同时测定多种金属和非金属元素等。需要样品预处理的方法有分光光度法、原子吸收光谱法等。样品预处理方法因组分不同而异，常用的有湿式分解法、干式灰化法、水浸取法等。

2.有机物的测定

颗粒物中的有机组分很复杂，其中多环芳烃（如蒽、菲、芘等）受到普遍关注，具有致癌作用。例如，苯并[a]芘就是环境中普遍存在的一种强致癌物质，来自含碳燃料及有机物热解过程。测定苯并[a]芘的方法主要有荧光分光光度法、高效液相色谱法、紫外分光光度法等。在测定之前，需要先进行提取和分离，一般是加有机溶剂进行提取，再用SPE（固相萃取）小柱进行纯化。

二、PM10与PM2.5的测定

PM10与PM2.5的测定分为手工监测与自动监测两种。

（一）手工监测

PM10与PM2.5的手工测定使用重量法，使一定体积的空气通过安装有切割器的采样器，将粒径大于10μm（2.5μm）的颗粒物分离出去，小于10μm（2.5μm）的颗粒物被收集在已恒量的滤膜上，根据采样前后滤膜质量之差及采样体积，即可计算出PM10、PM2.5的质量浓度。滤膜还可供PM10、PM2.5的化学组分分析。

根据采样流量的不同，分为大流量采样重量法和小流量采样重量法。大流量采样重量法使用带有分割粒径为10μm（2.5μm）的颗粒物切割器的大流量采样器采样，小流量采样重量法使用小流量采样器采样，如我国推荐使用13L/min。

（二）自动监测

目前，国际上常用的PM10与PM2.5自动监测方法分为β射线衰减法和振荡天平法（压电晶体振荡法）两种。

1.β射线衰减法

该方法基于β射线通过特定物质后，其强度衰减程度与所透过的物质质量有关，而与物质的物理、化学性质无关；采用微量^{14}C做高能电子发射源，当高能量的电子由^{14}C发射出来（θ射线），碰到尘粒子时，能量减退或被粒子吸收，这个减少量取决于由^{14}C发射源和检测器之间的吸收物质的质量。同强度的β射线分别穿过清洁滤带和集尘滤带，通过测量清洁滤带和集尘滤带对β射线吸收程度的差异得到颗粒物的质量浓度。

$$I = I_0 \times \exp(-\mu M) \qquad (6-20)$$

$$c = \frac{S}{\mu V} \ln\left(\frac{I_0}{I}\right) \qquad (6-21)$$

式中，I为通过沉积颗粒物（PM10或PM2.5）滤带的β射线量；I_0为通过清洁滤带的β射线量；μ为质量吸收系数，$m^2/\mu g$；M为单位面积颗粒物的质量，$\mu g/m^2$；c为PM10或PM2.5的质量浓度，$\mu g/m^3$；S为捕集面积，m^2；V为采气体积，m^3。

2.振荡天平法

方法原理：以颗粒物质量的变化而引起的振荡频率变化来反映颗粒物的浓度。气样经粒子切割器剔除粒径大于10μm（2.5μm）的粗颗粒，小于10μm（2.5μm）的颗粒进入测量气室，测量气室内有高压放电针、石英谐振器及电极构成的静电采样器，气样中的颗粒物因高压电晕放电带上负电荷，然后在带正电的石英谐振器电极表面放电并沉积，除尘后的气样流经参比室内的石英谐振器排出。因参比石英谐振器没有集尘作用，当没有气样进入仪器时，两谐振器固有振荡频率相同的（$f_I = f_{II}$），其差值$\Delta f = f_I - f_{II} = 0$，无信号送入电子处理系统，数显屏幕上显示零。当有气样进入仪器时，则测量石英谐振器因集尘而质量增加，使其振荡频率（f_I）降低，两振荡器频率之差（Δf）经信号处理系统转换成颗粒物浓度并在数显屏幕上显示。测量石英谐振器集尘越多，振荡频率的f_I降低也越多，二者具有线性关系，即：

$$\Delta f = K\Delta m \qquad (6-22)$$

式中，K为由石英晶体特性和温度等因素决定的常数；Δm为测量石英晶体质量增值，即采集的颗粒物质量，mg。

设大气中PM10或PM2.5的浓度为C（mg/m³），采样流量为Q（m³/min），采样时间为/（min），则：

$$\Delta m = cQt \tag{6-23}$$

代入式（6-22）得出：

$$\frac{1}{c} = \frac{1}{K}\frac{\Delta f}{Qt} \tag{6-24}$$

因实际测量时Q，t值均已固定，故可改写为：

$$c = A\Delta f \tag{6-25}$$

可见，通过测量采样后两石英谐振器频率之差（Δf），即可得知PM10与PM2.5的质量浓度。

振荡天平法颗粒物（PM10或PM2.5）自动监测系统由采样系统、滤膜动态测量系统、采样泵和检测系统组成，采样口处配备温度、压力检测器。为减少设备在滤膜加热除湿过程中由挥发性物质损失造成的结果偏差，振荡天平监测设备应安装滤膜动态测量系统，对测定结果进行校正。

三、自然降尘的测定

降尘是指大气中靠重力自然降落于地面上的颗粒物，其粒径多在10μm以上。自然降尘量除取决于自身质量及粒度大小外，风力、降水、地形等自然因素也起到一定的作用。我国规定的自然降尘的测定方法是重量法，即以乙二醇水溶液为收集液进行湿法采样，再用重量法测定。

首先按一定原则布点，将集尘缸放置在户外空旷的地方，大气中的灰尘自然沉降在装有乙二醇水溶液的集尘缸内，按月收集。剔除里面的树叶、小虫等异物，其余部分定量转移到500mL的烧杯中，加热蒸发浓缩至10~20mL后，再转移到已恒量的瓷坩埚中，在电热板上蒸干后，于105±5℃烘箱内烘至恒量，按式（6-26）计算降尘量。

$$降层量\ [t/(km^2 \cdot 30d)] = \frac{W_1 - W_0 - W_c}{S \times n} \times 30 \times 10^4 \tag{6-26}$$

式中，W_1为降尘、瓷坩埚和乙二醇蒸干并在105±5℃恒量后的质量，g；W_0为105±5℃烘干恒量后瓷坩埚的质量，g；W_c为与采样操作等量的乙二醇蒸干并在105±5℃恒量后的质量，g；S为集尘缸缸口面积，cm²；n为采样天数（准确到0.1d）。

除测定降尘量外，有时还需测定降尘中的可燃性物质、水溶性物质、非水溶性物质、灰分，以及某些化学组分如硫酸盐、硝酸盐、氯化物、焦油等。通过这些物质的测定，可以分析判断污染因子、污染范围和程度等。

第五节　室内空气监测

室内环境是指人们工作、生活及其他活动所处的相对封闭的空间，随着人民生活水平的提高和科学技术的发展，大量新型建筑和装饰材料进入室内，且现代建筑物的密闭性强，使得室内空气污染问题日益突出。

室内空气污染物来源包括室内污染源和室外污染源，污染物种类主要有气态污染物（如氨、甲醛、苯系物、氡等）、颗粒物（PM10、PM2.5）及细菌、病毒等生物性污染物。许多室内空气污染物都是刺激性气体，这些物质会刺激眼、鼻、咽喉及皮肤，在污染的室内空气中长期生活，还会引起呼吸功能下降、呼吸道症状加重。

一、布点和采样方法

（一）布点原则和方法

采样点位的数量根据室内面积的大小和现场情况确定，原则上室内面积50m²以下应设1~3个点；50~100m²设3~5个点；100m²以上至少设5个点。

多点采样时应按对角线或梅花式均匀布点，应避开通风道和通风口，不能设在走廊、厨房、浴室、厕所，离墙壁距离应大于0.5m，离门窗距离大于1m。采样点的高度原则上与人的呼吸带高度一致，一般离地面高度0.8~1.5m。

（二）采样时间及频率

经过装修的室内环境，采样应在装修完成7d以后进行。一般建议在使用前采样检测，年平均浓度至少连续或间隔采样3个月，日平均浓度至少连续或间隔采样18h；8h平均浓度至少连续或间隔采样6h；1h平均浓度至少连续或间隔采样45min。

（三）采样方法

具体采样方法应按各污染物检验方法中规定的方法和操作步骤进行。要求年平均、日平均、8h平均值的参数，可以先做筛选采样检验。筛选法采样：采样前关闭门窗12h，至少采样45min。若检验结果符合标准值要求则为达标；当采用筛选法采样达不到标准要求时，必须采用累积法（按年平均、日平均、8h平均值）的要求采样。

室内空气样品的采集方法及装置与大气样品基本相同，需根据污染物在室内空气中存在的状态和浓度选择。

（四）采样记录

采样时要对现场情况、采样日期、时间、地点、数量、布点方式、大气压力、气温、相对湿度、风速及采样人员等做出详细现场记录；每个样品上要贴上标签，标明点位、采样日期和时间、测定项目等；采样记录随样品一同报到实验室。

（五）样品的运输与保存

样品由专人运送，按采样记录清点样品，防止错漏，为防止运输中采样管震动破损，装箱时可用泡沫塑料等分隔。储存和运输过程中要避开高温、强光。

二、室内空气质量监测项目与分析方法

室内空气质量包括温度、湿度、空气洁净度和新风量等指标。

（一）监测项目

监测项目的确定主要依据以下原则。

（1）选择室内空气质量标准中要求控制的监测项目。

（2）选择室内装饰装修材料有害物质限量标准中要求控制的监测项目。

（3）选择人们日常活动可能产生的污染物。

（4）依据室内装饰装修情况选择可能产生的污染物。

（5）所选监测项目应有国家或行业标准分析方法、行业推荐的分析方法。

新装饰、装修过的室内环境应测定甲醛、苯、甲苯、二甲苯、总挥发性有机化合物（TVOC）等。人群比较密集的室内环境应检测菌落总数、新风量及二氧化碳。住宅一层、地下室、其他地下设施，以及采用花岗岩、彩釉地砖等天然放射性含量较高的材料新装修的室内环境都应监测氡（222Rn）。监测项目见表6-6。

表6-6　室内环境空气质量监测项目

应测项目	选测项目
温度、大气压、空气流速、相对湿度、新风量、二氧化硫、二氧化氮、一氧化碳、二氧化碳、氨、臭氧、甲醛、苯、甲苯、二甲苯、总挥发性有机化合物、苯并[a]芘、可吸入颗粒物、细颗粒物、氡（222Rn）、菌落总数等	甲苯二异氰酸酯（TDI）、苯乙烯、丁基羟基甲苯、4-苯基环己烯、6-乙基己醇等

（二）分析方法

室内空气质量主要涉及与人体健康有关的物理、化学、生物和放射性参数，分析方法参照《室内空气质量标准》（GB/T18883—2002）中要求的各项参数的监测方法；由于室内环境相对封闭，其空气质量的监测方法和指标与环境空气不尽相同。以下仅对新风量的测定做简要介绍。

（1）新风量的定义。新风量Q是指门窗关闭状态下，单位时间内由空调系统通道、房间的缝隙进入室内的空气总量，m^3/h；空气交换率是指单位时间内由室外进入室内的空气量与该室内空气总量之比，h^{-1}。

（2）测量原理。采用示踪气体浓度衰减法测定，在待测室内通入适量示踪气体，根据示踪气体浓度随时间的变化，计算新风量。

（3）室内空气总量V的测定。用尺测量并计算出室内容积的V_1，用尺测量并计算出室内物品（桌子、沙发、柜子、床、箱子等）总体积V_2，由式（6–27）计算V（m^3）。

$$V = V_1 - V_2 \qquad (6-27)$$

（4）采样与测定。关闭门窗，在室内通入适量的示踪气体，按对角线或梅花式布点采集空气样品，用平均法或回归方程法计算空气交换率A，进而得到新风量$Q=（AV）$。

（5）平均法。测定开始时示踪气体的浓度ρ_0，15min或30min时再采样，测定最终示踪气体浓度ρ_t，前后浓度自然对数差除以测定时间t，即为平均空气交换率A。

$$A = (\ln \rho_0 - \ln \rho_t) / t \qquad (6-28)$$

（6）回归方程法。在30min内按一定的时间间隔测量示踪气体的浓度，测量频次不少于5次，以浓度的自然对数与对应的时间作图。用最小二乘法进行回归计算，回归方程式中的斜率即为空气交换率。

$$\ln \rho_t = \ln \rho_0 - At \qquad (6-29)$$

第六节　降水监测

大气中的污染物可以通过降水迁移到地表，降水监测的目的是了解在降水（雨、雪等）过程中从大气降落到地面的沉降物的主要组成及某些污染组分的含量，既可为分析和控制大气污染提供依据，也可为研究污染物在环境中的迁移规律提供支持。特别是酸雨对土壤、森林、湖泊等生态系统的潜在危害及对器物、材料等的腐蚀作用，对酸雨的监测与研究已成为降水监测的重要内容。

一、采样点的布设

降水采样点的设置数目应视研究目的和区域的实际情况确定。根据我国《大气降水样品的采集与保存》（GB13580.2—92）标准规定：对于常规监测，人口50万以上的城市布设3个点，50万以下的布设2个点。

采样点的布设应兼顾城市、农村和清洁对照区，并要考虑区域的环境特点，如地形、气象和工业分布等；采样点应尽可能避开排放酸碱物质和粉尘的局部污染源及主要街道交通污染源，四周无遮挡雨、雪的高大树木或建筑物。

二、样品的采集与保存

（一）采样器

降雨采集器按照采样方式可分为人工采样器和自动采样器。人工采样器为上口直径40cm，高度不低于20cm的聚乙烯塑料桶或玻璃筒。其中，聚乙烯塑料桶适用于无机监测项目采样，玻璃筒适用于有机监测项目采样。一种分段连续自动采集雨水的采样器，将足够数量的容积相同的采水瓶由高到低依次排列，当最高的第一个采水瓶装满水样后，则自动关闭，雨水继续流向位置较低的第二、第三个采水瓶。例如，在一次性降雨中，每毫米降雨量收集100mL雨水，共收集三瓶，以后的雨水再收集在一起。

降雪采集器用上口直径大于50cm，高度不低于50cm的聚乙烯塑料容器。

自动采样器通过红外探测仪能对湿气（小雨、大雾、小雪等）感应，超过一定值后在20s内打开盖子，反之，当湿度低于某个值时，盖子将在2min内关闭，使容器尽可能少地暴露在于空气中。

（二）采样方法

（1）从每次降雨（雪）开始，采集全过程（开始到结束）雨（雪）样；如遇连续几天降雨（雪），每天上午8：00开始，连续采集24h为一次样。

（2）采样器应放置在高于基础面1.2m以上。

（3）采集样品后，应立即将样品转移至洁净干燥的样品瓶中，密闭保存，并贴上标签，进行编号，记录采样地点、日期、采样起止时间、降水量等。

降水起止时间、降水量及降水强度都可使用标准自动雨量计测定，与降水采样器同步进行。该仪器由降水量或降水强度传感器、变换器、记录仪等组成，使用时安装在采样器旁的固定架上，距离采样器不小于2m，器口保持水平，距地面高70cm。

（三）雨水样的保存

由于降水中含有尘粒、微生物等微粒，所以除测定pH和电导率的水样无须过滤，测定金属和非金属离子的水样都需用孔径0.45μm的滤膜过滤。

降水中各化学组分的含量一般较低，为减缓物理、化学及生物作用导致的样品组分及含量的改变，应在采样后24h内测量或妥善保存。样品如需保存，一般不添加保存剂，而应密封后放于冰箱中3～5℃下冷藏。

三、降水组分的测定

（一）测定项目和测定频次

测定项目需根据监测目的确定，我国环境监测技术规范对降水例行监测要求测定项目如下。

Ⅰ级测点：必测项目为pH、电导率、K^+、Na^+、Ca^{2+}、Mg^{2+}、NH_4^+、SO_4^{6-}、NO_2^-、NO_3^-、F^-、Cl^- 12个项目。pH和降水量，要"逢雨必测"；连续降水超过24h时，每24h采集一次降水样品进行分析。省、市监测网络中的Ⅱ、Ⅲ级测点视实际需要和可能确定测定项目。

测定频次：在当月有降水的情况下，每月测定不少于一次，可随机选一个或几个降水量较大的样品分析上述项目。

（二）测定方法

12个必测项目的测定方法与第三章水和废水监测中对应项目的测定方法相同，在此仅做简要介绍。

1.pH的测定

pH是评判酸雨最重要的项目。清洁的雨水一般被CO_2饱和，pH在5.6～5.7，当雨水的pH小于5.6时即为酸雨。常用玻璃电极法测定降水的pH。

2.电导率的测定

雨水电导率与降水中所含离子的浓度大致成正比，测定雨水的电导率能快速推测雨水中溶解性物质的总量。降水的电导率一般用电导率仪测定。

3.水溶性离子的测定

（1）硫酸根的测定。降水中的SO_4^{2-}主要源于大气气溶胶中可溶性硫酸盐及SO_2经催化氧化形成的硫酸雾，其一般浓度范围是几毫克/升到100毫克/升。测定方法主要有分光光度法、离子色谱法等；其中，离子色谱法可以连续测定降水中的SO_4^{2-}、$NO2_2^-$、NO_3^-、Cl^-、F^-等阴离子。

（2）亚硝酸根及硝酸根的测定。降水中的NO_2^-、NO_3^-源于空气中的NOx，是导致降水pH降低的原因之一。降水中NO_3^-的浓度一般在几毫克/升以内，测定方法有离子色谱法、紫外分光光度法、镉柱还原法等。降水中NO_6^-的浓度测定方法主要有N–（1–萘基）–乙二胺分光光度法、离子色谱法等。

（3）氯离子的测定。降水中Cl^-是衡量空气中HCl导致降水pH降低和判断海盐粒子影响的标志，浓度一般在几毫克/升到几十毫克/升。Cl^-的测定方法有硫氰酸汞–高铁分光光度法、离子色谱法等。

（4）氟离子的测定。降水中F^-可反映局部地区受氟污染的状况，其浓度一般较低，为0.01～1.00mg/L。测定方法有氟离子选择电极法、离子色谱法等。

（5）铵离子的测定。氨是某些工厂的排放物及含氮有机物的分解产物，空气中的氨进入降水中形成NH_4^+，能中和酸雾，可在一定程度上抑制酸雨。但NH_4^+随降水进入河流、湖泊后，会增加水中的富营养化组分。其测定方法有纳氏试剂分光光度法、离子色谱法等。

（6）钾、钠、钙、镁离子的测定。降水中K^+、Na^+的浓度通常在几毫克/升以内，可用原子吸收光谱法测定。

Ca^{2+}是降水中的主要阳离子之一，浓度一般在几毫克/升到几十毫克/升，对降水中的酸性物质有重要的中和作用。降水中Mg^{2+}的含量一般在几毫克/升以下。降水中Ca^{2+}、Mg^{2+}常用原子吸收光谱法测定。

此外，还可采用电感耦合等离子体质谱法、离子色谱法连续测定降水中的K^+、Na^+、Ca^{2+}、Mg^{2+}等阳离子。

第七章

水与废水监测

第一节　污染监测的概述

一、水污染

当人类将生活和生产中产生的废水未经处理直接排放到自然界时，由于废水中的污染物超过了水体的自然降解能力而造成水体的品质和功能下降或恶化，称为水体污染。当污染物进入水体时，首先由于水的混合产生的物理稀释作用，使污染物浓度降低然后发生一系列复杂的化学反应和生物反应，使污染物发生转化、降解，从而使其水质得以恢复的这一过程，称为水体净化。

水体污染按其污染性质分为化学型污染、物理型污染和生物型污染三种。化学型污染是指废水中含有有毒有害的化学性污染物如有机、无机污染物等；物理型污染是造成水体物理性能恶化的污染，如固体悬浮物、热污染、放射性污染等；生物型污染是含有各种病原微生物的生活污水、医院废水等危害人体健康的污染。

二、水质监测

水质监测分为环境水体监测和水污染源监测两类。环境水体包括江、河、湖、海等地表水和地下水；水污染源包括生活污水、工业废水、医院污水等。水质监测的目的主要是掌握环境质量的现状及发展趋势，包括监测水污染源排放污染物的种类、强度和排放量，以及污染事故的调查等。水质监测项目采用优先监测重点项目的原则，将毒性大、危害广、污染重的污染物作为优先重点监测项目。

三、水质监测的分析方法

同一监测项目可以用多种方法和仪器分析检测，但为了保证监测方法的灵敏度、准确度和监测结果的可靠性和等效性，必须统一监测分析方法。

（1）国家标准分析方法（A类方法）：134种经典的、准确的标准方法，用于检测其他监测方法，也称基准方法。

（2）统一分析方法（B类方法）：已被广泛使用、基本成熟的分析方法，但尚需进一步检验和规范，也称标准分析方法。

（3）等效分析方法：与上述两种方法的灵敏度、准确度、精密度等性能相近或优于上述两种方法，但尚需对比验证的新方法，可认为与其等效。

第二节　水质监测方案的制定

水质监测是指为了掌握水环境质量状况和水系中污染物的动态变化，对水体中的各种特性指标取样、测定，并进行记录或发出信号的程序化过程。监测方案是完成一项监测任务的程序和技术方法的总体设计，制定时须首先明确监测对象与目的，其次在调查研究的基础上确定监测项目，布设监测网点，合理安排采样频率和采样时间，选定采样方法和分析测定方法与技术，提出监测报告要求，制定质量控制和保证措施及实施计划等。不同类型水质的监测目的、监测项目和选择监测分析方法的原则不同，以下根据不同水质监测对象逐一进行介绍。

一、地表水水质监测方案的制定

（一）水质监测的对象和目的

水质监测分为环境水体监测和水污染源监测。环境水体包括江、河、湖、水库、海水；水污染源包括工业废水、生活污水、医院污水等。其监测目的可概括为：

（1）对江、河、水库、湖泊、海洋等地表水和地下水中的污染因子进行经常性的监测，以掌握水质现状及其变化趋势。

（2）对生产、生活等废（污）水排放源排放的废（污）水进行监视性监测，掌握废（污）水排放量及其污染物浓度和排放总量，评价是否符合排放标准，为污染源管理提供依据。

（3）对水环境污染事故进行应急监测，为分析判断事故原因、危害及制定对策提供依据。

（4）为国家政府部门制定水环境保护标准、法规和规划提供有关数据和资料。

（5）为开展水环境质量评价和预测、预报及进行环境科学研究提供基础数据和技术手段。

（6）为环境污染经济纠纷进行仲裁监测，为判断纠纷原因提供科学依据。

（二）基础资料收集与实地调查

1.基础资料收集

在制定监测方案之前，应尽可能完备地收集待监测水体及所在区域的有关资料，主要有以下几点。

（1）水体的水文、气候、地质和地貌资料。如水位、水量、流速及流向的变化；降雨量、蒸发量及历史上的水情；河流的宽度、深度、河床结构及地质状况；湖泊沉积物的特性、间温层分布、等深线等。

（2）水体沿岸城市分布、工业布局、污染源及其排污情况、城市给排水情况等。

（3）水体沿岸的资源现状和水资源的用途；饮用水源分布和重点水源保护区；水体流域的土地功能及近期使用计划等。

（4）历年水质监测资料。

2.实地调查

在收集基础资料的基础上，为了熟悉监测水域的环境，了解某些环境信息的变化情况，使制定监测方案和后续工作能有的放矢地进行，实地调查是一项很重要的基础工作。

（三）监测断面和采样点的布设

1.布设原则

（1）在对调查研究结果和有关资料进行综合分析的基础上，根据水域尺度范围，考虑代表性、可控性及经济性等因素，确定断面类型和采样点数量，并不断优化，以最少的断面获取足够的代表性环境信息。

（2）有大量废（污）水排入江河的主要居民区、工业区的上游和下游，支流与干流汇合处，入海河流河口及受潮汐影响河段，国际河流出入国境线出入口，湖泊、水库出入口，地表水生态补偿节点，应设置监测断面。

（3）饮用水源地和流经主要风景游览区、自然保护区，以及与水质有关的地方病发病区、严重水土流失区及地球化学异常区的水域或河段，应设置监测断面。

（4）监测断面的位置要避开死水区、回水区、排污口处，尽量选择水流平稳、水面宽阔、无浅滩的顺直河段。

（5）监测断面应尽可能与水文测量断面一致，要求有明显的岸边标志。

2.河流监测断面的布设

为评价完整江河水系的水质，需要设置背景断面、对照断面、控制断面和削减断面；对于一般河段，只需设置对照、控制和削减（或过境）三种断面。

（1）背景断面：设在基本未受人类活动影响的河段，用于评价一个完整水系的污染程度。

（2）对照断面：为了解流入监测河段前的水体水质状况而设置。这种断面应设在河流进入城市或工业区以前的地方，避开各种废水、污水流入或回流处。一个河段一般只设一个对照断面，有主要支流时可酌情增加。

（3）控制断面：为评价监测河段两岸污染源对水体水质的影响而设置。控制断面的数目应根据城市的工业布局和排污口的分布情况而定，设在排污区（口）下游污水与河水基本混匀处。在流经特殊要求地区（如饮用水源地、风景游览区等）的河段上也应设置控制断面。

（4）削减断面：指河流受纳废水和污水后，经稀释扩散和自净作用，使污染物浓度显著降低的断面，通常设置在城市或工业区最后一个排污口下游1500m以外。

另外，有时为特定的环境管理需要，如定量化考核、区域生态补偿、饮用水源地保护和流域污染源限期达标排放等，需设管理断面。

3.湖泊、水库监测垂线（或断面）的布设

湖泊、水库通常只设监测垂线，当水体复杂时，可参照河流的有关规定设置监测断面。

（1）在湖（库）的不同水域，如进水区、出水区、深水区、湖心区、岸边区，按照水体类别和功能设置监测垂线。

（2）湖（库）区若无明显功能区别，可用网格法均匀设置监测垂线，其垂线数根据湖（库）面积、湖内形成环流的水团数及入湖（库）河流数等因素酌情确定。

（3）受污染影响较大的重要湖泊、水库，在污染物主要输送路线上设置控制断面。

4.海洋监测垂线（或断面）的布设

根据污染物在较大面积海域分布的不均匀性和局部海域相对均匀性的时空特征，在调查研究的基础上，运用统计方法将监测海域划分为污染区、过渡区和对照区，在三类区域分别设置适量监测断面和监测垂线。

5.采样点位的确定

设置监测断面后，应根据水面的宽度确定断面上的采样垂线，再根据采样垂线处的水深确定采样点的数目和位置。

对于江、河水系，当水面宽≤50m时，只设一条中泓垂线；水面宽50～100m时，在左、右近岸有明显水流处各设一条垂线；水面宽>100m时，设左、中、右3条垂线（中泓及左、右近岸有明显水流处），如证明断面水质均匀时，可仅设中泓垂线。

在一条垂线上，当水深不足0.5m时，在1/2水深处设采样点；水深0.5～5m时，只在水面下0.5m处设一个采样点；水深5～10m时，在水面下0.5m处和河底以上0.5m处各设一个采样点；水深>10m时，在水面下0.5m处，河底以上0.5m处及1/2水深处各设一个采样点。

湖泊、水库监测垂线上采样点的布设与河流相同，但如果存在温度分层现象，应先测定不同水深处的水温、溶解氧等参数，确定分层情况后，再决定垂线上的采样点位和数目。一般除在水面下0.5m处和水底以上0.5m处设采样点外，还要在每一斜温分层1/2处设采样点。

海域的采样点也根据水深分层设置，如水深50～100m，在表层、10m层、50m层和底层设采样点。

监测断面和采样点位确定后，其所在位置应有固定的天然标志物，如果没有天然标志物，则应设置人工标志物，或采样时用GPS进行坐标定位，使每次采集的样品都取自同一位置，保证其代表性和可比性。

（四）采样时间和采样频率的确定

为使采集的水样能够反映水质在时间和空间上的变化规律，必须合理地安排采样时间和采样频率，以最低的采样频率取得最有时间代表性的样品。我国水质监测规范中相应要求如下。

（1）饮用水源地、省（自治区、直辖市、特别行政区）交界断面中需要重点控制的监测断面，每月至少采样1次，采样时间根据具体情况选定。

（2）较大水系，河流、湖、库监测断面，每逢单月采样监测1次，采样时间一般为单月上旬，全年监测6次。采样时间为丰水期、枯水期和平水期，每期采样2次。水体污染比较严重时，酌情增加采样监测次数。底质每年枯水期采样监测1次。

（3）受潮汐影响的监测断面分别在大潮期、小潮期进行采样监测。每次采集涨、退潮水样分别测定。涨潮水样应在断面处水面涨平时采集，退潮水样应在水面退平时采集。

（4）属于国家监控的断面（或垂线），每月采样监测1次，在每月5～10日进行。

（5）如某必测项目连续3年均未检出，且在断面附近确无新增污染源，而现有污染源的排污量未增加，在此情况下，可每年采样监测1次。一旦检出，或在断面附近有新增污染源，或现有污染源新增排污量时，即恢复正常采样。

（6）水系背景断面每年采样监测1次，在污染较重的季节进行。

（7）海水水质常规监测，每年按丰水期、平水期、枯水期或季度采样监测2～4次。

（五）监测项目

监测项目要根据水体的被污染情况、水体功能和废（污）水中所含污染物及经济条件等因素确定。随着科学技术和社会经济的发展，生产与使用化学物质品种不断增加，导致进入水体的污染物质种类繁多，特别是一些持久性有毒有机污染物，如艾氏剂、狄氏剂、DDT、毒杀芬等农药，多氯联苯类、酞酸酯类等雌性激素，以及苯并[a]芘等多环芳烃类等，含量虽然低，但具有致畸、致癌、致突变以及引起遗传变异等危害作用，受到世界各国的高度重视，被列为优先监测污染物。下面介绍各类水体中水质标准中的监测项目，这些项目影响范围广、危害大，已建立可靠的分析测定方法。

1.江河、湖泊、渠道、水库监测

我国为满足地表水各类使用功能和生态环境质量要求，将监测项目分为基本项目和选测项目。

基本项目包括：水温、pH、溶解氧、高锰酸盐指数、化学需氧量、五日生化需氧量、氨氮、总氮、总磷、铜、锌、硒、砷、汞、镉、铅、六价铬、氟化物、氰化物、硫化物、挥发酚、石油类、阴离子表面活性剂、粪大肠菌群。集中式生活饮用水地表水源地增加硫酸盐、氯化物、硝酸盐、铁、锰。

选测项目因地表水类型不同而有差别。河流、湖库为总有机碳、甲基汞、硝酸盐（湖、库），其他项目根据纳污情况由各级相关环保主管部门确定。集中式生活饮用水地表水源地选测项目包括：三氯甲烷、四氯化碳、三溴甲烷、二氯甲烷、1，2-二氯乙烷、环氧氯丙烷、氯乙烯、1，1-二氯乙烯、1，2-二氯乙烯、三氯乙烯、四氯乙烯、氯丁二烯、六氯丁二烯、苯乙烯、甲醛、乙醛、丙烯醛、三氯乙醛、苯、甲苯、乙苯、二甲苯、异丙苯、氯苯、1，2-二氯苯、1，4-二氯苯、三氯苯、四氯苯、六氯苯、硝基苯、二硝基苯、2，4-二硝基甲苯、2，4，6-三硝基甲苯、硝基氯苯、2，4-二硝基氯苯、2，4-二氯苯酚、2，4，6-三氯苯酚、五氯酚、苯胺、联苯胺、丙烯酰胺、丙烯腈、邻苯二甲酸二丁酯、邻苯二甲酸二（2-乙基己基）酯、水合肼、四乙基铅、吡啶、松节油、苦味酸、丁基黄原酸、活性氯、滴滴涕、林丹、环氧七氯、对硫磷、甲基对硫磷、马拉硫磷、乐果、敌敌畏、敌百虫、内吸磷、百菌清、甲萘威、溴氰菊酯、阿特拉津、苯并芘、甲基汞、多氯联苯、微囊藻毒素-LR-黄磷、钼铂、钴、镀、硼、锑、镍、钡、钒、钛。

为了全面评价地表水水质，还需进行生物学调查和监测（如水生生物群落调查、生产力测定、细菌学检验、毒性及致突变试验等），以及对底质中的污染物质进行监测。

另外，还需要测定污染物通量、水文参数和气象参数。

2.海水监测项目

我国将海水水质分为四类，其监测项目为：水温、漂浮物质、悬浮物质、色度、臭、味、pH、溶解氧、化学需氧量、生化需氧量、汞、镉、铅、六价铬、总铬、铜、锌、硒、砷、镍、氰化物、硫化物、活性磷酸盐、无机氮、非离子氨、挥发性酚、石油类、六六六、滴滴涕、马拉硫磷、甲基对硫磷、苯并芘、阴离子表面活性剂、大肠菌群、粪大肠菌群、病原体、放射性核素。

3.生活饮用水监测项目

检测项目共106项，分为常规指标和非常规指标。常规指标为能反映生活饮用水水质基本状况的指标，非常规指标是根据地区、时间或特殊情况需要的生活饮用水水质指标。

常规指标为：总大肠菌群、耐热大肠菌群、大肠埃希氏菌、菌落总数（以上4项为微生物指标）；砷、镉、铬（六价）、铅、汞、硒、氰化物、氟化物、硝酸盐、三氯甲烷、四氯化碳、溴酸盐、甲醛（使用臭氧消毒）、亚氯酸盐（使用二氧化氯消毒）、氯酸盐（使用复合二氧化氯消毒）（以上15项为毒理指标）；肉眼可见物、色度、臭和味、浑浊度、pH、总硬度、铝、铁、锰、铜、锌、氯化物、硫酸盐、溶解固体物、耗氧量、挥发酚、阴离子合成洗涤剂（以上17项为感官性状和一般化学指标）；总 α 放射性、总 β 放射性（以上2项为放射性指标）。

非常规指标为：贾第鞭毛虫、隐孢子虫（以上2项为微生物指标）；锑、钡、铍、硼、钼、镍、银、铊、氯化氰、一氯二溴甲烷、二氯一溴甲烷、二氯乙酸、1，2-二氯乙烷、二氯甲烷、三卤甲烷（三氯甲烷、一氯二溴甲烷、二氯一溴甲烷、三溴甲烷的总和）、1，1，1-三氯乙烷、三氯乙酸、三氯乙醛、2，4，6-三氯酚、三溴甲烷、七氯、马拉硫磷、五氯酚、六六六、六氯苯、乐果、对硫磷、灭草松、甲基对硫磷、百菌清、呋喃丹、林丹、毒死蜱、草甘膦、敌敌畏、莠去津、溴氰菊酯、三氯乙烯、四氯乙烯、氯乙烯、苯、甲苯、二甲苯、乙苯、苯乙烯、苯并芘、氯苯、1，2二氯苯、1，4-二氯苯、三氯苯、邻苯二甲酸二（2-乙基己基）酯、丙烯酰胺、六氯丁二烯，滴滴涕、1，1-二氯乙烯、1，2-二氯乙烯、环氧氯丙烷、2，4-二氯苯氧基乙酸（2，4-D）、微囊藻毒素-LR（以上59项为毒理指标）；氨氮、硫化物、钠（以上3项为感官性状和一般化学指标）。

（六）采样及监测方法的选择

正确选择监测分析方法是获得准确结果的关键因素之一，其选择原则应遵循：灵敏度和准确度能满足测定要求，方法成熟，抗干扰能力好，操作简便。为使监测数据具有可比性，国际标准化组织和各国在大量实践的基础上，对各类水体中的不同污染物质都编制了规范化的监测分析方法。我国对各类水体中不同污染物质的监测分析方法分为以下三个层次：A层次为国家或行业的标准方法，其成熟性和准确度好，是评价其他监测分析方法的基准方法，也是环境污染纠纷法定的仲裁方法；B层次为统一方法，是已经过多个单位的实验验证，但尚欠成熟的方法，在使用中不断完善，为上升为国家标准方法创造条件；C

层次为等效方法，方法的灵敏度、精密度与A、B层次方法具有可比性，或者是一些先进的新方法，但必须经过方法验证和对比实验。

按照监测分析方法原理，用于测定无机污染物的方法主要有：

（1）化学分析法：包括重量法、容量法等。

（2）原子吸收光谱法：分为冷原子吸收光谱法、火焰原子吸收光谱法和石墨炉原子吸收光谱法，可测定多种微量、痕量金属元素。

（3）分光光度法：包括紫外、可见光和红外分光光度法，可测定多种金属和非金属离子或化合物，在常规监测中仍占有较大的比例。其中，有些测定项目引进了流动注射与连续流动技术，实现了自动监测。

（4）电感耦合等离子发射光谱法：用于各种水及底质、生物样品中多元素的同时测定，一次进样，可同时测定10～30个元素。

（5）电化学法：包括电位分析法、近代极谱分析法和库仑分析法，在常规监测中也占一定比重，可用于水质在线自动监测系统。

（6）离子色谱法：是一种将分离和测定结合于一体的分析技术，一次进样可连续测定多种离子。

（7）其他方法：原子荧光光谱法、气相分子吸收光谱法、电感耦合等离子发射光谱–质谱法等在无机污染物监测分析中也有一定应用。

二、地下水水质监测方案的制定

存在于土壤和岩石空隙（孔隙、裂隙、溶隙）中的水统称为地下水。地下水埋藏在地层的不同深度，目前主要监测浅层地下水（潜水），根据需要，也可监测深层地下水（承压水）。相对地表水而言，地下水的流动性和水质参数变化得比较缓慢。

（一）调查和收集资料

（1）收集、汇总监测区域的水文、地质、气象等方面的有关资料和以往的监测资料。例如，地质图的剖面图、测绘图、水井的成井参数、含水层、地下水补给、径流和流向，以及温度、湿度、降水量等。

（2）调查监测区域内的城市发展、工业分布、资源开发和土地利用情况，尤其是地下工程规模、应用等；了解化肥和农药的施用面积、施用量；查清污水灌溉、排污、纳污和地表水污染的现状。

（3）测量或查知水位、水深，以确定采水器和泵的类型、所需费用和采样程序。

（4）在完成以上调查的基础上，确定主要污染源和污染物，并根据地区特点与地下水的主要类型把地下水分为若干个水文地质单元。

（二）采样点的布设

由于地质结构复杂，使地下水采样点的布设也变得复杂。地下水一般呈分层流动，侵入地下水的污染物、渗滤液等可沿垂直方向运动，也可沿水平方向运动。同时，深层地下水（也称承压水）之间也会发生串流现象。因此，布点时不但要掌握污染源的分布、类型和污染物扩散条件，还要弄清地下水的分层和流向等情况。通常布设以下两类采样点，即背景监测井和控制监测井。监测井可以是新打的，也可利用已有的水井。

背景监测井布设在监测区域未受污染的地段、地下水水流的上方，垂直于水流方向。污染控制监测井布设在污染源周围不同位置，特别是地下水流向的下游方向。渗坑、渗井和堆渣区的污染物，在含水层渗透性较大的地方易造成带状污染，此时可沿地下水流向及其垂直方向分别设采样点，在含水层渗透小的地方易造成点状污染，监测井宜设在近污染源处。污灌区和缺乏卫生设施的居民区，生活污水易对周围环境造成大面积垂直块状污染，监测井应以平行和垂直于地下水流向的方式布设。地下水降落漏斗区，应在漏斗中心布设监测井，必要时穿过漏斗中心按十字形或放射状向外围布设监测井。在代表性泉、自流井、地下长河的出口布设监测井。

（三）采样时间和采样频率的确定

背景值监测井和区域性控制的孔隙承压水井每年枯水期采样监测1次。污染控制监测井每逢单月采样监测1次，全年6次。当某一监测项目连续2年均低于控制标准值的1/5，且在监测井附近无新增污染源，而现有污染源排污量未增加的情况下，每年可在枯水期采样监测1次，一旦监测结果高于控制标准值的1/5，或在监测井附近增加新污染源，或现有污染源增加排污量时，即恢复原采样频率。作为生活饮用水集中供水的地下水监测井，每月监测1次。同一水文地质单元监测井的采样时间应尽量集中，日期跨度不宜过大。遇特殊情况或发生污染事故，可能影响地下水水质时，应随时增加采样监测次数。

（四）地下水监测项目

我国将地下水质量分为5类，要求控制的常规监测项目分为必测项目和选测项目共37项，各地区根据本地区的地下水功能、污染源特征和地下水环境特殊情况，酌情增加某些选测项目。

必测项目为：pH、总硬度、溶解性总固体、氨氮、硝酸盐氮、亚硝酸盐氮、挥发性酚、总氰化物、高锰酸盐指数、氟化物、砷、汞、镉、六价铬、铁、锰、大肠菌群。

选测项目为：色度、臭和味、浑浊度、氯化物、硫酸盐、碳酸氢盐、石油类、细菌总数、硒、镀、钡、镍、六六六、滴滴涕、总α放射性、总β放射性、铅、铜、锌、阴离子表面活性剂。

三、水污染源监测方案的制定

水污染源包括工业废水、城市污水、医疗废水等。在制定监测方案时，首先要进行调查研究，收集有关资料，查清用水情况、废（污）水类型、主要污染物及排污去向和排放量，车间、工厂或地区的排污口数量及位置，废水处理后是否回用或排入江、河、湖、海，流经区域是否有渗坑等。然后进行综合分析，确定监测项目、监测点位，选定采样时间和频率、采样和监测方法及技术，制定质量保证程序、措施和实施计划等。

（一）基础资料收集与实地调查

参见本节地表水水质监测方案的制定部分。进行工业废水监测时应对企业情况进行说明，包括废水产生、处理及回用情况，目前执行的排放标准。

（二）采样点的设置

水污染源一般经管道或渠、沟排放，截面积比较小，无须设置监测断面，可直接确定采样点位。

1.工业废水

（1）在车间或车间处理设施的废水排放口设置采样点，监测一类污染物。

（2）在工厂废水总排放口布设采样点，监测二类污染物。

已有废水处理设施的工厂，在处理设施的总排放口布设采样点。如需了解废水处理效果，还要在处理设施进口设采样点。

2.城市污水

对城市污水管网，采样点应设在城市污水干管的不同位置和污水进入受纳水体的排放口。对城市污水处理厂，应在污水进口和处理后的总排口及各处理设施单元的进、出口布设采样点。

（三）采样频率和采样时间

1.工业废水

企业的自控监测频率根据生产周期和生产特点确定，确切频率由监测部门进行加密监测，获得污染物排放曲线（浓度—时间，流量—时间，总量—时间）后确定，一般每个生产周期不得少于3次。监测部门监督性监测每年不少于1次，如被国家或地方环境保护行政主管部门列为年度监测的重点排污单位，应增加到每年2~4次。

2.城市污水

对城市管网污水，可在一年的丰、平、枯水季，从总排放口分别采集1次流量比例混合样测定，每次进行1昼夜，每4h采样监测1次。

在城市污水处理厂，为指导调节处理工艺参数和监督外排水水质，每天都要从部分处理单元和总排放口采集污水样，对一些项目进行例行监测。

第三节　水样的采集和保存

一、水样的类型

（一）瞬时水样

瞬时水样是指在某一时间和地点从水体中随机采集的分散单一水样。当水体水质稳定，或其组分在相当长的时间或相当大的空间范围内变化不大时，瞬时水样具有很好的代表性；当水体组分及含量随时间和空间变化时，就应隔时、多点采集瞬时样，分别进行分析，摸清水质的变化规律。

（二）混合水样

混合水样分为等时混合水样和等比例混合水样，前者是指在某一时段内，在同一采样点按等时间间隔所采集的等体积瞬时水样混合后的水样。这种水样在观察平均浓度时非常有用，但不适用于被测组分在贮存过程中发生明显变化的水样。后者是指在某一时段内，在同一采样点所采水样量随时间或流量成比例变化的混合水样，即在不同时间依照流量大小按比例采集的混合水样，这种水样适用于流量和污染物浓度不稳定的水样。

（三）综合水样

把不同采样点同时采集的各个瞬时水样混合后所得到的样品称为综合水样。这种水样在某些情况下更具有实际意义。例如，当为几条排污河、渠或工业园区建立综合污水处理厂时，采集综合水样取得的水质参数作为设计依据更为合理。

二、地表水样的采集

（一）采样前的准备

采样前，要根据监测项目的性质和采样方法的要求，选择适宜材质的盛水容器和采样器，并清洗干净。此外，还需准备好交通工具（常使用船只），确定采样量。对采样器具的材质要求是：化学性能稳定，大小和形状适宜，不吸附欲测组分，容易清洗并可反复使用。

（二）采样方法和采样器（或采水器）

（1）在河流、湖泊、水库、海洋中采样时，常乘监测船或采样船、手划船等交通工具到采样点采集，也可涉水或在桥上采集。

（2）采集表层水水样时，可用适当的容器，如聚乙烯塑料桶等直接采集。

（3）采集深层水水样时，可用简易采水器、深层采水器、采水泵、自动采水器等。

三、地下水样的采集

（一）井水

从监测井中采集水样常利用抽水机设备。启动后，先放水数分钟，将积留在管道内的陈旧水排出，然后用采样容器接取水样。对于无抽水设备的水井，可选择适合的采水器采集水样，如深层采水器、自动采水器等。采样深度应在地下水水位0.5m以下，一般采集瞬时水样。

（二）泉水、自来水

对于自流泉水，在涌水口处直接采样。对于非自流泉水，用采集井水水样的方法采样。对于自来水，先将水龙头完全打开，将积存在管道中的陈旧水排出后再采样。

地下水的水质比较稳定，一般采集瞬时水样即能有较好的代表性。

四、采集水样中的注意事项

（1）测定悬浮物、pH、溶解氧、生化需氧量、油类、硫化物、余氯、放射性、微生物等项目需要单独采样。其中，测定溶解氧、生化需氧量和有机污染物等项目的水样必须充满容器，pH、电导率、溶解氧等项目宜在现场测定。另外，采样时还需同步测量水文参数和气象参数。

（2）采样时必须认真填写采样登记表：每个水样瓶都应贴上标签（填写采样点编

号、采样日期和时间、测定项目等），要塞紧瓶塞，必要时还要密封。

五、流量的测量

为计算地表水污染负荷是否超过环境容量和评价污染控制效果，掌握废（污）水源排放污染物总量和排水量，采样时需要同步测量废（污）水的流量。

（一）地表水流量测量

对于较大的河流，水利部门都设有水文测量断面，监测断面布设应尽可能与此断面重合，以利用此断面水文参数。若监测河段无水文测量断面，应选择一个水文参数比较稳定、流量有代表性的断面作为测量断面。

（二）废（污）水流量测量

1.流量计法

商品污水流量计有多种类型，按照使用场合，可分为测量具有自由水面的敞开水路用流量计和测量充满水的管道用流量计两类。第一类如堰式流量计、水槽流量计等，是依据堰板上游水位或截流形成临界射流状态时的水位与水流量有一定的关系，通过用超声波式或静电式、测压式等水位计测量水位而得知流量；第二类如电磁流量计、压差式流量计等，是依据废（污）水流经磁场所产生的感应电势大小或插入管道中的节流板前、后流体的压力差与水流量有一定关系，通过测量感应电势或流体的压力差得知流量。

2.容积法

将废（污）水导入已知容积的容器或污水池中，测量流满容器或污水池的时间，然后用其除受纳容器或池的容积，即可求知流量。该方法简单易行，适用于测量流量较小的连续或间歇排放的废（污）水。

3.溢流堰法

这种方法适用于不规则的污水沟、污水渠中水流量的测量。该方法是用三角形或矩形、梯形堰板拦住水流，形成溢流堰，测量堰板的前、后水头和水位，计算流量。如果安装液位计，可连续自动测量液位。

六、水样的运输与保存

（一）水样的运输

水样采集后，必须尽快送到实验室。根据采样点的地理位置和测定项目的最长可保存时间，选用适当的运输方式，并做到以下两点。

（1）为避免水样在运输过程中震动、碰撞导致损失或沾污，将其装箱，并用泡沫塑料或纸条挤紧，在箱顶贴上标记，同一采样点的样品瓶应尽量装在同一个箱子中，应有交接手续。

（2）需冷藏的样品，应采取制冷保存措施。冬季应采取保温措施，以免冻裂样品瓶。

（二）水样的保存方法

各种水质的水样，从采集到分析测定的这段时间内，由于环境条件的改变、微生物新陈代谢活动和化学作用的影响，会引起水样某些物理参数及化学组分的变化，如不能及时运输或尽快分析时，应根据不同监测项目的要求，放在性能稳定的材料制作的容器中，采取适宜的保存措施。

1.冷藏或冷冻保存法

冷藏或冷冻的作用是抑制微生物活动，减缓物理挥发和化学反应速率。

2.加入化学试剂保存法

（1）加入生物抑制剂：如在测定氨氮、硝酸盐氮、化学需氧量的水样中加入$HgCl_2$，可抑制生物的氧化还原作用；对测定酚的水样，用H_3PO_4调至pH=4时，加入适量$CuSO_4$，即可抑制苯酚菌的分解活动。

（2）调节pH：测定金属离子的水样常用HNO_3酸化至pH=1~2，既可防止重金属离子水解沉淀，又可避免金属被器壁吸附；测定氰化物或挥发性酚的水样加入NaOH调至pH=12，使之生成稳定的酚盐等。

（3）加入氧化剂或还原剂：如测定汞的水样需加入HNO_3（至pH<1）和$K_2Cr_2O_7$（0.5g/L），使汞保持高价态；测定硫化物的水样，加入抗坏血酸，可以防止硫化物被氧化；测定溶解氧的水样则需加入少量$MnSO_4$溶液和KI溶液固定（还原）溶解氧等。

应当注意，加入的保存剂不能干扰以后的测定，保存剂的纯度最好是优级纯的，还应做相应的空白试验，对测定结果进行校正。

第四节　水质物理性质监测

一、水温

水的物理化学性质与水温密切相关，如密度、黏度、pH、溶解氧、水生生物活动以及水体自净的生物化学反应等。因此，水温是水质监测中的现场必测项目。

表层水水温测定，一般将普通温度计（灵敏度0.1～0.2℃）在水面下0.5m处测3min，读取水温值；深层水水温测定，需用数显温度计，并将温度传感器加长导线或用颠倒温度计深入水下测定。

二、色度、浊度、透明度

色度、浊度、透明度都是水质的感官指标，体现了被污染的水质与纯净水物理指标的差异。天然水中常含有生物色素、有色的金属离子以及废（污）水中常含有有机或无机染料及生物色素等，能够使水体着色，从而影响水生生物的生长和感观。

（一）色度

水体颜色分为真色和表色。真色是指去除水中悬浮物的水体颜色；表色是未去除悬浮物的水体颜色。对于不同的水样分别采用铂钴标准比色法、稀释倍数法、分光光度法测量。

（1）铂钴标准比色法：设定每升水中含1mg铂和0.5mg钴所具有的颜色为1个色度，称为1度。分别配制不同色度的标准色列，用水样与色列相比较来确定水样的色度，此法适用于清洁的天然水、饮用水等。

（2）稀释倍数法：对于色度重的工业废水和生活污水，只能用文字描述其颜色，如深蓝、暗紫等，再逐级稀释至无色，并以其稀释倍数的大小来表示色度的深浅。

（3）分光光度法：对于清洁水样也可以采用国际制定的分光光度法，以色、明、纯三个参数更加精确细致地表示水体色度。

（二）浊度

浊度是水中含有的泥沙、胶体物等悬浮物对光的吸收、散射及阻碍作用所造成水体浑浊不清的程度。监测方法有目视比浊法、分光光度法及浊度计法三种。

（1）目视比浊法：以150目（0.1mm粒径）的硅藻土（白陶土）配制浊度标准液，每升水含1mg硅藻土（白陶土）时其浊度为1度，水样与之目视比较。确定水样浊度，以反映悬浮物对光线的阻碍程度，单位为JTU（杰克逊浊度）。

（2）分光光度法：当每升水含0.125mg硫酸肼与1.25mg六次甲基四胺聚合成白色高分子悬浮物所产生的浊度为1度，体现了悬浮物对光线的散色和吸收程度，单位为NTU（散色浊度）。

（3）浊度计法：通过测量水中悬浮物对890nm红外线吸光度的大小来反映水的浊度。测定浊度时，必须将水样振荡摇匀后取样，对于高浊度的水样应稀释后再测定。

（三）透明度

透明度是水的澄清透明的程度。透明度综合反映了以悬浮物为主的浊度和以有色物质为主的色度对光线的阻碍和吸收作用。一般而言，浊度和色度高时，透明度低。测定透明度有铅字法和塞氏盘法。

（1）铅字法：将水样注满于33cm高、2.5cm内径的具有刻度的无色玻璃筒，由上而下观测筒底的符号。当水位高度超过30cm仍能看清水下符号时，为透明水样。当水样浑浊时，逐步降低水样高度，刚好看清水下符号时的水柱高度（以cm计）即为水样透明度。

（2）塞氏盘法：在监测现场，将直径200mm黑白相间的圆盘沉入水中，刚好看不到圆盘时的水深（以cm计）即为透明度。

三、残渣

水中残渣分为不可滤残渣、可滤残渣（溶解性物质）以及总残渣。残渣是影响水体浊度、色度以及透明度的主要因素，是水质的必测指标。

（1）不可滤残渣：取一定量水样于过滤器抽滤后得到固体物质，于103～105℃烘干后称重，计算出每升水中含有的固体悬浮物的量。

（2）可滤残渣和总残渣：取一定量过滤后的滤液或原水样于恒重的表面皿，于103～105℃或180±2℃温度下烧干、称重。由滤液可计算可滤残渣，由原水样可计算总残渣。

四、矿化度与电导率

水的矿化度与电导率均反映水中可溶性物质含量的多少，其中包含矿物质的各种盐类和酸碱物质。

矿化度测定是取一定水样于水浴蒸干后，再于103～105℃烘至恒重，计算矿化度（mg/L）。矿化度值与水中103～105℃烧干时的可滤残渣值相近。

电导率值是用电导仪测定水样电导率的大小，从而表示水溶液传导电流的能力，间接地判断水样中所含无机酸、碱、盐等杂质含量的多少。纯水电导率很小，当水中含无机酸、碱或盐时，电导率增加。水样的电导率值越大，说明水中的杂质（酸碱盐离子）越多。因此，电导率常用于间接推测水中离子成分的总浓度。水溶液的电导率不仅取决于离子的性质和浓度，而且与溶液的温度和黏度等因素有关。当水溶性可离解的物质浓度较低时，电导率随浓度的增大而增加，因此常用电导率推测水中离子的总浓度或含盐量。

不同类型的水有不同的电导率，如新鲜蒸馏水的电导率为0.5～2μS/cm，但放置一段时间后，因吸收了CO_2便增加到2～4μS/cm；超纯水的电导率小于0.1μS/cm；天然水的电导率多在50～500μS/cm之间，矿化水可达500～1000μS/cm；含工业酸、碱、盐的工业废水电导率往往超过10000μS/cm；海水的电导率约为30 000μS/cm。

第五节　金属污染物监测

一、原子吸收法

将水样经过消解、酸化等处理好的样品直接喷入火焰或注入石墨炉中，在其特征波长下测量其吸光度。定量分析方法可用标准工作曲线法和标准加入法。

二、分光光度法

分光光度法测定金属化合物的原理是将水样中的金属化合物经过消化处理转为金属离子，加入某一显色剂使之与金属离子生成有色配合物，在最大吸收波长下测定其吸光度，由Lambert-Beer定律进行定量分析。

（一）双硫腺分光光度法测定Pb、Zn、Cd、Hg

将水样金属化合物消解处理后，转化生成Pb^{2+}、Zn^{2+}、Cd^{2+}、Hg^{2+}金属离子，可用Me^{2+}表示。在不同pH和相应辅助试剂条件下，加入双硫腺二苯基硫代卡巴腙试剂生成有色的有机螯合物。再由三氯甲烷或四氯化碳萃取后，在其相应的特征吸收波长下测定吸光度进行定量分析。

（二）二苯碳酰二肼光度法

六价铬在酸性条件下与二苯碳酰二肼反应，生成紫红色配合物，在其最大吸收波长（540nm）下测定吸光度，由此定量分析水中六价铬。

如需测定水中总铬，则在强酸条件下，用高锰酸钾将三价铬氧化成六价铬，再用上述方法测定总铬。用于氧化反应的过量的高锰酸钾用亚硝酸钠还原，再加入尿素分解过剩的亚硝酸钠。

（三）二乙氨基二硫代甲酸银法测定砷

在碘化钾和二氯化锡的作用下五价砷还原为三价砷，并在锌与盐酸产生的新生态氢作用下生成砷化氢气体，被吸收于二乙氨基二硫代甲酸银（AgDDC）-三乙醇胺-氯仿溶液中，形成红色胶体银。在510nm波长下，以氯仿为参比液测定其吸光度，由标准工作曲线法定量分析。该方法若用硼氢化钾代替锌产生新生态氢，则称为硼氢化钾-DDC法；若用硝酸-硝酸银-聚乙烯醇-乙醇混合溶液吸收砷化氢，则生成黄色单质胶体银，在400nm波长下测定吸光度，则称为新银盐法。该方法最低检测浓度为0.007mg/L。

三、冷原子吸收法测定汞

汞及其化合物在天然水中的含量极少，但因其毒性和危害极大，所以在水质检测中要求很严。我国饮用水标准的汞含量低于0.001mg/L，工业废水排放标准为低于0.05mg/L。汞及其化合物最常用的检测方法有双硫腙光度法和冷原子吸收法。

冷原子吸收法：首先取一定量的水样在硫酸酸性介质下，加入高锰酸钾后加热煮沸至水样澄清，再用盐酸羟胺还原过量的高锰酸钾。将水样消化后，各种形式的汞化合物都转化为二价汞离子，再由氯化亚锡还原为单质汞。最后利用汞在常温下易挥发的特点，由载气N_2将汞蒸气带出并通过测汞仪的测量池，测量由汞蒸气吸收253.7nm紫外线而产生的吸光度，由标准工作曲线法定量分析。此法适于轻度污染的水样，对于重度污染的水样需要在硫酸和硝酸的混酸条件下，加入高锰酸钾和过硫酸钾消化汞化合物。

在冷原子吸收测汞仪的基础上，测量汞原子蒸气吸收253.7nm紫外光产生的荧光强度，也可以定量分析水样中的汞。该方法称为冷原子荧光法。冷原子吸收荧光测汞仪与冷原子吸收测汞仪的不同之处在于将253.7nm紫外光作为激发光源，而测量的是汞原子受激发产生的荧光强度。冷原子吸收测汞仪则是直接测量汞蒸气对253.7nm紫外光的吸光度。两种方法的最低检测浓度均为0.05μg/L。

第六节　非金属污染物监测

水体中存在的对环境危害较大的非金属污染物主要有氰化物、硫化物、氟化物以及含氮化合物等。

一、氰化物

水体中的氰化物分为简单氰化物、配合氰化物和有机氰化物。因此，对氰化物的测定必须针对水样的具体情况进行蒸馏预处理，使各种形态的氰化物离解释放出CN⁻，便于准确灵敏地测定。

（一）水样蒸馏预处理

水样在pH为4的酸性介质中，加入酒石酸和硫酸锌并加热蒸馏，使易分解的简单氰化物和部分氰化配合物释放出CN⁻，并以HCN形式随水蒸气蒸馏出来被NaOH溶液吸收；若在pH为2的强酸介质中，加入磷酸和EDTA加热蒸馏，此时，三种存在形式的氰化物都被分解释放出CN⁻，并被NaOH溶液吸收，由此测定的是总氰。

（二）异烟酸-吡唑啉酮测定法

虽然测定高浓度氰化物废水可用硝酸银滴定法，但最常用的是异烟酸-吡唑啉酮分光光度法，该方法灵敏、准确、最低检测浓度为0.004mg/L。

取一定量的蒸馏溶液，调节pH至中性，加入氯胺T，则氰离子被氯胺T氧化生成氯化氰（CNCl）。再加入异烟酸-吡唑啉酮溶液，氯化氰与异烟酸作用经水解生成蓝色染料，在638nm波长下测量其吸光度，以标准工作曲线法定量分析。

（三）吡啶-巴比妥酸测定法

在pH中性条件下，氰离子被氯胺T氧化生成氯化氰（CNCl），氯化氰再与吡唑反应生成戊烯二醛，戊烯二醛再与巴比妥酸发生缩合反应生成红紫色染料。在580nm波长下测量其吸光度，以标准工作曲线法定量分析。本法最低检测浓度为0.002mg/L，检测上限为0.45mg/L。

二、氟化物

氟是人体必需的微量元素之一。饮用水中的含氟量在0.5～1.0mg/L为宜，氟化物的测定方法有氟离子选择电极法、离子色谱法和氟试剂分光光度法等。氟离子选择电极选择性好、线性范围宽，适应成分复杂的工业废水水样；离子色谱法快速、简便，已被国内外广泛应用。

（一）水样预处理

较清洁的天然水可直接测定，但大多数受污染的工业废水，为去除干扰和浓缩富集，水样都需进行蒸馏预处理。在强酸（如硫酸或高氯酸）介质下，水中氟化物以氟化氢和氟硅酸形式被蒸出后再被水吸收。

（二）测定方法

（1）氟离子选择电极法：氟离子选择电极法是以氟化镧（LaF_3）单晶敏感膜的传感器为指示电极，饱和甘汞电极为外参比电极，组成一个原电池。该原电池的电动势与氟离子活度的对数成线性关系，符合能斯特方程的定量关系，并用精密酸度计（或毫伏计、离子计）测量两电极间的电动势，然后以标准曲线法或标准加入法求出氟离子的浓度。

实际水样测量时，常加入总离子强度调节剂（TISAB）。该试剂由0.1mol/L NaCl+0.1mol/L NaAC–HAC+0.001mol/L EDTA混合构成，强电解质NaCl是离子强度调节剂，使溶液的活度系数保持不变；NaAC–HAC是pH缓冲液，使溶液保持pH=4.7；配位剂EDTA是络合共存的金属干扰离子。该方法适于测定地表水、地下水及工业废水，最低检测浓度为0.05mg/L、检测上限可达1 900mg/L。

（2）氟试剂分光光度法：氟试剂（ALC）学名 3–甲基胺–茜素–二乙酸。在pH=4.1的醋酸盐缓冲介质中，氟离子与硝酸镧及氟试剂形成三元蓝色配合物，于620nm波长下测量其吸光度。当水样中的氟离子浓度过低或存在Pb^{2+}、Zn^{2+}、Cu^{2+}、Co^{2+}、Cd^{2+}等干扰离子时，应进行预蒸馏、分离和浓缩。该方法最低检出浓度为0.05mg/L，检测上限为1.8mg/L。

（3）离子色谱法：离子色谱法是利用离子交换原理。当水样中各种阴离子通过阴离子交换柱时（分离柱），因与交换树脂的亲和力不同而逐步分离。彼此分离后的各种阴离子再流经阳离子树脂（抑制柱）时，被 Na_2CO_3–$NaHCO_3$洗脱下来，转化为等当量的酸，并由电导检测器检测流经电导池时的电量值，记录绘制离子色谱图。最后根据色谱峰的保留时间定性分析，根据峰高或峰面积定量分析。该方法以 0.002 4mol/L 碳酸钠、0.003mol/L 碳酸氢钠混合液为淋洗液，可以连续测定水样中的七种阴离子（F^-、Cl^-、Br^-、NO_2^-、NO_3^-、PO_4^{3-}、SO_4^{2-}）。

三、硫化物

水中的硫化物包含溶解性的H_2S、HS^-、S^{2-}和存在于悬浮物中能被酸溶解的金属硫化物以及可以转化的有机硫化物、硫酸盐等。由于硫化物的不稳定性和挥发性，监测硫化物时应在采样现场固定水样中的硫化物。

（一）采样固定与预处理

采集水样特别是工业废水时，应先将水样调至中性，再按每升水加2mL 2mol/L的醋酸锌和1mL 1mol/L的NaOH溶液，将硫化物固定在ZnS沉淀中。测量前将水样过滤，使ZnS沉淀分离，再将ZnS酸化溶解，定容待测。

（二）测定方法

对于低含量水样，采用亚甲蓝分光光度法。在Fe^{3+}的酸性介质中，S^{2-}与对氨基二甲基苯胺反应，生成蓝色的亚甲基蓝染料，并于665nm波长下测定吸光度。该方法测定范围为$0.02 \sim 0.8mg/L$。

对于高浓度的工业废水，采用碘量法测定。在酸性介质中，S^{2-}被过量的碘氧化析出硫，再用标准溶液Na_2SO_3滴定过剩的碘。由Na_2SO_3的消耗量计算硫化物的含量。该方法的测定浓度范围为$0.008 \sim 25mg/L$。

第七节　营养盐——氮、磷化合物监测

一、含氮化合物

水体中的含氮化合物存在有机氮、氨氮、亚硝酸盐氮、硝酸盐氮四种形态。含氮有机化合物（$R-NH_2$）进入水体中，在微生物的作用下发生一系列复杂的生物化学反应，逐渐分解为简单的含氮化合物NO_2，并随着水体的氧化还原条件分别转化为硝态氮或氨氮。

以NH、NHs形态存在的含氮化合物，称为氨氮；以NO_5、NO形态存在的含氮化合物，称为硝态氮；氨氮和有机氮，称为凯氏氮；氨氮、硝态氮和有机氮的总和，称为总氮。

（一）氨氮

水中氨氮以游离氨和离子氨形态存在，两者的比例由水的pH决定。并随pH变化而相互转化。水中氨氮主要来源于生活污水中的含氮有机物和焦化、合成氨等工业废水及农田排水等。氨氮的测定方法有分光光度法、电极法和滴定法三大类。

1.分光光度法

（1）钠氏试剂光度法。水样经预处理后，碘化汞与碘化钾在强碱介质中生成碘汞酸钾（钠氏试剂），再与氨生成橙色胶态化合物，并在420nm最大吸收波长下测定其吸光度。该方法最低检出浓度为0.025mg/L，检测上限为2mg/L。

（2）水杨酸光度法。在亚硝酸铁氰化钠的作用下，氨与水杨酸和次氯酸反应生成蓝色化合物，在697nm最大吸收波长下测定其吸光度。该方法最低检出浓度为0.01mg/L，检测上限为1mg/L，适于饮用水、地表水、生活污水及大部分工业废水中氨氮的测定。

2.氨气敏电极法

氨气敏电极是由pH玻璃电极与AgCl参比电极构成的离子选择复合电极，内充0.01mg/L NHCl溶液。水样中的氨通过疏水性电极半渗透膜，进入复合电极内充液引起OH^-离子活度的变化，并由pH电极显示其电极电势的变化，由能斯特方程计算相应氨的浓度。该方法最低检出浓度为0.03mg/L，检测上限为1 400mg/L，适用于色度、浊度较高的废（污）水。

3.蒸馏-滴定法

在pH=6.0~7.4的蒸馏水样中，蒸出的氨由硼酸溶液吸收。以甲基红-亚甲基蓝为指示剂，用硫酸标准溶液滴定至由绿变紫，由硫酸消耗量计算氨氮含量。

（二）亚硝酸氮

亚硝酸盐氮是含氮化合物相互转化的中间产物，在水中不稳定，富氧条件下易氧化成硝态氮，缺氧条件下易还原为氨态氮。亚硝酸盐的分析方法有N-（1-萘基）-乙二胺或α-萘胺分光光度法、离子色谱法等。

（1）N-（1-萘基）-乙二胺分光光度法：在pH=2~2.5的酸性介质中，亚硝酸根与对氨基苯磺酰胺生成重氮盐，再与N-（1-萘基）-乙二胺偶联生成红色偶氮染料，在540nm波长下测定。该方法最低检测浓度为0.003mg/L，检测上限为0.2mg/L。

（2）α-萘胺分光光度法：在pH=2~2.5的酸性介质中，亚硝酸根与对氨基苯磺酰胺生成重氮盐，再与α-萘乙二胺偶联生成红色偶氮染料，在520nm波长下测定。

（3）气相分子吸收光谱法：在0.15~0.3mol/L柠檬酸介质中，无水乙醇使亚硝酸盐分解成NO_2，由空气载入气相分子吸收光谱仪的吸光管中，测定NO_2对来自锌空心阴极灯发射的213.9nm波长产生的吸光度而定量分析。该方法最低检测浓度为0.000 5mg/L，检测上限为2 000mg/L。高浓度时改换为铅灯（波长283.3nm）。

（三）硝酸盐氮

硝酸盐氮（$NO_3^- - N$）是含氮化合物分解转化的最稳定的氮化物，也是水体中最常见的氮化物存在形态。硝酸盐氮的分析方法有酚二磺酸分光光度法、紫外分光光度法、气相分子吸收光谱法及硝酸盐电极（在线自动监测）。

（1）酚二磺酸分光光度法：在无水条件下，硝酸盐与酚二磺酸生成硝基二磺酸酚，再于碱性溶液中生成黄色的硝基酚二磺酸三甲盐，于最大吸收波长410nm处测定吸光度。该方法最低检测浓度为0.02mg/L，测定上限为2.0mg/L。该方法存在CIT干扰时，加$AgNO_3$消除；当含量高于2mg/L时，适量稀释或改为480nm波长测定。

（2）紫外分光光度法：硝酸根在220nm紫外波长下有特征吸收，但水中CO_3^{2-}、HCO_3^-及少量有机物在220nm波长下也有干扰吸收。利用硝酸根在275nm波长下无吸收，而上述干扰物有吸收（约为220nm时的二分之一）这一特性，分别测定220nm、275nm波长的吸光度，根据经验校正扣除干扰物质的吸收。

（3）气相分子吸收光谱法：在2.5～5mol/L盐酸介质中，于70±2℃温度下用还原剂快速分解硝酸根，产生一氧化氮气体，并被空气载入气相分子光谱吸光管，测量一氧化氮对镉空心阴极灯发射的214.4nm波长的吸光度，进行定量分析。该方法最低检测浓度为0.005mg/L，测定上限为10mg/L。

（四）凯氏氮与总氮

凯氏氮是指以Kjelahl法测得的含氮量，包括氨氮和可以转化为氨盐的有机氮化物。此类有机氮化物包括蛋白质、氨基酸、肽、胨、核酸、尿素以及有三价氮的有机氮化合物（不含叠氮化合物、硝基化合物等）。

在凯氏烧瓶中加入适量水样，再加入浓硫酸和硫酸钾催化剂。加热消解，使有机氮转化为氨氮蒸出，被硼酸溶液吸收。根据含量的高低分别选用硫酸滴定高浓度样品或选用纳氏试剂光度法测定低浓度样品；若对水样先蒸馏除去氨氮，再进行凯氏氮测定，则测的是有机氮含量。

二、含磷化合物

水中的磷主要以磷酸盐和有机磷形式存在，生活污水中总磷的浓度在4～8mg/L之间，是导致水体富营养化的主要因素之一。根据水样处理手段的不同，可分别测得总磷、溶解性总磷、溶解性正磷酸盐。

（一）水样消解

水样可以采用过硫酸钾、硝酸–硫酸、硝酸–高氯酸三种消解方法处理水样，使各种形态的磷转化为磷酸盐形态。

（二）钼酸铵分光光度法

在酸性介质中，磷酸盐与钼酸铵反应生产淡黄色磷杂多酸。

方法讨论：

（1）加入钠，使淡黄色磷钼酸铵转化为黄色的钒磷钼酸，在400～496nm波长下测定。该方法称为钼酸铵分光光度法，检测范围在0.01～0.6mg/L。

（2）加入抗坏血酸，磷钼杂多酸被还原生成蓝色络合物（磷钼蓝），在700nm波长下测定。该方法称为钼锑抗光度法，检测范围在0.01～0.6mg/L。

（3）加入氯化亚锡，磷钼杂多酸被还原生成深蓝色络合物（钼蓝），在690nm波长下测定。该方法称为氯化亚锡还原光度法，检测范围在0.025～0.6mg/L。

（4）加入碱性染料孔雀绿，与磷钼杂多酸生成绿色离子缔合物，在620nm波长下测定。该方法称为孔雀绿–磷钼杂多酸光度法，检测范围在0.001～0.3mg/L。

第八节　有机污染物监测

一、挥发酚

水中酚类是多种酚的混合物，挥发酚是沸点在230℃以下易于挥发的酚（如苯酚），而沸点在230℃以上的酚为不挥发酚（如对酚）。对于低浓度的含酚天然水采用分光光度法分析、对于高浓度的含酚废水采用溴化滴定法。无论采用哪种分析方法，水样都应进行蒸馏预处理，既可以对色度、浊度及共存的干扰离子进行分离，又可以进一步浓缩富集。

（一）4-氨基安替比林分光光度法

碱性条件下（pH=9.8～10.2），在铁氰化钾的催化作用下，苯酚与4-氨基安替比林生成红色的吲哚酚安替比林染料，在570nm最大吸光波长下测定其吸光度。当酚含量超过0.1mg/L时，可直接测定，最低检测浓度为0.1mg/L；当酚含量低于0.1mg/L时，需采用氯仿萃取浓缩富集后在460nm波长下测定。最低检测浓度为0.002mg/L，测定上限为0.12mg/L。

（二）溴化滴定法

由溴酸钾与溴化钾产生的溴与酚反应，生成三溴酚，并进一步生成溴代三溴酚。剩余的溴与碘化钾作用释放出游离碘，同时溴代三溴酚也与碘化钾反应置换出游离碘。用硫代硫酸钠标准溶液滴定游离的碘，并根据其消耗量，计算出以苯酚计的挥发酚含量。

二、油类污染物

水中油类污染物分为矿物油和动植物油，分别来自工业废水和生活污水。油类在水体中以浮油和乳化油两种形态存在。浮油隔绝空气，使水体溶解氧减少；乳化油被微生物分解时，消耗水中溶解氧。

含油水样应进行萃取预处理。常用的萃取剂有石油硅、四氯化碳、己烷等非极性溶剂。测定方法根据含油量多少选择，含量高选择重量法，含量低选择紫外或红外光度法。石油和动植物油均可被四氯化碳萃取。

（一）重量法

以硫酸酸化水样，用石油硅萃取，然后蒸发去除石油硅，称量残渣，即可计算含油量。该方法适用于含油10mg/L以上的水样。

（二）紫外分光光度法

石油及产品含有的共轭双键一般在215～230nm之间有吸收。原油有两个最大吸收波长，分别在225nm和254nm，轻质油最大吸收波长在225nm。不同油品的特征吸收峰不同，对于实际水样的混合油品，可在200～300nm之间测定吸收光谱，从而确定最佳吸收波长（一般在220～225nm之间）。

（三）红外分光光度法

水样经四氯化碳萃取后分为两份。由于石油不被硅酸镁吸附，而动植物油可被硅酸镁吸附，所以一份用硅酸镁吸附脱除动植物油后测定石油类物质，一份直接测定总油类。石油类和总油类测定波长分别为2 930cm^{-1}（CH$_2$基团C–H键伸缩振动）、2 960cm^{-1}（–CH基团C–H键伸缩振动）、3 030cm^{-1}（芳香环中C–H键伸缩振动）。

三、痕量有机物

水中存在复杂的多种有机污染物，虽然含量很低，但由于其性强、危害大，成为水质安全的重大隐患。这些痕量有机污染物包括苯系物、挥发性卤代经、氯苯类化合物、挥发性有机物以及各种有机农药残留物等。

对于含痕量有机物的水样，首先进行萃取或固相萃取等方法的预处理，其次根据被测物的性质分别选择气相色谱法或高效液相色谱法以及气-质联用法或液-质联用法。

第九节　有机污染物综合指标测定

一、化学需氧量

化学需氧量（COD）是指在一定条件下，氧化1L水样中还原性物质所消耗的氧化剂的量，以氧的质量浓度（以mg/L为单位）表示。水中还原性物质包括有机化合物和亚硝酸盐、硫化物、亚铁盐等无机化合物。化学需氧量反映了水中受还原性物质污染的程度。基于水体被有机物污染是很普遍的现象，该指标也作为有机物相对含量的综合指标之一，但只能反映能被氧化剂氧化的有机物。

测定化学需氧量的标准方法是重铬酸钾法。其他方法有恒电流库仑滴定法、快速消解分光光度法、氯气校正法、碘化钾碱性高锰酸钾法等。

（一）重铬酸钾法

在强酸性溶液中，用一定量的重铬酸钾在有催化剂存在的条件下氧化水样中的还原性物质，过量的重铬酸钾以试铁灵做指示剂，用硫酸亚铁铵标准溶液回滴至溶液由蓝绿色变为红棕色即为终点，记录标准溶液的消耗量，再以蒸馏水做空白溶液，按同法测定空白溶液消耗硫酸亚铁铵标准溶液量，根据水样实际消耗的硫酸亚铁铵标准溶液量计算化学需氧量。

重铬酸钾的氧化性很强，可将大部分有机物氧化，但吡啶不被氧化，芳香族有机物不易被氧化，挥发性直链脂肪族化合物、苯等存在于蒸气相，不能与氧化剂液体接触，氧化不明显。氯离子能被重铬酸钾氧化，并与硫酸银作用生成沉淀，可加入适量硫酸汞络合。

（二）快速消解分光光度法

该方法与经典重铬酸钾法消解水样的方法相同，但水样和试剂用量比经典重铬酸钾法少得多。该方法是将水样和消解液置于具密封塞的消解管中，放在165±2℃的恒温加热器内快速消解，消解后的水样用分光光度法测定。对COD在100～1000mg/L的水样，在600±20nm波长处测定重铬酸钾被还原产生的Cr^{3+}的吸光度，水样的COD与Cr^{3+}的吸光度成正比；对COD在25～250mg/L的水样，在440±20nm波长处测定未被还原的Cr（Ⅵ）和已被还原产生的Cr^{3+}的两种离子的总吸光度，水样的COD与Cr（Ⅵ）吸光度的减少值和Cr^{3+}吸光度的增加值成正比，与总吸光度的减少值成正比，故可根据测得水样的吸光度和按照同法测定系列标准溶液绘制的标准曲线计算出COD。

该方法将消解时间由经典重铬酸钾法的120min缩短到15min，试剂用量少，适合大批量样品的测定。

（三）恒电流库仑滴定法

恒电流库仑滴定法是建立在电解基础上的分析方法。其原理基于：在溶液中加入适当物质，以一定强度的恒定电流进行电解，使之在工作电极（阳极或阴极）上电解产生一种试剂（称滴定剂），该试剂与被测物质进行定量反应，反应终点可通过电化学等方法指示。依据电解消耗的电荷量和法拉第电解定律计算被测物质的含量。

库仑滴定式COD测定仪主要由库仑滴定池、电路系统和电磁搅拌器组成。库仑滴定池由工作电极对、指示电极对及电解液组成，其中，工作电极对为双铂片工作阴极和铂丝辅助阳极，用于电解产生滴定剂；指示电极对为铂片指示电极（阳极）和钨棒参比电极（阴极），置于内充饱和硫酸钾溶液、底部具有液络部的玻璃管中，以其电位的变化指示库仑滴定终点。电解液为10.2mol/L硫酸、重铬酸钾和硫酸铁混合液。电路系统由终点微分电路、电解电流变换电路、电解电流频率变换电路、显示逻辑电路等组成，用于控制库仑滴定终点，变换和显示电解电流，将电解电流进行频率转换、积分，并根据法拉第电解定律进行逻辑运算，直接显示水样的COD值。

本方法简便、快速、试剂用量少，无须标定滴定剂，尤其适合于工业废水的控制分析。当用3mL 0.05mol/L的重铬酸钾溶液进行标定值测定时，最低检出质量浓度为3mg/L，测定上限为100mg/L。但是，只有严格控制消解条件一致和注意经常清洗电极，防止沾污，才能获得较好的重现性。

（四）碘化钾碱性高锰酸钾法

在碱性条件下，加一定量的高锰酸钾溶液于水样中，并在沸水浴上加热反应一定时间，以氧化水中的还原性物质。加入过量的碘化钾还原剩余的高锰酸钾，以淀粉做指示剂，用硫代硫酸钠滴定释放出的碘，换算成氧的浓度。

本方法适用于氯离子含量大于1 000mg/L，油气田和炼化企业氯离子含量高达几万毫克每升至十几万毫克每升高氯废水化学需氧量的测定。该方法的最低检出限为0.20mg/L，测定上限为62.5mg/L。

二、高锰酸盐指数IMn

以高锰酸钾溶液为氧化剂测得的化学需氧量，称为高锰酸盐指数，以氧的质量浓度（单位为mg/L）表示。水中的亚硝酸盐、亚铁盐、硫化物等还原性无机物和在此条件下可被氧化的有机物，均消耗高锰酸钾。因此，高锰酸盐指数常被作为地表水受有机物和还原性无机物污染程度的综合指标。为避免Cr（Ⅵ）的二次污染，日本、德国等国也用高锰酸盐作为氧化剂测定废（污）水的化学需氧量，但相应的排放标准也较严格。

按测定溶液的介质不同，该方法分为酸性高锰酸钾法和碱性高锰酸钾法。因为在碱性条件下高锰酸钾的氧化能力比酸性条件下稍弱，此时不能氧化水中的氯离子，故常用于测定氯离子浓度较高的水样。酸性高锰酸钾法适用于氯离子质量浓度不超过300mg/L的水样。当高锰酸盐指数超过10mg/L时，少取水样并经稀释后再测定。

酸性高锰酸钾法测定高锰酸盐指数过程：取水样100.0mL（原水样或经稀释水样）于锥形瓶中，加入（1+3）H_2SO_4 5mL，0.01mL（使用前需标定以确定准确浓度）高锰酸钾标准溶液（$1/5KMnO_4$）10.00mL，混匀，于沸水浴上加热30min，加入0.010 0mol/L草酸钠标准溶液（$1/2Na_2C_2O_4$）10.00mL，则溶液褪色，用0.01mol/L高锰酸钾标准溶液回滴过量的草酸钠，溶液由无色变为微红色即为终点，记录高锰酸钾标准溶液消耗量。

三、生化需氧量

生化需氧量（BOD）是指在有溶解氧的条件下，好氧微生物在分解水中有机物的生物化学氧化过程中所消耗的溶解氧量。同时亦包括如硫化物、亚铁等还原性有机物质氧化所消耗的溶解氧量，但这部分通常占很小比例。

有机物在微生物的作用下，好氧分解大体分为以下两个阶段：第一阶段为含碳物质氧化阶段，主要是含碳有机化合物氧化为二氧化碳和水；第二阶段为硝化阶段，主要是含氮有机化合物在硝化细菌的作用下分解为亚硝酸盐和硝酸盐。然而这两个阶段并非截然分开，而是各有主次。对生活污水及性质与其接近的工业废水，硝化阶段在5~7d，甚至10d以后才显著进行。测定BOD的方法有稀释与接种法（五日培养法，BOD_5法）、微生物电极法、库仑滴定法、压差法、相关计算法等。

BOD是反映水体被有机物污染程度的综合指标，也是研究废（污）水的可生化降解性和生化处理效果，以及废（污）水生化处理工艺设计和动力学研究中的重要参数。

四、总有机碳（TOC）

总有机碳是以碳的含量表示水体中有机物质总量的综合指标。由于TOC的测定采用燃烧法，因此能将有机物全部氧化，它比BOD或COD更能反映有机物的总量。

目前，广泛应用的测定TOC的方法有燃烧氧化-非色散红外吸收法和紫外照射-非色散红外吸收法，后者用于连续自动监测中。

燃烧氧化-非色散红外吸收法测定原理：将一定量的水样注入高温炉内的石英管，在900~950℃温度下，以铂和三氧化钴或三氧化二铬为催化剂，使有机物燃烧裂解转化为二氧化碳，然后用非色散红外气体分析仪测定CO_2的含量，从而确定水样中碳的含量。因为在高温下，水样中的碳酸盐也分解产生二氧化碳，故上面测得的为水样中的总碳。为获得有机碳以下含量，可采用以下两种方法：一种是将水样预先酸化，通入氮气曝气，驱除各种碳酸盐分解生成的二氧化碳后再注入仪器测定；另一种是使用高温炉和低温炉皆有的TOC测定仪，将同一等量水样分别注入高温炉（900℃）和低温炉（150℃），高温炉水样中的有机碳和无机碳均转化为CO_2，而低温炉的石英管中装有磷酸浸渍的玻璃棉，能使无机碳酸盐在150℃分解为CO_2，有机物却不能被分解氧化。将高、低温炉中生成的CO_2依次导入非色散红外气体分析仪，分别测得总碳和无机碳，二者之差即为总有机碳。

该方法检出限为0.1mg/L，测定下限为0.5mg/L。

反映水中有机物含量的综合指标还有总需氧量、活性炭吸附-三氯甲烷萃取物和紫外吸收值等。其中，TOD能反映几乎全部有机物燃烧需要的氧量，其测定方法是：将一定量水样注入燃烧管，通入含已知氧浓度的载气（氮气），则水样中的还原性物质在高温下瞬间燃烧氧化，用氧量测定仪测定燃烧前、后载气中氧浓度的减少量，计算水样的TOD。

五、挥发酚

根据酚类物质能否与水蒸气一起蒸出，将其分为挥发酚与不挥发酚。通常认为沸点在230℃以下的为挥发酚（属一元酚），而沸点在230℃以上的为不挥发酚。

酚属高毒物质，人体摄入一定量会出现急性中毒症状，长期饮用被酚污染的水，可引起头晕、瘙痒、贫血及神经系统障碍。当水中含酚质量浓度大于5mg/L时，就会使鱼中毒死亡。酚的主要污染源是炼油、焦化、煤气发生站、木材防腐及某些化工（如酚醛树脂）等工业废水。

酚的主要测定方法有溴化滴定法、分光光度法、色谱法等。4-氨基安替比林分光光度法是国内外普遍采用的方法，溴化滴定法用于高浓度含酚废水。当水样中存在氧化剂、还原剂、油类及某些金属离子等时，对溴化滴定法和分光光度法均产生干扰，应设法消除并进行预蒸馏，如对游离氯加入硫酸亚铁还原，对硫化物加入硫酸铜使之沉淀，或者在酸性条件下使其以硫化氢形式逸出，对油类用有机溶剂萃取除去等。蒸馏的作用有：①分离出挥发酚；②消除颜色、浑浊和金属离子等的干扰。

六、油类

水中的油类物质可分为矿物油和动、植物油两大类。矿物油（各种烃类的混合物）主要来自原油开采、加工、运输及炼制油使用等行业排放的废水；动、植物油主要来自动、植物及海洋生物加工等行业的废水和生活污水，其主要成分是各种三酰甘油和低级脂肪酸酯等。油类化合物漂浮在水体表面并形成油膜，影响空气与水体界面间的氧交换；分散于水中的油可被微生物氧化分解，消耗水中的溶解氧，使水质恶化。矿物油中含芳烃类化合物虽然较烷烃类少，但其毒性要大得多。

测定水中油类物质的方法有重量法、红外分光光度法、非色散红外吸收法、紫外分光光度法、荧光光谱法等。重量法不受油类品种的影响，是常用的方法，但操作烦琐，灵敏度低；红外分光光度法也不受油类品种的影响，测定结果能较好地反映水被油类污染的状况；非色散红外吸收法适用于所含油品比吸光系数较接近的水样，油品相差较大，尤其含有芳烃类化合物时，测定误差较大。其他方法受油类品种影响较大。

第八章
土壤环境污染监测

土壤是地球上动植物和人类赖以生存的物质基础，但污水灌溉、酸雨侵蚀及大量化肥、农药的使用导致土壤污染日益加剧，土壤质量直接影响人类的生产、生活和发展。开展土壤污染的监测，评价土壤环境质量，对于合理利用土壤，保护土壤环境意义重大。本章简要介绍土壤的基本知识、土壤的性质及土壤污染物的种类和来源，重点介绍土壤污染物的监测方案、土壤样品的前处理方法和分析方法，通过土壤环境监测实例让读者掌握土壤污染物的监测方法、熟悉土壤环境质量标准，并能通过监测数据开展土壤环境质量的评价。

第一节　土壤基础知识

不同学科、不同行业对土壤的认识和定义不同。传统的土壤学及农业科学认为，土壤是地球陆地表面能生长绿色植物的疏松表层，是大气圈、岩石圈、水圈和生物圈相互作用的产物，即由地球表层的岩石经过风化，在母质、生物、气候、地形、时间等多种因素作用下形成和演变而来的。土壤是动植物、人类赖以生存的物质基础，土壤质量的优劣直接影响人类的生产、生活和发展。

一、土壤的基本组成和特性

土壤是由固、液、气三相物质组成的复杂体系，其基本组成可分为矿物质、有机质、微生物、水和空气等。不同组成的土壤，具有不同的理化性质及生物学性质。

（一）土壤矿物质

1.土壤矿物质的矿物组成

土壤矿物质是岩石经过风化作用形成的，是土壤固相主要组成部分。土壤矿物质是植物营养元素的重要来源，按其成因可分为原生矿物和次生矿物。

（1）原生矿物。是各种岩石经物理风化而形成的碎屑，其化学组成和晶体结构都未发生改变。这类矿物主要有硅酸盐类（如石英、长石、云母等）、氧化物类、硫化物类和磷酸盐类。

（2）次生矿物。大多是由原生矿物质经过化学风化后形成的新矿物，包括简单盐类、三氧化物和次生铝硅酸盐类等。简单盐类呈水溶性，易被淋失，多存于盐渍土中。次生铝硅酸盐和铁硅酸盐，如高岭土、蒙脱土、多水高岭土和伊利石等，其粒径一般小于$0.25\mu m$，为土壤黏粒的主要成分，又称为黏土矿物。

不同的土壤矿物质形成的土壤颗粒形状和大小不同，原生矿物一般形成砂粒，次生矿物多形成黏粒，介于二者之间的则形成粉粒，各粒级的相对含量称为土壤的机械组成。

根据机械组成可将土壤分为不同的质地，土壤质地的分类主要有国际制、美国农业部制、卡钦斯基制和中国制。各质地制之间虽有差异，但都将土壤粗分为砂土、壤土和黏土三大类。

土壤中物质的很多重要的物理、化学性质和物理、化学过程都与土壤质地密切相关。

2.土壤矿物质的化学组成

土壤矿物质元素的相对含量与地球表面岩石圈的平均含量及其化学组成相似。氧、硅、铝、铁、钙、钠、钾和镁八大元素的含量约占96%，其余元素含量甚微，含量多在千分之一以下，甚至低于百万分之一或更低，称为微量元素或痕量元素。

（二）土壤有机质

土壤有机质是指土壤中所有含碳的有机物，包括动植物残体、微生物体及其分解合成的各种有机物，占土壤干重的1%～10%，在土壤肥力、环境保护和农业可持续发展等方面都有着重要的作用和意义。

土壤有机质按其分解程度分为新鲜有机质、半分解有机质和腐殖质。腐殖质是指新鲜有机质经过微生物分解转化所形成的具有多种功能团、芳香族结构的酸性高分子化合物，一般占土壤有机质总量的70%～90%，具有表面吸附、离子交换、络合缓冲作用、氧化还原作用及生理活性等性能，对污染物在土壤中的迁移、转化都有深刻的影响。

（三）土壤微生物

土壤微生物的种类很多，有细菌、真菌、放线菌、藻类和原生动物等。土壤微生物不仅是土壤有机质的重要来源，更重要的是对进入土壤的有机污染物的降解及无机污染物的形态转化起着主导作用，是土壤净化功能的主要贡献者。土壤微生物数量巨大，1g土壤中就有几亿到几百亿个。土壤受到污染时，土壤微生物的数量、组成和代谢将受到影响，可作为反映土壤质量的指标。

（四）土壤水

土壤水是土壤中各种形态水分的总称，存在于土壤孔隙中，影响着土壤中许多化学、物理和生物学过程，对土壤形成、物质的迁移转化过程起着极其重要的作用。

土壤水并非纯水，而是含有复杂溶质的稀溶液，溶质包括可溶性无机盐、可溶性有机物、无机胶体及可溶性气体等。土壤溶液是植物生长所需水分和养分的主要供应源。

土壤水来源于大气降雨、降雪、地表径流和农田灌溉，若地下水位接近地表面（2~3m），也是土壤水的来源之一。

（五）土壤空气

土壤空气是存在于未被水占据的土壤孔隙中的气体，来源于大气、生化反应和化学反应产生的气体（如甲烷、硫化氢、氢气、氮氧化物等）。

土壤空气成分与近地表大气有一定的区别：一般土壤空气的含氧量比大气少，二氧化碳的含量高于大气；而土壤通气不良时，还会含有较多的还原性气体，如CH_4等。

二、土壤污染概述

土壤污染是指进入土壤的污染物超过土壤的自净能力或在土壤中的积累量超过土壤的基准量，给土壤生态系统造成危害的现象。

土壤污染物种类繁多，按其性质大体可分为无机污染物和有机污染物。无机污染物主要是重金属（如汞、镉、铜、锌、铬、铅、镍、砷、硒等）、放射性元素（如锶、铯和铀等）、营养物质（氮、磷、硫、硼等）和其他无机污染物（氟、酸、碱、盐等）。有机污染物主要有有机农药、多环芳烃（PAHs）、多氯联苯（PCBs）、多氯二苯并二噁英/呋喃（PCDD/Fs）、矿物油、废塑料制品等。

土壤污染物的来源有自然源和人为源。自然源包括矿床中元素和化合物的自然扩散、火山爆发、森林火灾等。人为源是土壤污染物的主要来源，包括工业"三废"的排放、化肥农药的不合理使用、污（废）水灌溉、大气沉降等。

根据土壤发生的途径，可将土壤污染分为水体污染、大气污染、农业污染和固体废弃物污染等几种类型。

土壤污染具有以下特点。

（1）隐蔽性和潜伏性。

（2）持久性和难恢复性。

（3）判定的复杂性等特点。

第二节 土壤样品的采集与制备

土壤监测通常是指土壤的环境监测，一般包括布点、采样、样品制备、分析方法、结果表征、资料统计和质量评价等内容。土壤监测可以分为土壤背景调查、农田土壤环境、建设项目土壤环境评价、土壤污染事故监测等类型。

一、监测方案的制定

土壤环境监测方案的制定与大气和水环境质量监测方案类似，本节将根据《土壤环境监测技术规范》（HJ/T166—2004）对布点、采样、样品处理、样品测定、环境质量评价、质量保证等内容进行介绍。

（一）监测目的

1.土壤质量现状监测

土壤质量现状监测的目的是判断土壤是否被污染及污染状况并预测发展变化趋势。我国现行的《土壤环境质量标准》（GB15618—1995）将土壤环境质量分为三类，分别规定了10种污染物和pH的最高允许浓度或范围。I类土壤，指国家规定的自然保护区、集中式生活饮用水源地、茶园、牧场和其他保护地区的土壤，其质量基本上保持自然背景水平。II类土壤，指一般农田、蔬菜地、茶园、果园、牧场等土壤，其质量基本上对植物和环境不造成危害和污染。III类土壤，指林地土壤及污染物容量较大的高背景值土壤和矿产附近等地的农田土壤（蔬菜地除外），其质量基本上对植物和环境不造成危害和污染。I、II、III类土壤分别执行一、二、三级标准。

2.土壤污染事故监测

由于废气、废水、废物、污泥对土壤造成了污染，或者使土壤结构与性质发生了明显的变化，或者对作物造成了伤害，需要调查分析主要污染物，确定污染的来源、范围和程度，为行政主管部门采取对策提供科学依据。

3.污染物土地处理的动态监测

在进行废（污）水、污泥土地利用及固体废物土地处理的过程中，把许多无机和有机污染物带入土壤，其中有的污染物残留在土壤中，并不断积累，其含量是否达到了危害的临界值，需要进行定点长期动态监测，以做到既能充分利用土壤的净化能力，又能防止土壤污染，保护土壤生态环境。

4.土壤背景值调查

通过分析测定土壤中某些元素的含量，并确定这些元素的背景值水平和变化，了解元素的丰缺和供应状况，为保护土壤生态环境、合理施用微量元素及地方病病因的探讨与防治提供依据。

（二）采样的前期准备

由具有野外调查经验且掌握土壤采样技术规程的专业技术人员组成采样组，采样前组织学习有关技术文件，了解监测技术规范。

1.资料收集

收集包含监测区域的交通图、土壤图、地质图、大比例尺地形图等资料，供制作采样工作图和标注采样点位用。

自然环境方面的资料：监测区域土类、成土母质等土壤信息资料；监测区域气候资料（温度、降水量和蒸发量）、水文资料；监测区域遥感与土壤利用及其演变过程方面的资料等。

社会环境方面的资料：工农业生产布局；工程建设或生产过程对土壤造成影响的环境研究资料；土壤污染事故的主要污染物的毒性、稳定性及如何消除等资料；土壤历史资料和相应的法律（法规）；监测区域工农业的生产及排污、污灌、化肥农药施用情况资料。

2.现场信息调查

现场踏勘，将调查得到的信息进行整理和利用。

3.采样器具准备

（1）工具类。铁锹、铁铲、圆状取土钻、螺旋取土钻、竹片及适合特殊采样要求的工具等。

（2）器材类。全球定位系统、罗盘、照相机、卷尺、铝盒、样品袋、样品箱等。

（3）文具类。样品标签、采样记录表、铅笔、资料夹等。

（4）安全防护用品。工作服、工作鞋、安全帽、手套、药品箱等。

（5）采样用车辆。

（三）监测项目与频次选择

土壤监测项目根据监测目的确定。背景值调查研究的监测项目较多，而污染事故调查仅测定可能造成土壤污染的项目。监测项目分为常规项目、特定项目和选测项目，监测频次与其相应。

常规项目：包括基本项目和重点项目，原则上为《土壤环境质量标准》（GB15618—1995）中所要求控制的污染物。为了适应新形势下土壤污染管控的需求，我国环境保护部陆续颁布了《土壤环境质量农用地土壤污染风险管控标准（试行）》（GB15618—2018）；《土壤环境质量建设用地土壤污染风险管控标准（试行）》（GB36600—2018）等具体质量或管控标准。对土壤质量提出了更为针对性的标准，内容比GB15618—1995更多，对土壤监测也提出了更高的要求。在本节以GB15618—1995为主介绍。

特定项目：根据当地环境的污染状况，确认在土壤中积累较多、对环境危害较大、影响范围广、毒性较强的污染物，或者污染事故对土壤环境造成严重不良影响的物质，具体项目由各地自行确定。

选测项目：包括影响产量项目、污水灌溉项目、POPS与高毒类农药和其他项目，一般包括新纳入的在土壤中积累较少的污染物、环境污染导致土壤性状发生改变的土壤性状指标及生态环境指标等，由各地自行选择测定。选测项目包括铁、锰、钾、有机质、氮、磷、硒、硼、氟化物、氰化物、苯、挥发性卤代烃、有机磷农药、PAHs、全盐量等。

（四）布点采样与样品测定原则

1.布点原则

随机原则：为了使采集的监测样品具有好的代表性，必须避免一切主观因素，使组成总体的个体有同样的机会被选入样品，即组成样品的个体应当是随机地取自总体。

等量原则：在一组需要相互之间进行比较的样品应当由同样的个体组成，否则样本大的个体所组成的样品，其代表性会大于样本少的个体组成的样品。

坚持"哪里有污染就在哪里布点"的原则，优先布设在污染重、影响大的地方。

避开人为干扰大、土壤失去代表性的点，如田边、路边、沟边、粪坑（堆）周围，以及土壤流失严重或表层土被破坏处。

2.样品测定方法选择

样品测定分析应按照规定的方法进行。分析方法包括标准方法（仲裁方法）、土壤环境质量标准中选配的分析方法、由权威部门规定或推荐的方法和自选等效方法。选用自选等效方法时应做标准样品验证或对比实验，其检出限、准确度、精密度不低于相应的通用方法要求水平或待测物准确定量的要求。

（五）土壤环境质量评价与质量保证

土壤环境质量评价涉及评价因子、评价标准和评价模式。评价因子数量与项目类型取决于监测的目的和条件。评价标准常采用国家土壤环境质量标准、区域土壤背景值或部门（专业）土壤质量标准。评价模式常用污染指数法或与其有关的评价方法。

1.评价参数

用于评价土壤环境质量的参数有土壤单项污染指数、土壤综合污染指数、土壤污染积累指数、土壤污染物超标倍数、土壤污染样本超标率、土壤污染面积超标率和土壤污染分级标准等。各参数计算公式如下。

$$土壤单项污染指数=污染物实测值/污染物质量标准值 \tag{8-1}$$

$$土壤污染积累指数=污染物实测值/污染物背景值 \tag{8-2}$$

$$土壤污染物超标倍数=（污染物实测值-污染物质量标准值）/污染物质量标准值 \tag{8-3}$$

$$土壤污染样本超标率（\%）=（超标样本总数/监测样本总数）\times 100$$

$$土壤污染面积超标率（\%）=（超标点面积之和/监测总面积）\times 100$$

$$土壤污染分级标准（\%）=（某项污染指数/各项污染指数之和）\times 100 \tag{8-4}$$

2.评价方法

土壤环境质量评价一般以土壤单项污染指数为主，但当区域内的土壤质量作为一个整体与区域外的土壤质量比较时，或一个区域内的土壤质量在不同历史阶段比较时，应用土壤综合污染指数评价。土壤综合污染指数全面反映了各污染物对土壤的不同作用，同时又突出了高浓度污染物对土壤环境质量的影响，适用于评价土壤环境的质量等级。表8-1为《农田土壤环境质量监测技术规范》划定的土壤污染分级标准。

表8-1　土壤污染分级标准

土壤级别	土壤综合污染指数（$P_{综}$）	污染等级	污染水平
1	$P_{综} \leqslant 0.7$	安全	清洁
2	$0.7 < P_{综} \leqslant 1.0$	警戒线	尚清洁
3	$1.0 < P_{综} \leqslant 2.0$	轻污染	土壤污染已超过背景值，作物开始受到污染
4	$2.0 < P_{综} \leqslant 3.0$	中污染	土壤、作物均受到中度污染
5	$3.0 < P_{综}$	重污染	土壤、作物受污染已相当严重

此外，可以根据GB15618—2018等新标准的某一单项指标对其直接评价，确认是否存在风险，以及风险的高低。

3.质量保证

质量保证和质量控制的目的是保证所产生的土壤环境质量监测资料具有代表性、准确性、精密性、可比性和完整性。质量控制涉及监测的全部过程。

（六）分析记录及监测报告要求

分析记录要求内容齐全，填写翔实，字迹清楚。

记录测量数据，要采用法定计量单位，土壤样品测定一般保留三位有效数字，含量较低的镉和汞保留两位有效数字，并注明检出限数值。分析结果的有效数字的位数不可超过方法检出限的最低位数。

监测报告应包含报告名称，监测单位或实验室名称，报告编号，报告每页和总页数标识，采样地点名称，采样时间，分析时间，检测方法，监测依据，评价标准，监测数据，单项评价，总体结论，监测仪器型号和生产地，检出限（未检出时需列出），采样点示意图（或照片），采样（委托）者，分析者，报告编制、复核、审核和签发者及时间等内容。

二、土壤样品采集

样品采集一般按以下三个阶段进行。

前期采样：根据背景资料与现场考察结果，采集一定数量的样品分析测定，用于初步验证污染物空间分异性和判断土壤污染程度，为制定监测方案（选择布点方式和确定监测项目及样品数量）提供依据，前期采样可与现场调查同时进行。

正式采样：按照监测方案，实施现场采样。

补充采样：正式采样测试后，发现布设的样点没有满足总体设计需要，则要进行增设采样点补充采样。

面积较小的土壤污染调查和突发性土壤污染事故调查可直接采样。

（一）基础样品数量

1.由均方差和绝对偏差计算样品数

用式（8-5）可计算所需的样品数：

$$N = t^2 s^2 / D^2 \qquad （8-5）$$

式中，N为样品数；t为选定置信水平（土壤环境监测一般选定为95%）一定自由度下的t值（从有关统计学书中查获）；S^2为均方差，可从先前的其他研究或者从极差$R=[S^2=(R/4)^2]$估计；D为可接受的绝对偏差。

2.由变异系数和相对偏差计算样品数式（8-5）可变为：

$$N = t^2(CV)^2 / m^2 \qquad (8-6)$$

式中，CV为变异系数，%，可从先前的其他研究资料中估计；m为可接受的相对偏差，%，土壤环境监测一般限定为20%～30%。没有历史资料的地区、土壤变异程度不太大的地区，一般CV可用10%～30%粗略估计，有效磷和有效钾的变异系数CV可取50%。

（二）采样点布设

1.合理划分采样单元

在污染调查的基础上，选择一定数量能代表被调查地区的地块作为采样单元（0.13～0.2hm²）。

土壤环境背景值监测一般根据土壤类型和成土母质划分采样单元；土壤质量监测或土壤污染监测可按照土壤接纳污染物的途径（如大气污染、农灌污染或综合污染等），参考土壤类型、作物种类和耕作制度等因素划分采样单元，并设对照采样单元。

2.采样点

由于土壤在空间分布上具有一定的不均匀性，所以在同一采样单元内，应多点采样，并均匀混合，使之具有代表性。一般要求每个采样单元不得少于3个采样点。

3.采样网格

区域土壤环境调查按调查的精度不同，可从2.5km、5km、10km、20km、40km中选择网距布点，区域内的网格结点数即为土壤采样点的数量。

网格间距L按式（8-7）计算：

$$L = (A / N) / 2 \qquad (8-7)$$

式中，L为网格间距；A为采样单元面积；N为采样点数。

A和L的量纲要相匹配，如J的单位是km²，则L的单位就为km。根据实际情况可适当减小网格间距，适当调整网格的起始经纬度，避开过多网格落在道路或河流上，使样品更具代表性。

对于大气污染物引起的土壤污染，采样点应以污染源为中心，并根据风向、风速及污染强度系数等选择在某一方向或某几个方向上进行。采样点的数量和间距，一般是按照"近密远疏"设置。对照点应设在远离污染源、不受其影响的地方。对于由城市污水或被污染的河水灌溉而引起的土壤污染，采样点应根据水流的路径和距离来考虑。

4.布点方法

（1）随机布点法。

①简单随机：将监测单元分成网格，每个网格编上号码，决定采样点样品数后，随机抽取规定的样品数的样品，其样本号码对应网格号，即为采样点。随机数的获得可以利用掷骰子、抽签、查随机数表的方法。简单随机布点是一种完全不带主观限制条件的布点方法。

②分块随机：如果监测区域内的土壤有明显的几种类型，则可将区域分成几块，每块内污染物较均匀，块间的差异较明显。将每块作为一个监测单元，在每个监测单元内再随机布点。在正确分块的前提下，分块随机布点的代表性比简单随机布点好。

③系统随机：将监测区域分成面积相等的几部分（网格划分），每网格内布设一个采样点。如果区域内土壤污染物的含量变化较大，则系统随机布点比简单随机布点所采样品的代表性要好。

（2）对角线布点法。此法适宜面积小、地势平坦的污水灌溉或受污染的水灌溉的田块。对角线至少三等分，以等分点为采样点。若土壤差异性大，可增加等分点。

（3）梅花形布点法。此法适用于面积小、地势平坦、土壤较均匀的田块，中心点设在两对角线相交处，一般设5～10个采样点。

（4）棋盘式布点法。此法适用于中等面积、地势平坦、地形开阔，但土壤较不均匀的田块，一般设10个以上的采样点；也适用于受固体废物污染的土壤，因为固体废物分布不均匀，采样点应设20个以上。

（5）蛇形布点法。此法适用于面积较大、地势不是很平坦、土壤不够均匀的田块，布设采样点数目较多。

（三）采样深度与采样量

1.采样深度

采样深度根据监测目的来确定。先了解土壤污染状况，只需取15cm表层土壤和表层以下15～30cm的土样；如果要了解土壤污染深度，则应按土壤剖面层次分层采样。土壤剖面指地面向下的垂直土体的切面。典型的自然土壤剖面分为A层（表层、淋溶层）、B层（亚层、淀积层）、C层（风化母岩层、母质层）和底岩层。土壤剖面采样时，需在特定采样地点挖掘一个1m×1.5m的长方形土坑，深度在2m以内（一般为1m），一般要求达到母质或潜水处。然后根据土壤剖面的颜色、结构、质地、松紧度、温度、植物根系分布等划分土层，并进行仔细观察，将剖面形态、特征自上而下逐一记录。然后在各层最典型的中部自下而上逐层切取一片片土壤样品，每个采样点的取土深度和取样量应一致，根据监测目的可取分层试样或混合样。用于重金属项目分析的样品，需将接触金属采样器的土壤弃去。

对污染场地的土壤监测要特别注意可能的污染源所在位置、可能的污染物穿透深度与扩散范围，需要了解地下水的流动方向、各土层的厚度、污染物本身的性质等，从而制定采样深度与采样点位，有时需要采样深度达10m以上，以确定污染物的扩散深度。污染场地土壤采样非常复杂，需要根据污染场地的实际情况制定采样方案。

2.采样量

采样量视分析测定项目而定，一般只需要1～2kg土样。多点采集的混合土壤样品可在现场或实验室内反复按四分法弃取，留至所需土样量，装入塑料袋或布袋中，贴上标签（地点、土壤深度、日期、采样人姓名），做好记录。

（四）采样时间

采样时间随测定项目而定。为了解土壤污染情况，可随时采样测定；如需要掌握土壤上植物受污染的情况，可依季节或作物收获期采集土壤和植物样品，一年中在同一地点采集两次进行对照。对于环境影响跟踪监测项目，可根据生产周期或年度计划实施土壤质量监测。每次采样尽量保持采样点位置的固定，以确保测试数据的有效性和可比性。

（五）土壤背景值样品采集

土壤背景值调查采样前要摸清当地土壤类型和分布规律。采样点选择应包括主要类型土壤，并远离污染源。同一类型土壤应有3～5个以上采样点。同一采样点并不强调采集混合样，而是选取发育典型、代表性强的土壤采样，同时应考虑母质对土壤背景值的影响。

土壤背景值样品需挖掘剖面进行采集，每个剖面采集A、B、C层土样，在各层中心部位自下而上采样。剖面发育不完整的土壤，采集表土层（0～20cm）、中土层（20～50cm）和底土层（50～100cm）附近的样品。

污染场地的土壤监测较为复杂，需按照《场地环境调查技术导则》（HJ25.1—2014）执行。

三、土壤样品前处理及其保存

（一）土壤样品的干燥与保存

1.土样的风干

采集的土样应及时摊铺在塑料薄膜上或瓷盘内于阴凉处风干。在风干过程中，应经常翻动，压碎土块，除去石块、残根等杂物；要防止阳光直射和尘埃落入，避免酸、碱等气体的污染。测定易挥发或不稳定项目需用新鲜土样。

2.磨碎和过筛

风干后的土样用有机玻璃或木棒碾碎后，过2mm孔径筛，去除较大沙砾和植物残体，用作土壤颗粒分析及物理性质分析。若沙砾含量较多，应计算它占整个土壤的百分数。用作化学分析，则需使磨碎的土样全部通过孔径为1mm或0.5mm的筛子。分析有机质、全氮项目，应取部分已过2mm筛的土样，用玛瑙研钵继续研细，使其全部通过60目筛（0.25mm）。测定Cd、Cu、Ni等重金属的土样，必须全部过100目尼龙筛。将研磨过筛后的样品混合均匀、装瓶、贴上标签、编号、储存。

3.土样的保存

将风干土样或标准土样等储存于洁净的玻璃或聚乙烯容器内，在常温、阴凉、干燥、避阳光、石蜡密封条件下保存。一般土样保存期为半年至一年，标样或对照样品则需长期妥善保存。

（二）土样的预处理

土样的预处理主要有消解法和提（浸）取法。前者一般适用于元素的测定，后者适用于有机污染物和不稳定组分的测定，以及组分的形态分析。

1.土样的消解法

（1）碱熔法。将土样与碱混合，在高温下熔融。常用的有碳酸钠熔融法或偏硼酸锂（$LiBO_2$）溶融法。该法操作简便快速，样品分解完全；但有些重金属如Cd、Cr等在高温下易损失，引入了大量可溶盐，在原子吸收仪的喷燃器上会有结晶析出并导致火焰的分子吸收，使结果偏高。

（2）酸溶法。酸溶法又称酸分解法、酸消解法，是测定土壤重金属最常选用的方法。土样消解常用的混合酸体系有王水、硝酸–硫酸、硝酸–高氯酸、硝酸–硫酸–高氯酸、硝酸–硫酸–磷酸、盐酸–硝酸–氢氟酸–高氯酸等。其中盐酸–硝酸–氢氟酸–高氯酸体系能破坏土壤中的矿物质，消解较为彻底，但在消解的过程中应控制好温度和时间。

2.土样的提（浸）取法

（1）有机污染物的提取。根据相似相溶的原理，尽量选择与待测物极性相近的有机溶剂作为提取剂。提取剂必须能将土样中的待测物充分提取出来；且与样品能很好地分离，不影响待测物的纯化与测定；不能与样品发生作用，毒性低；沸点在45～80℃为好。当单一溶剂提取效果不理想时，可用两种或两种以上溶剂配成混合提取剂。

常用的有机溶剂有丙酮、二氯甲烷、甲苯、环己烷、正己烷、石油醚等。

①振荡提取：称取一定量的土样于标准口三角瓶中加入适量的提取剂振荡，静置分层或抽滤、离心分出提取液，样品再重复提取2次，分出提取液，合并，待净化。

②超声波提取：称取一定量的土样置于烧杯中，加入适量提取剂，超声提取，真空过

滤或离心分出提取液，固体物再用提取剂提取2次，分出提取液合并，待净化。

③索氏提取：适用于从土壤中提取非挥发及半挥发有机污染物。准确称取一定量的土样放入滤纸筒中，再将滤纸筒置于索氏提取器中。在有1~2粒干净沸石的150mL圆底烧瓶中加100mL提取剂，连接索氏提取器，加热回流一定的时间即可。

④加速溶剂萃取法：加速溶剂萃取是在温度（50~200℃）和压力[1000~3000psi（1psi=6.89476×10³Pa）或10.3~20.6MPa]下用溶剂萃取固体或半固体样品的新颖样品前处理方法。加速溶剂萃取法有机溶剂用量少、速度快、效率高、选择性好和基体影响小，已被美国环境保护署（EPA）列为标准方法。

近年来，吹扫蒸馏法（用于提取易挥发性有机化合物）、超临界流体提取法（SFE）都发展很快。尤其是SFE法由于其快速、高效、安全性（无须有机溶剂），是具有很好发展前途的提取法。

（2）无机污染物的提取。土壤中易溶无机物组分和有效态组分可用酸或水提取。

3.土样的净化和浓缩

使待测组分与干扰物分离的过程为净化。当用有机溶剂提取样品时，一些干扰杂质可能与待测物一起被提取出来，将会影响检测结果，甚至使定性定量无法进行，因而提取液必须经过净化处理。

土样经提取后，常采用的净化浓缩方法有柱层析法、蒸馏法、氮吹浓缩或K-D浓缩法。

四、土壤样品的含水率和pH测定

（一）含水率

无论是风干土样还是新鲜土样，测定污染物含量时都需要测定土壤含水率，以便计算按照烘干土样为基准的测定结果。

1.风干土样水分的测定

取小型铝盒在105℃恒温箱中烘烤约2h，移入干燥器内冷却至室温，称量，准确至0.001g。用角匙将风干土样拌匀，舀取约5g，均匀地平铺在铝盒中，盖好，称量，准确至0.001g。将铝盒盖揭开，放在盒底下，置于已预热至105±2℃的烘箱中烘烤6h。然后取出，盖好，移入干燥器内冷却至室温（约20min），立即称量。风干土样水分的测定应做两份平行测定。

2.新鲜土样水分的测定

将盛有新鲜土样的大型铝盒在分析天平上称量，准确至0.01g。揭开盒盖，放在盒底下，置于已预热至105±2℃的烘箱中烘烤12h。然后取出，盖好，移入干燥器内冷却至室温（约30min），立即称量。新鲜土样水分的测定应做三份平行测定。

$$水分（\%）=\frac{m_1-m_2}{m_1-m_0}\times100 \tag{8-8}$$

式中，m_0为烘干空铝盒质量，g；m_1为烘干前铝盒及土样质量，g；m_2为烘干后铝盒及土样质量，g。

（二）pH测定

土壤pH是土壤酸碱度的强度指标，是土壤的基本参数之一，对土壤养分及重金属的形态和有效性有重要的影响。土壤pH过高或过低，均影响植物的生长。

采用电位法测定土壤pH是将pH玻璃电极和甘汞电极（或复合电极）插入土壤悬浮液或浸出液中构成一原电池，测定其电动势值，再换算成pH。在酸度计上测定，经过标准溶液校正后则可直接读取pH。

水土比例对pH影响较大，尤其是石灰性土壤，稀释效应的影响更为显著，水土比2.5∶1较为适宜。酸性土壤除测定水浸土壤pH外，还应测定盐浸pH，即以1mol/LKCl溶液浸提土壤H^+后用电位法测定。

测定pH的土壤样品应保存于密闭的玻璃瓶中，防止空气中的氨、二氧化碳及酸、碱性气体的影响。风干土壤和潮湿土壤测得的pH有差异，尤其是石灰性土壤，风干作用使得土壤中的二氧化碳大量损失，导致pH偏高，因此风干土壤的pH为相对值。

第三节　土壤污染物分析

一、土壤重金属污染物分析

土壤中金属化合物的测定方法与水中金属化合物的测定方法基本相同，仅在预处理方法和测定条件方面有差异，故在此仅做简要介绍。

（一）铅、镉

铅和镉是动、植物非必需的有毒有害元素，可在土壤中积累，并通过食物链进入人体。其测定方法以原子吸收光谱法和原子荧光光谱法为主。

（二）铜、锌

铜和锌是植、动物和人体必需的微量元素，可在土壤中积累，当其含量超过最高允许浓度时，将会危害生态系统。测定土壤中的铜和锌广泛采用火焰原子吸收分光光度法（GB/T17138—1997）。

（三）总铬

由于各类土壤成土母质的不同，铬含量差别较大，我国土壤中的铬含量背景值一般为20～200mg/kg。铬在土壤中主要以三价和六价两种形态存在，三价铬和六价铬可以相互转化，其存在形态和含量取决于土壤pH和污染程度等。六价铬化合物迁移能力强，其毒性和危害大于三价铬。

土壤中铬的测定方法主要有火焰原子吸收光谱法、分光光度法和等离子发射光谱法等。

（四）镍

土壤中的镍为植物生长所需元素，也是人体必需的微量元素之一。当土壤中的镍累积至含量超过允许量后，会使植物中毒。某些镍的化合物如羟基镍毒性很强，具有强致癌性。

土壤中镍的测定方法有火焰原子吸收光谱法、分光光度法和等离子发射光谱法等，其中火焰原子吸收光谱法的应用较为普遍。

（五）总汞

天然土壤中的汞含量很低，一般为0.1～1.5mg/kg，其存在形态有单质汞、无机化合态汞和有机化合态汞，其中，挥发性强、溶解度大的汞化合物易被植物吸收，如氯化甲基汞、氯化汞等。汞及其化合物一旦进入土壤，绝大部分会被耕层土壤吸附固定。被测汞超过《土壤环境质量农用地土壤污染风险管控标准（试行）》（GB15618—2018）风险管控值（最高允许风险浓度）时，原则上这种土壤不可进行农作物或果实的生产活动。当汞的浓度介于风险筛选值与风险管控值时，应采取农艺措施，减小汞的土壤浓度或减少其向农作物体内的输运，并加强食品检测，确保农作物的产品中汞的含量在食品标准的范围内。

土壤中汞的测定方法广泛采用冷原子吸收光谱法和冷原子荧光光谱法。

（六）总砷

土壤中砷的背景值一般在0.2～40mg/kg，而受砷污染的土壤，砷的质量浓度可高达

550mg/kg。砷在土壤中以五价和三价两种价态存在，大部分被土壤胶体吸附或与有机物络合、螯合，或与铁、铝或钙等离子形成难溶性砷化合物。砷是植物强烈吸收和积累的元素，土壤砷污染后，农作物中的砷含量必然增加，从而危害人和动物的健康。

土壤中砷的测定方法有二乙胺基二硫代甲酸银分光光度法、新银盐分光光度法和氢化物发生–非色散原子荧光光谱法等。

二、土壤营养物质污染物分析

土壤中能直接或经转化后被植物根系吸收的矿质营养成分，包括氮、磷、钾、钙、镁、硫、铁、硼、钼、锌、锰、铜和氯13种元素。土壤中的营养物质主要来源于土壤矿物质和土壤有机质，其次是大气降水、坡渗水和地下水；耕作土壤中，营养物质还来源于施肥和灌溉。

为了提高蔬菜和粮食作物的产量而大量施用化肥。氮磷肥用量在一些地区已远超农作物的需求，农田土壤已出现明显的氮磷累积现象，从而导致农作物营养失调、硝酸盐含量超标、品质下降，并引起土壤理化性状恶化、地下水硝酸盐污染及地表水富营养化等一系列环境问题。

（一）土壤氮素分析

土壤是作物氮素营养的主要来源。土壤中的氮素包括无机态氮和有机态氮两大类，其中95%以上为有机态氮，主要包括腐殖质、蛋白质、氨基酸等。小分子的氨基酸可直接被植物吸收，有机态氮必须经过矿化作用转化为铵，才能被作物吸收利用。

土壤全氮中的无机态氮含量不到5%，主要是铵和硝酸盐，亚硝酸盐、氨、氮气和氮氧化物等很少。大部分铵态氮和硝态氮容易被作物直接吸收利用，属于速效氮。

土壤中的无机态氮含量变化很大，以其作为土壤氮素丰缺指标不够确切。而土壤有机态氮比较稳定，也是不断矿化供给作物利用的氮素主要来源，其含量基本上接近全氮，故常常采用全氮含量作为土壤氮素丰缺指标。

1.土壤全氮的测定

土壤全氮的测定主要有重铬酸钾–硫酸消化法、高氯酸–硫酸消化法、硒粉–硫酸铜–硫酸消化法等。开氏法为目前统一的标准方法，此法容易掌握，测定结果稳定，准确率较高。

开氏法测氮的原理：在盐类和催化剂的参与下，用浓硫酸消煮，使有机氮分解为铵态氮。碱化后蒸馏出来的氨用硼酸吸收，以酸标准溶液滴定，求出土壤的全氮含量（不包括硝态氮）。含有硝态和亚硝态氮的全氮测定，在样品消煮前，需先用高锰酸钾将样品中的亚硝态氮氧化为硝态氮后，再用还原铁粉使全部硝态氮还原，转化为铵态氮。其中，硫酸钾在消煮过程中可提高硫酸的沸点，硫酸铜起催化作用，以加速有机氮的转化。硒粉是高效催化剂，可缩短转化时间。但此法操作烦琐，测定一个样品需要40～60min，不适合大批量样品分析，也不适合处理固定态氮和硝态氮含量较高的土壤。

2.无机氮测定

（1）铵态氮的测定。目前，一般采用KCl溶液提取法，其原理是将吸附在土壤胶体上的NH_4^+及水溶性NH_4^+浸提出来，再用MgO蒸馏。此法操作简便，条件容易控制，适于含NH_4^+–N较高的土壤。

称取土样10g，放入100mL三角瓶中，加2mol/LKCl溶液50mL，用橡皮塞塞紧，振荡30min，立即过滤于50mL三角瓶中（如土壤NH_4^+–N含量低，可将土液比改为1：25）。吸取滤液25mL放入半微量氮蒸馏器中，把盛有5mL2%硼酸指示剂溶液的三角瓶放在冷凝管下，然后再加12%MgO悬浊液10mL于蒸馏器中蒸馏。以下步骤同全氮测定，同时做空白实验。

（2）硝态氮的测定。土壤中硝态氮的标准测定方法为酚二磺酸法，此法的灵敏度和准确率均较高。

方法原理：酚二磺酸与HNO_3作用生成硝基酚二磺酸，此反应物在酸性介质中为无色，在碱性条件下为稳定的黄色盐溶液。但土壤中如含Cl^-在15mg/kg以上时，需加$AgNO_3$处理，待测液中NO_3^-–N的测定范围为0.10～2mg/kg。

称取50g新鲜土样放在500mL三角瓶中，加0.50g$CaSO_4 \cdot 2H_2O$和250mL水，塞后振荡10min。放置几分钟后，将上清液用干滤纸过滤。吸取清液25～50mL于蒸发皿中，加约0.05g$CaCO_3$，在水浴上蒸干（如有色，可用水湿润，加10%H_2O_2消除），蒸干后冷却，并迅速加入2mL酚二磺酸试剂，将蒸发皿旋转，使试剂接触所有蒸干物，静置10min，加水20mL，用玻璃棒搅拌，使蒸干物完全溶解。冷却后，渐渐加入（1：1）NH_4OH，并不断搅拌，溶液呈微碱性（黄色），再多加2mL，然后将溶解液定量地移入100mL容量瓶中，加水定容，在分光光度计上用光径1mm比色槽于420nm处进行比色分析。

（3）水解氮的测定。在酸、碱条件下，把较简单的有机态氮水解成铵，长期以来采用丘林的酸水解法，但此法对有机质缺乏的土壤及石灰性土壤，测定结果不理想，而且手续烦琐。碱解扩散操作简便，还原、扩散和吸收同时进行，适于大批样品的分析，且与作物需氮情况有一定相关性，所以目前推荐试用此法。

称取风干土（通过1mm筛）2g，置于扩散皿外室，轻轻旋转扩散皿，使土壤均匀铺平。取2mLH_3BO_3指示剂放入扩散皿内室，然后在扩散皿外室边缘露出一条狭缝，迅速加入10mL1mol/L的NaOH溶液（如包括NO_8^-–N，则测定时需加$FeSO_4 \cdot 7H_2O$，并以Ag_2SO_4为催化剂，使NO_8^-–N还原为NH_4^+–N），立即加盖，用橡皮筋固定毛玻璃，随后放入40±1℃恒温箱中，24h后取出，小心打开玻璃盖，用0.0025mol/1H_2SO_4滴定吸收液。与此同时进行空白实验。

（4）酰胺态氮的测定。凡含有酰胺基（–CONH$_2$）或在分解过程中产生酰胺基的氮肥都可用此法（如尿素）测定。测定原理：在硫酸铜存在下，在浓硫酸中加热使试样中的酰胺态氮转化为铵态氮，同时逸出CO$_2$，最后加碱蒸馏测定氮的含量，尿素加酸水解的反应式如下：

$$CO（NH_2）_2+2H_2SO_4+H_2O=2NH_4HSO_4+CO_2\uparrow$$

（二）土壤磷分析

土壤全磷量是指土壤中各种形态磷素的总和。我国土壤全磷的含量（以P，g/kg表示）为0.44～0.85g/kg，最高可达1.8g/kg，低的只有0.17g/kg。南方酸性土壤全磷含量一般低于0.56g/kg；北方石灰性土壤全磷含量则较高。

土壤中的磷可以分为有机磷和无机磷两大类。大部分土壤中以无机磷为主，有机磷占全磷的20%～50%。

土壤中的无机磷以吸附态和钙、铁、铝等的磷酸盐为主，且其存在的形态受pH的影响很大。石灰性土壤中以磷酸钙盐为主，酸性土壤中则以磷酸铝和磷酸铁占优势。中性土壤中磷酸钙、磷酸铝和磷酸铁的比例大致为1：1：1。酸性土壤特别是酸性红壤中，由于大量游离氧化铁存在，很大一部分磷酸铁被氧化铁薄膜包裹成闭蓄态磷，磷的有效性大大降低。另外，石灰性土壤中游离碳酸钙的含量对磷的有效性影响也很大，例如磷酸一钙、磷酸二钙、磷酸三钙等随着钙与磷的比例增加，其溶解度和有效性逐渐降低。因此，进行土壤磷的研究时，除对全磷和有效磷测定外，很有必要对不同形态磷进行分离测定。

1.土壤全磷的测定

土壤全磷测定要求把无机磷全部溶解，同时把有机磷氧化成无机磷，因此全磷的测定，第一步是样品的分解，第二步是溶液中磷的测定。

样品分解有Na$_2$CO$_3$熔融法、HClO$_4$–H$_2$SO$_4$消煮法、HF–HClO$_4$消煮法等，目前HClO$_4$–H$_2$SO$_4$消煮法应用得最普遍。磷的测定常用的方法有钼酸铵分光光度法（钼黄法）和钼锑抗分光光度法（钼蓝法）。

样品消解：称取过100目筛烘干土壤样品1.0g置于50mL三角烧瓶中，以少量水湿润，加入浓硫酸8mL，摇动后再加入高氯酸10滴，摇匀。瓶口上放一小漏斗，置于电热板上加热消煮至溶液开始转白，继续消煮20min。将冷却后的消煮液转入100mL容量瓶中，定容，过滤后待测。

钼锑抗分光光度法原理：在酸性环境中，正磷酸根和钼酸铵生成磷钼杂多酸络合物[H3P（Mo$_3$O$_{10}$）$_4$]，在锑试剂存在下，用抗坏血酸将其还原成蓝色的络合物，在700nm处进行比色。

样品的测定：吸取滤液5～10mL（含P5～25μg）于50mL容量瓶中，加水稀释至30mL，加2滴二硝基苯酚指示剂，调节pH至溶液刚呈微黄色，然后加入钼锑抗显色剂，摇匀，用水定容，在室温高于15℃的条件下放置30min，用分光光度计700nm比色，工作曲线法定量。结果计算如式（8-9）：

$$w(P) = \frac{\rho \times V \times ts \times 10^{-6}}{m} \times 100 \qquad （8-9）$$

式中，$w(P)$为土壤全磷质量分数，%；ρ为显色液中磷的浓度，mg/L；V为显色液体积，mL；ts为分取倍数；m为烘干土质量，g。两次平行测定结果允许误差为0.005%。

2.土壤有效磷的测定

土壤有效磷并不是土壤中某一特定形态的磷，而是指某一特定方法所测出的土壤中的磷量，不具有真正"数量"的概念，只是一个相对指标。但这一指标可以相对说明土壤的供磷水平，对于施肥有着直接的指导意义。

土壤中有效磷的测定方法很多，有生物方法、化学速测方法、同位素方法、阴离子交换树脂方法等。

土壤有效磷的测定，生物方法被认为是最可靠的，用同位素³²P稀释法测得的"X"值被认为是标准方法。阴离子交换树脂方法有类似植物吸收磷的作用，即树脂不断从溶液中吸附磷，是单方向的，有助于固相磷进入溶液，测出的结果也接近值。但应用最普遍的是化学速测方法，即用提取剂提取土壤中的有效磷。碳酸氢钠法测定土壤有效磷如下。

方法原理：$NaHCO_3$溶液（pH8.5）提取土壤有效磷，在石灰性土壤中，提取液中的HCO_3^-可与土壤溶液中的Ca^{2+}形成$CaCO_3$沉淀，降低了Ca^{2+}活度而使活性较大的Ca-P被浸提出来；在酸性土壤中，因pH提高，Al^{3+}、Fe^{3+}等离子的活度很低，不会产生磷的再沉淀，而溶液中OH^-、HCO_3^-、CO_3^{2-}等阴离子均能置换$H_2PO_4^-$，有利于磷的提取。此法不仅用于石灰性土壤，也可用于中性和酸性土壤。

操作步骤：称取通过2mm筛的风干土样5.00g于250mL三角瓶中，加入无磷活性炭和0.5mol/L的$NaHCO_3$（pH8.5）100mL，在20～25℃下振荡30min，取出后过滤，吸取浸出液10～20mL（含P5～25μg）于50mL容量瓶中，加入2滴二硝基苯酚指示剂，调节pH至溶液刚呈微黄色，待CO_2充分逸出后，用钼锑抗分光光度法测定。同时做空白实验。

三、土壤有机污染物分析

（一）六六六和滴滴涕

环境激素是指环境中存在的能影响人体内分泌功能的物质。如PCBs、四氯二苯并-p-

二噁英（TCDD）、多氯二苯并呋喃（TCDF）、多氯二苯并噁英（PODD）、DDT、滴滴伊（DDE）等化学物质是非极性、难分解的，它们以激素的形式对生物体产生作用，使生物体出现内分泌失衡、生殖器畸形、精子数量减少、乳腺癌发病率上升等现象，并可能会对下一代产生不良影响。六六六和DDT等农药也表现出雌激素的作用。

土壤样品中的六六六和DDT农药残留量的分析可以采用气相色谱法（GBAT14550—2003）：土壤样品经丙酮–石油醚提取，浓硫酸净化除去干扰物质，用电子捕获检测器（ECD）检测，根据色谱峰的保留时间定性，外标法定量。气相色谱法（GB/T14550—2003）的检出限为0.049～4.87μg/kg。

1.提取

准确称取20g土壤置于小烧杯中，加蒸馏水2mL，硅藻土4g，充分混匀，无损地移入滤纸筒内，上部盖一片滤纸，将滤纸筒装入索氏提取器中，加入100mL石油醚–丙酮（1∶1），用30mL石油醚–丙酮（1∶1）浸泡土样12h后在75～95℃恒温水浴上加热提取4h，待冷却后，将提取液移入300mL的分液漏斗中，用10mL石油醚分三次冲洗提取器及烧瓶，将洗液并入分液漏斗中，加入100mL硫酸钠溶液，振摇1min，静止分层后，弃去下层丙酮水溶液，留下石油醚提取液待净化。

2.净化

净化适用于土壤、生物样品。在分液漏斗中加入石油醚提取液体积的十分之一的浓硫酸，振摇1min，静置分层后，弃去硫酸层（注意：用硫酸净化过程中，要防止发热爆炸，加硫酸后，开始要慢慢振摇，不断放气，然后再剧烈振摇），按上述步骤重复数次，直至加入的石油醚提取液二相界面清晰均呈无色透明为止。然后向弃去硫酸层的石油醚提取液中加入其体积量一半左右的硫酸钠溶液，振摇十余次，待其静置分层后弃去水层。如此重复至提取液呈中性时止（一般2～4次），石油醚提取液再经装有少量无水硫酸钠的筒型漏斗脱水，滤入适当规格的容量瓶中，定容，供气相色谱测定。

3.测定

配制标准溶液后自动进样测定，根据标准溶液和样品溶液的气相色谱图中各组分的保留时间和峰高（或峰面积）分别进行定性和定量分析。外标法定量。

（二）苯并[a]芘

苯并[a]芘是多环芳烃类中致癌性最强的化合物。自然土壤中，这类物质的本底值很低，但当土壤受到污染后，便会产生严重危害。许多国家都进行过土壤中苯并[a]芘含量的调查，得出其残留浓度取决于污染源的性质与距离，公路两旁的土壤中，苯并[a]芘含量为2.0mg/kg；而在炼油厂附近土壤中为200mg/kg；被煤焦油、沥青污染的土壤中，其含量高达650mg/kg。土壤中苯并[a]芘的测定，对于评价和防治土壤污染具有重要意义。

土壤中苯并[a]芘的测定方法有紫外分光光度法、荧光光谱法、高效液相色谱法等。

紫外分光光度法：称取过0.25mm孔径筛的土壤样品于锥形瓶中，加入三氯甲烷，50℃水浴上充分提取，过滤，滤液在水浴上蒸发近干，用环己烷溶解残留物，制成苯并[a]芘提取液。将提取液进行两次氧化铝层析柱分离纯化和溶出后，在紫外分光光度计上测定350～410nm波段的吸收光谱，依据苯并[a]芘在365nm、385nm和403nm处有三个特征吸收峰进行定性分析。测量溶出液对385nm紫外线的吸光度，对照苯并[a]芘标准溶液的吸光度进行定量分析。该方法适用于苯并[a]芘质量浓度大于5μg/kg的土壤样品，若其质量浓度小于5μg/kg可采用荧光光谱法。

高效液相色谱法是以有机溶剂（如二氯甲烷）提取土壤样品（如索氏提取法、超声提取法、加速溶剂提取法等），提取液经净化、浓缩、定容后，以高效液相色谱仪测定，其检测器一般用荧光检测器。

四、土壤生物污染分析

土壤生物污染是指病原体和有害生物种群从外界侵入土壤，破坏土壤生态系统的平衡，引起土壤质量下降的现象。有害生物种群来源于用未经处理的人畜粪便施肥、生活污水、垃圾、医院含有病原体的污水和工业废水作农田灌溉或作为底泥施肥，以及病畜尸体处理不当等。通过上述主要途径把含有大量传染性细菌、病毒、虫卵带入土壤，引起植物体各种细菌性病原体病害，进而引起人体患有各种细菌性和病毒性的疾病，威胁人类生存。

土壤生物污染分布最广的是由肠道致病性原虫和蠕虫类所造成的污染，全世界有一半以上人口受到一种或几种寄生蠕虫的感染，尤其是热带地区最严重，欧洲和北美较温暖地区的寄生虫发病率也很高。据调查，上海市郊蔬菜的大肠菌群检出率为13.7%，最高可达12800个/g，寄生虫卵检出率为11.9%，近三成蔬菜受到不同程度的生物污染。用作肥料的人畜粪便更是惊人，细菌含量竟高达10^8～10^9个/g，20世纪80年代末，江都市土壤的蠕虫卵总阳性率高达72%，在有些土样中还检测出了致病菌，虽含量不高，但其危害却不容忽视。相对于土壤污染的生物指标来说，土壤生物污染的现状不容乐观。

第九章
物理污染监测

除了化学污染和生物污染外，噪声、辐射、光、热等物理污染的危害也逐渐受到广泛的重视，这些污染主要通过能量因素的变化影响生态系统和人体健康，这一类物理性污染也称为"能量污染"。本章重点介绍了物理监测中噪声和放射性污染监测的原理和方法，让读者了解噪声监测和放射性监测所使用监测仪器的工作原理，通过监测实例掌握环境噪声和放射性的测量方法和评价方法。

第一节　噪声监测

一、噪声的危害

声音的本质是波动，受作用的空气发生振动，当振动频率在20~20000Hz时，作用于人的耳鼓膜而产生的感觉称为声音。声音由物体的振动产生，以波的形式在一定的介质（如固体、液体、气体）中传播。介质的存在使声音得以传播，人类才能够以语言方式进行交流。但有些声音也会给人类带来危害，如震耳欲聋的机器声、呼啸而过的飞机声等。

噪声是指发声体做无规则振动时发出的声音，通常所说的噪声污染是人为造成的。从生理学观点来看，凡是干扰人们休息、学习和工作及对人们所要听的声音产生干扰的声音，即不需要的声音，统称为噪声。当噪声对人及周围环境造成不良影响时，就形成噪声污染。随着人类社会的发展，各种机械设备的创造和使用，给人类带来了繁荣和进步，但同时也产生了越来越多而且越来越强的噪声。噪声不但会对听力造成损伤，还能诱发多种致癌致命的疾病，也对人们的生活工作有所干扰。噪声污染对人、动物、仪器仪表及建筑物均构成危害，其危害程度主要取决于噪声的频率、强度及暴露时间。

二、噪声的物理特征与度量

（一）声音的产生

人耳听觉系统所能感受到的信号称为声音。从物理学观点来看，声音是一种机械波，是机械振动在弹性介质中的传播。

机械振动是声波产生的根源，弹性介质的存在是声波传播的必要条件。弹性介质可以是气体、液体和固体，声波在上述介质中传播，相应地称为空气声、液体声和固体声。声波在空气和液体中传播，传播介质的质点振动方向和声波传播方向相同，称这种波为纵波。声波在固体中传播，质点的振动方向和声波的传播方向可能相同，称为纵波；也可能垂直，则称为横波。

（二）描述噪声的基本物理量

描述噪声可采用以下两种方法：一是对噪声进行客观量度，即将噪声作为物理扰动，用描述声波客观特性的物理量来反映；二是对噪声进行主观评价，因为噪声涉及人耳的听觉特性，根据听者感觉的刺激来描述。

噪声的客观度量用声压、声强和声功率等物理量表示。声压和声强反映了声场中声的强弱，声功率反映了声源辐射噪声的大小。声压、声强和声功率等物理量的变化范围非常大，可以在六个数量级以上，同时由于人体听觉对声信号强弱刺激的反应不是线性的，而是呈对数比例关系，所以实际应用中采用对数标度，以分贝（dB）为单位，即分别为声压级、声强级和声功率级等无量纲的量来度量噪声。

级是物理量相对比值的对数。分贝是级的一种无量纲单位。对于声强、声功率等反映功率和能量的物理量，分贝数等于两个量比值的常用对数乘以10。如两个声功率值分别为 W_1 和 W_2，则分贝数为 $n=10\lg(W_1/W_2)$。

对于声压、质点振动速度等描述声场、电磁场等的物理量，分贝数等于两个量比值的常用对数乘以20。当两个声压值分别为 P_1 和 P_2 时，声压级为 $n=10\lg(P_1/P_2)$。采用级进行噪声计量，可以使数值变化缩小到适当范围，与人耳的感觉接近。

1.声压、声压级

由于声波的存在而产生的压力增值即为声压，单位是帕（Pa）。声波在空气中传播时形成压缩和稀疏交替变化，所以压力增值是正负交替变化的。但通常所讲的声压是取均方根值，称为有效声压，故实际上总是正值。

声压级的数学表达式为：

$$L_P = 20\lg(P/P_0) \tag{9-1}$$

式中，L_P为声压P的声压级，dB；P_0为基准声压，Pa。

噪声测量中，基准声压通常采用$P_0=2\times10^5$Pa，这一数值是正常人耳对1000Hz声音所能听到的最低声压。

声压级是反映声信号强弱的最基本参量，例如当一个声压为0.1Pa（百万分之一大气压），它的声压级为：

$$L_P = 20\lg(P/P_0) = 20\lg(0.1/2\times10^{-5}) = 74(\text{dB}) \qquad （9-2）$$

2.声功率、声功率级

声功率是指单位时间内声波通过垂直于传播方向某指定面积的声能量。在噪声检测中，声功率是指声源总声功率，单位是"瓦"，记作W。

声源声功率级的数学表达式为：

$$L_W = 10\lg(W/W_0) \qquad （9-3）$$

式中，L_W为声功率W的声功率级，dB；W_0为基准声功率，噪声检测中，采用$W_0=10^{-12}$W/m²。

3.声强、声强级

声强是指单位时间内，声波通过垂直于传播方向单位面积的声能量，单位是"瓦/米²"，记作W/m²。声强级的数学表达式为：

$$L_I = 10\lg(I/I_0) \qquad （9-4）$$

式中，L_I为声强 I 的声强级，dB；I_0为基准声强，噪声检测中，采用$I_0=10^{-12}$W/m²，这一数值是与基准声压2×10^{-5}Pa相对应的声强。

对于球面波和平面波，声压与声强的关系是：

$$I = P^2/\rho c \qquad （9-5）$$

式中，ρ为空气密度，若以标准大气压与20℃时空气密度和声速值代入，得$\rho c=408$国际单位，也称瑞利，称为空气对声波的特性阻抗。

（三）噪声的叠加

两个以上独立声源作用于某一点，就会产生噪声的叠加。

声能量是可以代数相加的，设两个声源的声功率分别为W_1和W_2，那么总声功率$W_{总}=W_1+W_2$。当两个声源在某一点的声强为I_1和I_2时，叠加后的总声强$I_{总}=I_1+I_2$。但声压不能直接相加，因为有：

$$I_1 = \frac{P_1^2}{\rho c}, I_2 = \frac{P_2^2}{\rho c}, P_{\text{总}} = \sqrt{P_1^2 + P_2^2} \tag{9-6}$$

以分贝为单位进行运算时，不能简单地相加，而应按对数法则进行。以上例声压级分别为 L_{P1} 和 L_{P2} 的叠加，即：

$$\left(\frac{P_1}{P_0}\right)^2 = 10^{\frac{L_{P1}}{10}} \left(\frac{P_2}{P_0}\right)^2 = 10^{\frac{L_{P2}}{10}} P_2^2$$

因此总声压级为：

$$L_P = 10\lg\frac{P_1^2 + P_2^2}{P_0^2} = 10\lg\left(10^{\frac{L_{p1}}{10}} + 10^{\frac{L_{p2}}{10}}\right) \tag{9-7}$$

如果 $L_{P1}=L_{P2}$，即两个声源的声压级相等，则总声压级为 $L_P=L_{P1}+10\lg2 \approx L_{P1}+3dB$。也就是说，作用于某一点的两个声源声压级相等，其合成的声压级比一个声源的声压级增加 3dB。当有几个不同声压级的声源叠加时，应按由大到小的顺序将声压级值排列，求出两相邻声压级的差值（$L_{P1}-L_{P2}$），查表9-1，求得分贝增值 ΔL_P，再将 L_{P1} 与 ΔL_P 相加，求得 L_{P1} 和 L_{P2} 叠加后的声压级值 L_{P12}，再与 L_{P3} 按同样方法叠加，依次类推，最后得到的即总声压级值。

表9-1　分贝增值表

$L_{P1}-L_{P2}$（小数位）　　ΔL_P　　$L_{P1}-L_{P1}$（整数位）	0h	0.1	0.2	0.3	0.4	0.5	0.6	0.7	0.8	0.9
0	3.0	3.0	2.9	2.9	2.8	2.8	2.7	2.7	2.6	2.6
1	2.5	2.5	2.5	2.4	2.4	2.3	2.3	2.3	2.2	2.2
2	2.1	2.1	2.1	2.0	2.0	1.9	1.9	1.9	1.8	1.8
3	1.8	1.7	1.7	1.7	1.6	1.6	1.6	1.5	1.5	1.5
4	1.5	1.4	1.4	1.4	1.4	1.3	1.3	1.3	1.2	1.2
5	1.2	1.2	1.2	1.1	1.1	1.1	1.1	1.0	1.0	1.0
6	1.0	1.0	0.9	0.9	0.9	0.9	0.9	0.8	0.8	0.8
7	0.8	0.8	0.8	0.7	0.7	0.7	0.7	0.7	0.7	0.7
8	0.6	0.6	0.6	0.6	0.6	0.6	0.6	0.6	0.5	0.5
9	0.5	0.5	0.5	0.5	0.5	0.5	0.5	0.4	0.4	0.4
10	0.4									
11	0.3									

续表

$L_{P_1}-L_{P_2}$（小数位） ΔL_P $L_{P_1}-L_{P_1}$（整数位）	0h	0.1	0.2	0.3	0.4	0.5	0.6	0.7	0.8	0.9
12	0.3									
13	0.2									
14	0.2									
15	0.1									

掌握了两个声源的叠加，就可以推广到多个声源的叠加，只需逐次两两叠加即可，而与叠加次序无关。例如，有8个声源作用于某一点，声压级分别为70dB、70dB、75dB、82dB、90dB、93dB、95dB、100dB，它们合成的总声压级可以任意次序查表9-1而得。

应该指出的是，若是两个相同频率的单频声源叠加，根据波的叠加原理，会产生干涉现象，即需要考虑叠加点各自的相位，不过这种情况在实际环境噪声检测中几乎不会碰到。

三、噪声的物理量和主观听觉的关系

噪声包括客观的物理现象（声波）和主观感觉两个方面，但最终判别噪声的是人耳。所以确定噪声的物理量和主观听觉的关系十分重要。不过这种关系相当复杂，因为主观感觉牵涉到复杂的生理机构和心理因素。这类工作是用统计方法在实验基础上进行研究的。

（一）响度和响度级

1.响度（N）

人的听觉与声音的频率有非常密切的关系，一般来说，两个声压相等而频率不相同的纯音听起来是不一样响的。响度是人耳判别声音由轻到响的强度等级概念，它不仅取决于声音的强度（如声压级），还与它的频率及波形有关。响度的单位称为"宋"，1宋的定义是声压级为40dB，频率为1000Hz，且来自听者正前方的平面波形的强度。如果另一个声音听起来比这个大n倍，即声音的响度为n宋。

2.响度级（L_N）

响度级的概念也是建立在两个声音的主观比较上的。定义 1000Hz 纯音声压级的分贝值为响度级的数值，任何其他频率的声音，当调节 1000Hz 纯音的强度使之与该声音一样响时，则 1000Hz 纯音的声压级分贝值即为这一声音的响度级值。响度级的单位称为"方"。

利用与基准声音比较的方法，可以得到人耳听觉频率范围内一系列响度相等的声压级与频率的关系曲线，即等响曲线，该曲线为国际标准化组织所采用，所以又称ISO等响线。

等响线上不同频率的声音，听起来感觉一样响，但声压级是不同的。人耳对1000~4000Hz的声音最敏感。对低于或高于这一频率范围的声音，灵敏度随频率的降低或升高而下降。例如，一个声压级为80dB的20Hz纯音，它的响度级只有20方，因为它与20dB的1000Hz纯音位于同一条等响曲线上。同理，与它们一样响的10000Hz纯音声压级为30dB。

3.响度与响度级的关系

根据大量实验得到，响度级每改变10方，响度加倍或减半。它们的关系可用式（9-8）表示。

$$N = 2^{\left(\frac{L_N - 40}{10}\right)} \text{ 或 } L_N = 40 + 33\lg N \qquad (9-8)$$

响度级的合成不能直接相加，而响度可以相加。例如，两个不同频率都具有60方的声音，合成后的响度级不是60+60=120（方），而是先将响度级换算成响度进行合成，然后换算成响度级。本例由60方相当于响度4宋，所以两个声音响度合成为4+4=8（宋），而8宋按数学计算可知为70方，因此两个响度级为60方的声音合成后的总响度级为70方。

（二）计权声级

上面所讨论的是指纯音（或狭频带信号）的声压级和主观听觉之间的关系，但实际上声源所发出的声音几乎都包含很广的频率范围。为了能用仪器直接反映人的主观响度感觉的评价量，有关人员在噪声测量仪器——声级计中设计了一种特殊滤波器，称为计权网络。通过计权网络测得的声压级，已不再是客观物理量的声压级，而称为计权声压级或计权声级，简称声级。通用的有A、B、C和D计权声级。

A计权声级是模拟人耳对55dB以下低强度噪声的频率特性；B计权声级是模拟55~85dB的中等强度噪声的频率特性；C计权声级是模拟高强度噪声的频率特性；D计权声级是对噪声参量的模拟，专用于飞机噪声的测量。计权网络是一种特殊滤波器，当含有各种频率的声波通过时，它对不同频率成分的衰减是不一样的。A、B、C计权网络的主要差别在于对低频成分的衰减程度，A衰减最多，B其次，C最少。

（三）等效连续声级、噪声污染级和昼夜等效声级

1.等效连续声级

A计权声级能够较好地反映人耳对噪声的强度与频率的主观感觉，因此对一个连续的稳态噪声，它是一种较好的评价方法，但对一个起伏的或不连续的噪声，A计权声级就显得不合适了。例如，交通噪声随车辆流量和种类而变化；又如，一台机器工作时其声级是稳定的，但由于它是间歇工作，与另一台声级相同但连续工作的机器对人的影响就不一样。因此，提出了一个用噪声能量按时间平均方法来评价噪声对人影响的问题，即等效连续声级，符号"L_{eq}"或"$L_{Aeq.T}$"。它是用一个相同时间内声能与之相等的连续稳定的A声级来表示该段时间内噪声的大小。例如，有两台声级为85dB的机器，第一台连续工作8h，第二台间歇工作，其有效工作时间4h。显然作用于操作工人的平均能量是前者比后者大一倍，即大3dB。因此，等效连续声级反映在声级不稳定的情况下，人实际所接受的噪声能量的大小，它是一个用来表达随时间变化的噪声的等效量。

$$L_{Aeq.T} = 10 \lg \left[\frac{1}{T} \int_0^T 10^{0.1 L_{PA}} dt \right] \tag{9-9}$$

式中，L_{PA}为某时刻t的瞬时声级，dB（A）；T为规定的测量时间，s。

如果数据符合正态分布，其累积分布在正态概率纸上为一直线，则可用下面近似公式计算。

$$L_{Aeq.T} \approx L_{50} + d^2 / 60, d = L_{10} - L_{90}$$

式中，L_{10}、L_{50}、L_{90}为累积百分声级，其定义是L_{10}为测定时间内，10%的时间超过的噪声级，相当于噪声的平均峰值；L_{50}为测量时间内，50%的时间超过的噪声级，相当于噪声的平均值；L_{90}为测量时间内，90%的时间超过的噪声级，相当于噪声的背景值。

累积百分声级L_{10}、L_{50}和L_{90}的计算方法有两种：其一是在正态概率纸上画出累积分布曲线，然后从图中求得；另一种简便方法是将测定的一组数据（如100个），从大到小排列，第10个数据即为L_{10}，第50个数据即为L_{50}，第90个数据即为L_{90}。

2.噪声污染级

许多非稳态噪声的实践表明，涨落的噪声所引起人的烦恼程度比等能量的稳态噪声要大，并且与噪声暴露的变化率和平均强度有关。经实验证明，在等效连续声级的基础上加上一项表示噪声变化幅度的量，更能反映实际污染程度。用这种噪声污染级评价航空或道路的交通噪声比较恰当。故噪声污染级（L_{NP}）计算式为：

$$L_{NP} = L_{eq} + K\sigma \tag{9-10}$$

式中，K为常数，对交通和飞机的噪声取值2.56；σ为测定过程中瞬时声级的标准偏差，即：

$$\sigma = \sqrt{\frac{1}{n-1}\sum_{1}^{n}(L'_{PA} - L_{PA})^2} \qquad （9-11）$$

$$L'_{PA} = \frac{1}{n}\sum_{i=0}^{n}L_{PAi} \qquad （9-12）$$

式中，L_{PAi}为测得第i个瞬时A声级；L'_{PA}为所测声级的算术平均值；n为测得总数。

对于许多重要的公共噪声，噪声污染级也可写成：$L_{NP}=L_{eq}+d$或$L_{NP}=L_{50}+d^2/60+d$，式中$d=L_{10}-L_{90}$。

3.昼夜等效声级

考虑夜间噪声具有更大的烦扰程度，故提出一个新的评价指标——昼夜等效声级（也称日夜平均声级），符号"L_{dn}"。它是表达社会噪声一昼夜间的变化情况，表达式为：

$$L_{dn} = 10\lg\left[\frac{16\times10^{0.1L_d} + 8\times10^{0.1(L_n+10)}}{24}\right] \qquad （9-13）$$

式中，L_d为白天的等效声级，时间是从6：00—22：00，共16h；L_n为夜间的等效声级，时间是从22：00至第二天的6：00，共8h。昼间和夜间的时间，可依地区和季节的不同而稍有变化。为了表明夜间噪声对人的烦扰更大，计算夜间等效声级这一项时应加上10dB的计权。

为了表征噪声的物理量和主观听觉的关系，除了上述评价指标外，还有语言干扰级（SIL）、感觉噪声级（PNL）、交通噪声指数（TN）和噪声次数指数（NNI）等。

（四）噪声的频谱分析

1.频谱

声音通常是由许多不同频率、不同强度的分音叠加而成的。不同的声音，其含有的频率成分及各个频率上的分布是不同的，这种频率成分与能量分布的关系称为频谱。将噪声的强度（声压级）按频率顺序展开，使噪声的强度成为频率的函数，并考查其波形，称为噪声的频谱分析（或频率分析）。

2.频程

可听声的频率范围为20～20000Hz，低于20Hz的称为次声，高于20000Hz的称为超声。为方便起见，常在连续频率范围内划分为若干个频带，频带的上限频率和下限频率之差称为频带宽度，它与中心频率的比值称为频带相对宽度。

对噪声做频谱分析时，通常采用两种类型：保持频带宽度相对恒定或者保持频带相对宽度恒定。在频率变化不大的范围内做频谱分析，一般采用恒定带宽，所用带宽较窄，为4～20Hz的数量级。而在宽广的频率范围内做频谱分析时，一般采用恒定相对带宽，常采用的是倍频程数n。倍频程数n与频率的关系式为：

$$2^n = \frac{f_2}{f_1} \quad n = \log_2 \frac{f_2}{f_1}$$（9-14）

式中，f_1、f_2为频带的上下限频率，Hz；n为正实数。当$n=1$时，称为倍频程；$n=2$时，称为2倍频程；$n=1/3$时，称为1/3倍频程。其中，倍频程和1/3倍频程较常用。

各倍频程的中心频率f_m是指上下限频率的几何平均值，即：

$$f_m = \sqrt{f_1 \cdot f_2}$$（9-15）

常用的倍频程和1/3倍频程的上下限频率值和中心频率值列于表9-2。

表9-2　常用的倍频程和1/3倍频程的频率值（单位：Hz）

倍频程			1/3倍频程		
下限频率	中心频率	上限频率	下限频率	中心频率	上限频率
			14.1	16	17.8
11	16	22	17.8	20	22.4
			22.4	25	28.2
			28.2	31.5	35.5
22	31.5	44	35.5	40	44.7
			44.7	50	56.2
			56.2	63	70.8
44	63	88	70.8	80	89.1
			89.1	100	112
			112	125	141
88	125	177	141	160	178
			178	200	224
			224	250	282
177	250	355	282	315	355
			355	400	447

倍频程			1/3倍频程		
下限频率	中心频率	上限频率	下限频率	中心频率	上限频率
			447	500	562
355	500	710	562	630	708
			708	800	891
			891	1000	1122
710	1000	1420	1122	1250	1413
			1413	1600	1778
			1778	2000	2239
1420	2000	2840	2239	2500	2818
			2818	3150	3548
			3548	4000	4467
2840	4000	5680	4467	5000	5623
			5623	6300	7079
			7079	8000	8913
5680	8000	11360	8913	10000	11220
			11220	12600	14130
			14130	16000	17780
11360	16000	22720	17780	20000	22390

3.频谱分析

噪声频谱能够清晰地表示出一定频带范围内的声压级分布情况，从中可以了解噪声的成分和性质，这就是频谱分析。频谱分析有助于了解声源特性，频谱中各峰值所对应的频率（带）就是某声源造成的，找到了主要峰值声源就为噪声控制提供了依据。

四、噪声的测量仪器

噪声测量仪器主要有：声级计、频率分析仪、实时分析仪、声强分析仪、噪声级分析仪、噪声剂量计、自动记录仪、噪声记录仪。

声级计是在噪声测量中最基本和最常用的一种声学仪器，它不仅具有不随频率变化的平直频率响应，可用来测量客观量的声压级，还有模拟人耳频响特性的A、B和C（有的还有D）计权网络，可作为主观声级测量。它的"快""慢"挡装置可对涨落较快的噪声做适当反应，以反映和观察噪声的性质。

（一）声级计的分类

（1）按精度分。根据最新国际标准IEC61672—1：2002和国家计量检定规程JJG188—2017，声级计分为1级和2级两种。在参考条件下，1级声级计的准确度为±0.7dB，2级声级计的准确度为±1dB（不考虑测量不确定度）。

（2）按功能分。分为测量指数时间计权声级的常规声级计，测量时间平均声级的积分平均声级计，测量声暴露的积分声级计（以前称为噪声暴露计）。另外，有的具有噪声统计分析功能的称为噪声统计分析仪，具有采集功能的称为噪声采集器（记录式声级计），具有频谱分析功能的称为频谱分析仪。

（3）按大小分。台式、便携式、袖珍式。

（4）按指示方式分。模拟指示（电表、声级灯）、数字指示、屏幕指示。

（二）声级计构造及工作原理

（1）传声器：用来把声信号转换成电信号的换能器，在声级计中一般均用测试电容传声器，它具有性能稳定、动态范围宽、频响平直、体积小等特点。电容传声器由相互紧靠着的后极板和绷紧的金属膜片所组成，后极板和膜片在电气上互相绝缘，构成以空气为介质的电容器的两个电极。两电极上加有电压（极化电压200V或28V），电容器充电，并储存电荷。当声波作用在膜片上时，膜片发生振动，使膜片与后极板之间的距离变化，电容也随之变化，于是产生一个与声波成比例的交变电压信号，送到后面的前置放大器。传声器的外形尺寸有1in（1in=2.54cm）（ϕ25.4mm）、1/2in（ϕ12.7mm）、1/4in（ϕ6.35mm）、1/8in（ϕ3.175mm）等。外径小，频率范围宽，能测高声级，方向性好，但灵敏度低，现在用得最多的是1/2in，它的保护罩外径为13.2mm。

（2）前置放大器。由于电容传声器电容量很小，内阻很高，而后级衰减器和放大器阻抗不可能很高，因此中间需要加前置放大器进行阻抗变换。前置放大器通常由场效应管源极跟随器，加上自举电路，使其输入电阻达到几千兆欧以上，输入电容小于3pF，甚至0.5pF。

（3）衰减器。将大的信号衰减，提高测量范围。

（4）计权放大器。将微弱信号放大，按要求进行频率计权（频率滤波），A、B、C及D频率计权频率响应。声级计中一般均有A计权，另外也可有C计权或不计权（Zero，简称Z）及平直特性（F）。

（5）有效值检波器。将交流信号检波整流成直流信号，直流信号的大小与交流信号有效值成比例。检波器要有一定的时间计权特性，在指数时间计权声级测量中，"F"特性时间常数为0.125s，"S"特性时间常数为1s。在时间平均声级中，进行线性时间平均。通常的检波器都是模拟检波器，这种检波器动态范围小，温度稳定性差。

（6）电表。模拟指示器，用来直接指示被测声级的分贝数。

（7）A/D。将模拟信号变换成数字信号，以便进行数字指示或送中央处理器（CPU）进行计算、处理。

（8）数字指示器。以数字形式直接指示被测声级的分贝数，读数更加直观。数字显示器件通常为液晶扩散场响应显示（LCD）或发光数码管显示（LED），前者耗电省，后者亮度高。采用数字指示的声级计又称为数显声级计，如AWA5633D/P数显声级计。

（9）CPU。中央处理器（单片机），对测量值进行计算、处理。

（10）电源。一般是直流/直流（DC/DC）转换器，将供电电源（电池）进行电压变换及稳压后，供给各部分电路工作。

（11）打印机。打印测量结果，通常使用微型打印机。

五、噪声的监测

噪声的常用监测指标包括：噪声的强度，即声场中的声压；噪声的特征，即声压的各种频率组成成分。

（一）测量仪器

所有测量仪器均应符合相应标准，使用前必须校准。

（1）测量噪声级时，使用精密和普通声级计，如需测量噪声频谱，需要声级计上配滤波器。

（2）测量等效声级时，使用积分声级计。

（3）测量脉冲噪声则使用脉冲声级计。

（4）测量声强或分析噪声信号时使用声强计、实时分析仪等。

（二）测量条件

（1）测量中要考虑背景噪声的影响。当所测噪声高出背景噪声不足10dB时，应按规定修正测量结果；当所测噪声高出背景噪声不足3dB时，测量结果不能作为任何依据，只能作为参考。

（2）当环境天气的风速大于四级时，应停止室外测量。

（3）测量时要避免高温、高湿、强磁场、地面和墙面反射等因素的影响。

（三）读取法

（1）稳态噪声用慢挡读取指示值或等效声级。

（2）周期性变化噪声用快挡读取最大值并读取随时间变化的噪声值，也可以测量等效声级。

（3）脉冲噪声读取其峰值和脉冲保持值或测量等效声级。

（4）无规则变化噪声应测量若干时间段内的等效声级及每个时间段内的最大值。

（四）测量位置（主要指测量传声器的所在位置）

1.户外测量

当要求减小周围的反射影响时，则应尽可能在离任何反射物（除地面）至少3.5m外测量，离地面的高度大于1.2m以上，必要而有可能时置于高层建筑上，以扩大可监测的地域范围。但每次测量其位置、高度保持不变。使用监测车辆测量，传声器最好固定在车顶。

2.建筑物附近的户外测量

这些测量点应在暴露于所需测试的噪声环境中的建筑物外进行。若无其他规定，测量位置最好离外墙1~2m处，或全打开的窗户前0.5m处（包括高楼层）。

3.建筑物内的测量

这些测量应在所需测试的噪声影响的环境中的建筑物内进行。测量位置最好离墙面或其他反射面至少1m，离地面1.2~1.5m，离窗1.5m处。

（五）测量时间

1.时间段的划分

测量时间分为昼间（6：00—22：000）和夜间（22：00至次日6：00）两部分。具体时间，可依地区和季节不同，上述时间可由县级以上人民政府按当地习惯和季节变化划定。

2.测量日的选择

测量一般选择在周一至周五的正常工作日，如果周六、日及不同季节的环境噪声有显著差异，必要时可要求做相应的测量或长期连续测量。

六、噪声的标准

环境噪声标准是为保护人群健康和生存环境，对噪声容许范围所做的规定。制定原则，应以保护人的听力、睡眠休息、交谈思考为依据，应具有先进性、科学性和现实性。环境噪声的基本标准是环境噪声标准的基本依据。各国大多参照国际标准化组织推荐的基数（如睡眠30dB），并根据本国和地方的具体情况而制定。

（一）环境噪声基本标准

较强的噪声对人的生理与心理会产生不良影响。在日常工作和生活环境中，噪声主要会造成听力损失，干扰谈话、思考、休息和睡眠。根据国际标准化组织的调查，在噪声级85dB和90dB的环境中工作30年，耳聋的可能性分别为8%和18%。在噪声级70dB的环境中，谈话将感到困难。根据工厂周围居民的调查结果认为，干扰睡眠、休息的噪声级阈值，白天为50dB，夜间为45dB。

我国提出了环境噪声容许范围：夜间（22：00至次日6：00）噪声不得超过30dB，白天（6：00—22：00）不得超过40dB。

（二）中国国家标准

中国现行的国家标准为《声环境质量标准》（GB3096—2008）和《社会生活环境噪声排放标准》（GB22337—2008）两大标准。其中，《声环境质量标准》规定了五类声环境功能区的环境噪声限值及测量方法，适用于声环境质量评价与管理，但不适于机场周围区域受飞机通过（起飞、降落、低空飞越）噪声的影响；《社会生活环境噪声排放标准》规定了营业性文化场所和商业经营活动中可能产生环境噪声污染的设备、设施边界噪声排放限值和测量方法，适用于其产生噪声的管理、评价和控制。

第二节　放射性与辐射监测

一、放射性与辐射

地球上所有物质形态各异、特征不同，但都是由各种元素组成的，迄今为止，已发现100多种元素，其中天然元素占绝大部分，只有小部分由人工制得。

组成元素的基本单位是原子。有些元素的原子核不稳定，在不受外界因素（温度、压力等）影响时，能够自发地改变核结构，而转变成另一种核，这种现象称为核衰变。在发生核衰变的同时，不稳定核总是伴随着放射出带电或不带电的粒子，这种衰变称为放射性衰变，能够产生放射性衰变的元素，称为放射性元素。由原子核放射出来的各种粒子称为核辐射，也即通常所说的放射性。

二、放射性的表征与测量仪器

（一）放射性的表征

放射性以放射性的强度、照射量、吸收剂量、剂量当量来表征。

1.放射性强度

物质的放射性强度的单位，一居里（Ci）以一克镭衰变成氡的放射强度为定义，这个单位是为了纪念法国籍波兰科学家居里夫人而定的。在国际单位制（SI）中，放射性强度单位用贝柯勒尔（Becquerel）表示，简称贝可，为1s内发生一次核衰变，符号为Bq。

$1Bq=1dps=2.7O_3 \times 10^{-11}Ci$，该单位在实际应用中减少了换算步骤，方便了使用。

2.照射量

照射量是表示X或γ射线在空气中产生电离大小的物理量。

$$X=dQ/dm \tag{9-16}$$

式中，dQ是指质量为dm的体积单元的空气中，光子释放的所有电子（负电子和正电子）在空气中全部被阻时，形成的同一种符号（正或负）的离子的总电荷的绝对值，单位是库仑/千克（C/kg），旧单位是伦琴（R）。

$$1R=2.58 \times 10^{-4}C/kg \tag{9-17}$$

照射量率：指单位时间内的照射量。

3.吸收剂量

吸收剂量（D）是单位质量的物质对辐射能的吸收量，即：

$$D=d\varepsilon/dm \tag{9-18}$$

式中，$d\varepsilon$与dm分别为受电离辐射作用的某一体积元中物质的平均能量与物质的质量，单位：Gy（戈瑞），$1Gy=1J/kg$。

吸收剂量适用于任何电离辐射和任何物质，是衡量电离辐射与物质相互作用的一种重要的物理量。

吸收剂量率：指单位时间内的吸收剂量，单位：Gy/s。

4.剂量当量

在人体组织中，某一点处的剂量当量H（单位为希沃特Sv，$1Sv=1J/kg$）等于吸收剂量与其他修正因数的乘积。H的计算公式为：

$$H=DQN$$

式中，Q为品质因子，也称为线质系数，不同电离辐射的Q值列于表9-3；N为其他修正系数，是吸收剂量在时间或空间上分布不均匀性修正因子的乘积，对外照射源通常取 $N=1$。

表9-3 线质系数与照射类型、射线种类的关系

照射类型	射线种类	线质系数
外照射	X、γ、e	1
	热中子及能量小于0.005MeV的中能中子	3
	中能中子（0.02MeV）	5
	中能中子（0.1MeV）	8
	快中子（0.5~10MeV）	10
	重反冲核	20
内照射	β⁻、β⁺、X、γ、e	1
	α	10
	裂变碎片、α发射中的反冲核	20

（二）测量仪器

放射性是指自发地改变核结构转变成另一种核，并在核转变过程中放射出各种射线的特性。这些射线都属于电离辐射范围，是引起放射性危害的根源，同时也可利用这些电离辐射的不同对放射性物质进行测量。放射性探测器的定义：利用放射性辐射在气体、液体或固体中引起的电离、激发效应或其他物理、化学变化进行辐射探测的器件称为放射性探测器。放射性辐射探测的基本过程如下。

（1）辐射粒子射入探测器的灵敏部位。

（2）入射粒子通过电离、激发等效应而在探测器中沉积能量。

（3）探测器通过各种机制将沉积能量转换成某种形式的输出信号。

1.辐射探测器的类型

按其探测介质类型及作用机制主要分为气体探测器、闪烁探测器和半导体探测器三种。

（1）气体探测器。气体探测器以气体为工作介质，由入射粒子在其中产生的电离效应引起输出信号的探测器。气体探测器通常包括三类处于不同工作状态的探测器：电离室、正比室和G-M管。它们的共同特点是通过收集射线穿过工作气体时产生的电子-正离子对获得核辐射的信息。

（2）闪烁探测器。闪烁探测器是利用辐射在某些物质中产生的闪光来探测电离辐射

的探测器。闪烁探测器的典型组成：闪烁体、光导、光电倍增管、管座及分压器、前置放大器、磁屏蔽及暗盒等。

（3）半导体探测器。半导体探测器给辐射探测器的发展，尤其对带电粒子能谱学和γ射线谱学带来重大飞跃。带电粒子在半导体探测器的灵敏体积内产生电子-空穴对，电子-空穴对在外电场的作用下迁移而输出信号。其探测原理和气体电离室类似，有时也称为固体电离室。

2.常见的电离辐射探测器

（1）个人辐射检测仪。个人辐射检测仪（PRD）体积小巧，用于佩戴在人体躯干上测定佩戴者所受 X 和 γ 辐射外照射个人剂量当量和个人剂量当量率，主要用于放射性工作人员的个人防护。它能设置报警值以声、光或振动进行报警，测量能量范围为 50keV ~ 1.5MeV。

（2）携带式X、γ辐射剂量率仪。携带式X、γ辐射剂量率仪（HGSD）可由电池供电、质量小，可携带测量，是口岸最常用的X和γ辐射测量仪器。该仪器包括一个或几个X和γ辐射探测器，测量能量范围为50keV~3MeV，响应时间不超过8s；通常设有报警功能，可以作为监测仪使用；测量辐射剂量率的灵敏度、准确度都比PRD高很多，其测量的剂量率值可以作为原始结果来判断被测物的放射性水平，有些仪器可以通过改换探头来测量表面污染或中子辐射。

携带式能谱仪（HRID），外形和HGSD基本一致，区别是在HGSD上加装了能谱的测量功能，通常采用NaI（TI）闪烁体作为探头材料。NaI（TI）材料的探测效率高，可以做能量响应，可测能谱，但能量分辨率低，所以HRID可以在现场做大致的核素定性。

（3）通道式X和γ辐射监测仪。通道式X和γ辐射监测仪（FRPM）主要用来探测车辆、人员、行李和邮件的放射性，有时也称为门式或固定式放射性监测系统。和携带式相比，固定式X和γ辐射剂量率仪一般采用塑料闪烁体做探测部件，可以做得比较大，所以探测灵敏度更高。它的探测能量范围应在50keV~7MeV，至少应达到80keV~1.5MeV，通常可设置报警预值以配合自动监测工作，有些配有中子探测器，可对中子进行监测。

（4）表面污染监测仪。表面污染监测仪主要用于测量现场的货物表面有无放射性物质及其强度。α射线的射程短，所以测量时必须紧挨被测物体表面，但同时又不能使探头碰到被测物体表面，以防止探头表面受到损坏和污染。射线的射程稍远，但监测仪和被测物体也不能距离太远，具体距离应和仪器刻度时的距离相等。

（5）中子检测仪。中子检测仪为测量现场中子计数或剂量的便携式或佩戴式仪器。由于中子不带电，不能直接测量，一般是通过中子和物质进行核反应或弹性碰撞来检测中子，常用的检测器是充有3He和BF3的气体正比计数管。由于中子辐射出现的情况很少，所以中子检测仪一般并不单独购置，而是作为其他仪器的附加功能来配置。

（6）高纯锗γ能谱仪。高纯锗γ能谱仪是通过测量分析γ能谱来测定被测物所含的放射性核素和含量。一般来说，任何一种 γ 辐射探测器，都是基于 γ 射线与探测器灵敏体积内介质的相互作用，即通过光电效应、康普顿效应和电子对效应（要求相对误差Er>1.02MeV）三种作用机制而损失能量，这些能量被用来在锗晶体中产生空穴–电子对，在外加反向偏压所形成的电场作用下，空穴–电子对做定向运动，使得所产生的电荷得到收集，形成探测器输出端的基本的电信号，以供后面的电子学线路纪录、处理与分析。

可以把高纯锗探测器看作一个反向偏压下工作的巨大晶体二极管，由单个事件所产生的信号脉冲与其外接电路（通常为前置放大器）的输入端特性有关。

探测的射线进入灵敏区，产生电离，生成大量的电子–空穴对，在外加电场作用下，电子和空穴分别迅速向正负两极漂移、被收集，在输出电路中形成脉冲电信号。

（7）低本底 α、β 测量仪。低本底 α、β 测量仪和 α、β 表面污染监测仪不同，它是用来准确测量样品中总 α、总 β 比活度的仪器，通常用于实验室的检验。样品在测量前需要制样过程，以满足仪器测量的需要。除了食品、水样，在进出口商品放射性检验领域应用不多。

（8）其他仪器。还有其他一些仪器设备，也可能会在实际工作中使用。例如，车载式辐射检测仪的探测方式和通道式的一致，但其探测器安装在车辆上，可移动探测。将光学成像和 γ 剂量率分布梯度图像进行叠加的 γ 相机，可以以照片的形式，非常清晰直观地显示观测地区放射源（热点）所在的位置。还有将探测器安装在抓斗或龙门吊上的装置，可以在抓取和吊装货物时直接对货物进行放射性测量。

三、环境中的辐射

在自然界中，辐射源可分为地球以外的和地球上的两大类。地球以外的来自宇宙空间，称为宇宙射线；地球上的则是存在于自然界中的放射性物质形成的地球表面的辐射，称为天然辐射。

（一）环境中的辐射来源

1.宇宙射线

宇宙射线是一种来自宇宙空间的高能粒子流，一般将宇宙射线分为初级宇宙射线和次级宇宙射线两种。初级宇宙射线是指从星际空间发射到地球大气层上部的原始射线，其组成比较恒定，83%～89%是质子，9%是氦核（α粒子），此外还有极少量的重粒子、高能电子、光子和中微子。这种初级宇宙射线从各个方向均匀地向地球照射，其强度随太阳活动周期呈周期性变化。

当初级宇宙射线和地球大气中元素的原子核相互作用时，会产生中子、质子、介子及许多其他反应产物（宇生核素），如^{3}H、^{7}Be、^{22}Na等，通称为次级宇宙射线。宇宙射线与空气中元素的原子核作用产生的放射性种类较多，如^3H、^7Be、^{10}Be、^{14}C、^{32}Si、^{35}S、^{36}Cl、^{81}Kr、^{32}P等。

2.天然放射性核素

天然放射性核素是指存在于地球表面各种介质（土壤、岩石、水和大气）中的放射性核素，也包括来自各种生物体内的放射性核素。这些天然放射性核素，可分为中等质量和重天然放射性核素两类。

中等质量天然放射性核素是指原子序数小于83的天然放射性核素，主要有^{4}GK、^{5}GV、^{89}Rb、^{115}In、^{138}La、^{147}Pm和^{176}Lu等，它们在岩石圈中的含量很低，但半衰期较长，其中^{40}K在生物学中具有重要意义。

重天然放射性核素是指原子序数大于83的天然放射性核素。它们分为铀镭系、钍系和锕系。它们大部分是α辐射体，也有β辐射体，还有伴随着原子核的α或β衰变而同时放射出γ射线。这三个系列衰变到最终形成的稳定原子核都是铅的同位素。了解各类环境的天然放射性本底，对于确定污染，找出污染来源，具有重要的意义。

（1）土壤和岩石中的放射性核素。土壤和岩石中的天然放射性核素是环境中放射性核素的主要来源。土壤中放射性物质含量变化较大，主要与土壤的种类、土壤中胶体组分的含量及耕作状况有关。土壤和岩石中的天然放射性核素主要是原生放射性核素，即铀系、钍系和锕系中的放射性核素。此外，还有非系列原生放射性核素（原子序数小于83的天然放射性核素）。天然放射性核素在土壤和岩石中的典型含量见表9-4。

表9-4　土壤和岩石中主要天然放射性核素的含量

核素	土壤中含量	岩石中含量
U	$1\times10^{-4}\sim1.8\times10^{-3}$g/kg	—
^{238}U	—	$0.4\sim2.6\mu$Ci/g
Th	$2.3\times10^{-3}\sim1.4\times10^{-2}$g/kg	—
^{232}Th	6.76×10^{-10}Ci/kg	$0.15\sim2.4\mu$Ci/g
Ra	$1.1\times10^{-10}\sim1.9\times10^{-9}$g/kg	—
^{226}Ra	—	$0.4\sim2.9\mu$Ci/g
K	$0.8\times10^{-9}\sim2.4\times10^{-8}$Ci/kg	—
^{40}K	1×10^{-8}Ci/kg	$2.3\sim3.0\mu$Ci/g

（2）水源中的放射性核素。水源中的天然放射性核素与该水源流经地域的地壳中的天然放射性含量有关。地下水是岩石和土壤中放射性核素的"搬运"者，凡是地壳中天然放射性核素含量高的地区，地下水中的天然放射性核素活度浓度也高。

各种水源中^{226}Ra及其子体的浓度参见表9-5。

表9-5 不同水源中^{226}Ra及其子体浓度（×3.7Bq/m³）

水源	^{226}Ra	^{222}Rn	^{210}Pb	^{210}Po
矿泉、深井水	1～10	104～105	<0.1	0.02
地下水	0.1～1.0	102～103	<0.1	0.01
地表水	<1.0	10	<0.1	—
雨水	—	103～105	0.5—3	0.5

（3）大气中的天然放射性核素。除了由宇宙射线产生的宇生核素（宇宙射线与大气中元素的原子核作用产生的放射性同位素）外，主要有地壳中存在的铀、钍在衰变过程中产生并散发在大气中的元素的气态子体^{222}Rn、^{226}Rn与疝气，其他天然放射性核素的含量甚微。氡、氯气从地壳中释放后，其衰变产物完全是金属元素，很容易吸附在气溶胶微粒上，形成放射性气溶胶，它对人体影响较大，具有重要的生物学意义。

室内空气中的放射性浓度比室外高，主要是由于室内建筑物和地面析出的氡气的贡献，加之室内通风不好，造成氡的积聚。室内天然γ辐射水平依建筑材料、地面材料的种类而定，参见表9-6。

表9-6 室内空气中的氡、氙的浓度（10^{-14}Ci/L）

建筑物类型	氡	氡子体	氙	氙子体
农村土房	33.5	74.8	14.1	2.34
水泥地砖瓦房	38.8	12.6	6.2	3.0
旧式砖瓦房	49.6	122.5	8.5	5.2
水磨石地混凝土楼房	57.0	148.0	10.5	2.0
地下室	172.8	417.6	15.8	4.3
室外大气	16.8～70.4	—	0.16	—

（4）动、植物组织中的天然放射性核素。动、植物组织中的天然放射性主要来自 ^{40}K，此外还有 ^{226}Ra、^{14}C、^{210}Pb 和 ^{210}Po 等。陆地生物组织中 ^{40}K 的平均含量约为 2.4×10^{-9}Ci/kg 鲜重。各种不同的动、植物组织中 ^{40}K 含量相差较大，豆科植物约为 1×10^{-8}Ci/kg，谷类更低，一般为 2×10^{-9}Ci/kg。

由于钾在器官和组织中分布不均，故动物不同组织含 ^{40}K 的量相差较大，以红细胞的浓度最高，其余依次是脑、肌肉、肝、肺和骨。人体内钾的含量约占成人体重的0.2%，其 ^{40}K 总含量约为 10.4×10^{-8}Ci。

此外，部分食品中含有镭，如大米、牛肉、蔬菜、海产品等。通过食物进入人体中的 ^{226}Ra有80%～85%集中于骨骼内。

综上所述，由于宇宙射线、地壳本身所含的各种天然放射性核素，构成了居住环境的天然辐射，可以说人们始终处于天然本底照射的影响中。

（二）放射性污染

因科学技术发展而增加的环境中的放射性，可分为天然放射性核素污染与人工放射性核素污染两大类。

1. 天然放射性核素污染

（1）铀矿山的开采、加工、水冶、地浸、铀精制等一系列活动，使天然放射性物质铀、镭及其子体进入大气、水体中，在有限范围内污染环境，也可能污染河流并将污染扩散至下游沿岸地区。水冶对环境的污染尤为显著。20世纪四五十年代建成的水冶厂因废水排入河流、湖泊，导致放射性水平高到不能作为饮用水源的事例在一些国家均有发生。水冶厂也会对空气造成污染，尤其是尾矿坝上方氡气浓度较高；同时居民住宅的 γ 辐射水平也有增高。此外，利用污染河水灌溉的土壤，其农作物含镭量也较高，甚至放养在污染地区的奶牛所产的奶含镭量也很高。

（2）煤中含有痕量的全部原生放射性核素（原即存在于地球上的放射性核素）及其衰变产物，特别是 ^{40}K 和 ^{232}Th 系与 ^{238}U 系的衰变系列。表9-7中将煤和地壳中的放射性对比予以说明。

表9-7 煤和地壳中的放射性（单位：Bq/kg）

核素	典型煤	地层（平均值）	核素	典型煤	地层（平均值）
^{40}K	100	400	^{238}U 系	20	25
^{232}Th 系	10	25	^{235}U 系	1	1

燃煤电站在煤燃烧的过程中，煤中含有的痕量放射性核素部分被收集于炉底灰中，部分存在于飞灰中，而存在于煤中的氡同位素则几乎完全以气态形式被释放到大气中。为了具体说明，对于一座煤燃烧速率为4t/（GW·a）的发电厂，在合理假设的前提下，放射性核素的典型释放率参见表9-8。

表9-8 一座现代燃煤电站可能释放的放射性量

核素	释放率 /[GBq/（GW·a）]	核素	释放率 /[GBq/（GW·a）]
^{40}K	4	^{232}Rn	80
^{232}Th 系	0.4	$^{210}Pb \cdot {}^{210}Po$	8
^{238}U，^{226}Ra 系	0.8	^{235}U 系	0.04

注：1GBq/（GW·Y）=31.7Bq/（S·GW）

从烟囱排放出来的气载颗粒物可直接沉积到地面上或通过雨雪沉积到地面上，将计算得到的燃煤电站气载流出物的地面沉积率与纯属天然来源的沉积率做比较，其结果列于表9-9中。

表9-9　放射性物质的沉积量 [单位：Bq/ (m² · a)]

核素	燃煤电站/GW	天然沉积率/[Bq/ (m² · a)]	核素	燃煤电站/GW	天然沉积率/[Bq/ (m² · a)]
^{40}K	3	4	^{210}Po	6	20
^{238}U · ^{226}Ra	0.6	0.3	^{232}Th系	0.791	0.3
^{210}Pb	6	100	^{235}U系	0.03	0.01

燃烧灰可作为建筑构件混凝土的骨料，也可用作道路的填料。作为填料时，灰中的放射性物质将使地面的γ辐射场升高；沉积在地面上的燃烧灰受风扰动时，再悬浮的微粒可能被吸入或沉积在农作物上而进入食物链；用粉煤灰或煤渣生产的轻型建筑砌块会提高建筑物的γ外照射水平，更重要的是增加氡及其衰变产物的浓度，使之超过户外的水平。

（3）磷酸盐矿开发造成的污染。磷酸盐矿主要用来生产磷肥。矿石开采和加工过程中将矿石中的^{238}U（^{40}K与^{232}Th在沉积的磷酸盐岩石中的放射性浓度低于^{238}U）和它的衰变产物重新分配到磷酸盐工业产生的产品、副产物和废物中。生产1t磷酸盐相应排入大气的^{238}U约为2.3×10^6Bq，^{222}Rn估算为1.5×10^6Bq。湿法生产磷酸的工厂的下风向空气中总α放射性平均浓度有所升高，附近的居民由于放射性飘移和在地面沉降吸入颗粒物造成内照射。同样，在施用磷肥多的土壤上生长的粮食作物中^{238}U放射系的天然放射性核素的浓度略有增加。此外，湿法和热法磷酸厂产生的副产物磷石膏和硅酸钙渣若作为建筑材料、铁路道砟和铺路沥青，会使环境中的放射性水平有所升高。

2.人工放射性核素污染

人工放射性核素污染环境源于不同的人为活动领域。

（1）核爆炸对环境的污染。核试验对环境的污染包括裂变产物、未裂变的核装料和感生放射性物质，它们在相当长的时间内共同对环境造成污染。其中，^{90}Sr为监测核试验对环境污染所必不可少的核素。在环境样品中也同时监测^{137}Cs。

（2）核工业和核动力对环境的污染。核工业包括原子能反应堆、原子能核电站、核动力舰艇等。正常运行的核电站对环境的污染主要来自排放的放射性废液与废气。在环境样品中主要监测I、Kr、Xe、^{3}H、^{14}C及活化产物。

轻水堆核电站多建在沿海和大的江河边上，利用海水作为最终热井，因此对海洋的热污染也成为环境监测关注的热点。核动力舰艇，尤其是核潜艇产生的放射性活化产物也会对海洋造成污染。

（3）同位素应用对环境的污染。放射性同位素在医学上、在特殊能源方面，在工业、农业和科学研究领域均得到广泛的应用。放射性同位素在各个领域的应用最终都会产生不同形式的放射性废物，如处理不当，也会对环境造成污染。跟踪监测是不可或缺的。

四、辐射的监测

（一）辐射的监测概述

辐射的监测是指为评价或控制辐射（包括电离辐射和非电离辐射，如微波、激光及紫外线等）或放射性物质的照射，对剂量或污染所进行的测量及对测量结果的解释。

国家环境保护总局2001年发布的《辐射环境监测技术规范》将辐射的监测分为辐射环境质量监测与辐射污染源监测。

辐射环境质量监测的目的是积累环境辐射水平数据；总结环境辐射水平的变化规律；判断环境中放射性污染及其来源；报告环境质量状况。辐射污染源监测的目的是监测污染源的排放情况；核验排污单位的排放量；检查排污单位的监测工作及其效能；为公众提供安全信息。

（二）辐射的监测方法

辐射的监测方法有定期监测和连续监测。定期监测的一般步骤是采样、样品预处理、样品总放射性或放射性核素的测定；连续监测是在现场安装放射性自动监测仪器，实现采样、预处理和测定自动化。对环境样品进行放射性测量和对非放射性环境样品监测过程一样，也是经过样品采集—样品前处理和选择适宜方法—仪器测定。

（三）辐射监测的类型

按照监测对象可分为：

（1）现场监测。对放射性物质生产或应用单位内部工作区域所做的监测。

（2）个人剂量监测。对放射性专业工作人员或公众做内照射和外照射的剂量监测。

（3）环境监测。天然本底、核试验、核企业、生产和使用放射性核素及其他场所的监测。

主要测定的放射性核素为 α 放射性核素，如 ^{226}Ra、^{222}Rn、^{235}U 等；β 放射性核素，如 ^{134}Cs、^{137}Cs、^{131}I 和 ^{60}CO 等。

辐射的采样通常在辐射源可能影响到的地区约80km范围内布设采样点。对大气、土壤和植物监测可以采用网格或扇形布点法。对水体的监测参考水样采集的布点法。根据具体情况可加大布点密度。

监测频率依环境污染的情况而定。常规监测可1年2次或每季度1次。监测排放源情况时，应根据排放周期的变化、放射性核素的半衰期、环境介质的稳定情况及统计学的要求而定。核素半衰期短，采样频率应高，可连续采样或每日采样1次；并且对于半衰期短的放射性核素监测频率和采样频率相同，而对半衰期长的放射性核素，测量频率可以减少，且可将几次采集的样品混合，进行一次性的测定。

（四）污染源监测

监测环境条件应符合行业标准和仪器标准中规定的使用条件。测量记录表应注明环境温度、相对湿度。可使用各向同性响应或有方向性电场探头或磁场探头的宽带辐射测量仪。采用有方向性探头时，应在测量点调整探头方向以测出测量点的最大辐射水平。测量仪器工作频带应满足待测场要求，仪器应经计量标准定期鉴定。

在辐射体正常工作时间内进行测量，每个测点连续测5次，每次的测量时间不应小于15s，并读取稳定状态的最大值。若测量读数起伏较大时，应适当延长测量时间。测量位置取作业人员操作位置，距地面0.5m、1m、1.7m三个部位。辐射体各辅助设施（计算机房、供电室等）作业人员经常操作的位置，测量部位距地面0.5m、1m、1.7m。测量位置还包括辐射体附近的固定哨位、值班位置等。

求出每个测量部位平均场的强值（若有几次读数），最好是RMS平均值。根据各操作位置的E值（H，Pd）按国家标准《电磁环境控制限值》（GB8702—2014）或其他部委制定的"安全限值"做出分析评价。

（五）环境质量监测

环境样品各式各样，包括水源、土壤、生物样品与气溶胶。不同的核素有不同的分析方法，甚至同一种核素也有数种分析测定方法，这里只做简要介绍。

1.样品的采集

环境放射性监测样品的采集，要考虑和人们生活密切相关，并能反映环境中放射性水平变化的一些环境介质，并应具有代表性。

样品采集量一般应根据样品中放射性活度水平和探测仪器的灵敏度来决定，其最小采样量可按式（9-19）估算：

$$V = \frac{A_0}{2.22A} \qquad (9\text{-}19)$$

式中，V为最小采样量，L或kg；A_0为探测仪器的灵敏度，衰变数/min；A为样品中放射性浓度估计值，10^{-2}Bq/L或10^{-2}Bq/kg。

采集各种样品时，应在每一个样品标签上和记录本中准确地记录采集样品者的姓名、日期（小时）、地点。如果为水样，还需要记录采样水面下的深度、水温、水位、流速和气象条件等。

采集的样品，若放射性活度较高，可直接制成样品源进行测量。如果样品的放射性浓度低，则需要预先将样品进行浓缩，然后制成样品源进行测量。

采集样品的基本原则是样品具有代表性。因此，应针对环境的具体情况、可能污染源的性质及排放时间、污染的大致范围等制订出采样计划，包括采样时间、采样频度、样品个数、样品数量（体积或质量）、布点位置（采样布点图）等。

（1）水样的采集。大气沉降物及各种生产活动产生的放射性废物，都可能对水源造成污染。水源是环境放射性监测首先考虑的项目。

采水工具一般可用玻璃器皿或塑料制品，容器须经仔细清洗，确保无放射性污染。在采样现场，用待采之水清洗容器2~3次后，采集一定量的水样供分析测定用。

浅水采样时，注意不要触动底泥使水变浑浊；深水区采样时，不取表层水，尤其是湖泊、水池的表层水中的悬浮物较多，还含有有机物，通常可于水面下一定深度（如0.5m）处取样；如水深很深，应考虑在不同深度取样。湖泊或河流较宽时，可取数个水样。河流则在一个断面上的河心和两岸边取水样。

采样后向水样内投加少许盐酸或硝酸使样品酸化（pH=2），以减少器壁对放射性核素的吸附和防腐，采样容器用后应仔细清洗，以避免放射性核素的交叉污染。水样保存一般不得超过2个月；采样时，应及时在样品桶（瓶）上贴好标签。

（2）土壤样品的采集。采样点应选在地势平坦，具有良好渗透性，未受明显的放射性污染的地方，同时要兼顾土壤类型和成土母质，采样应在10m×10m范围内的四角和中心采集五点的土壤；每点取长宽各10cm，深为20cm的土壤，将采集的五点土壤去掉石块、杂草等，用四分法混合取2kg装入采样袋中待测量用。

（3）大气采样。一般采集近地面1.5m高处的大气、采样点应选在空旷地，避开建筑物50m左右。

空气采样装置由采样头、抽气动力和记录采集体积的流量计三部分组成。采样头由金属、塑料或有机玻璃制成，具有一定面积的圆锥形滤头，以固定和支持过滤材料。抽气动力可用真空抽气泵，流量计要求能准确地记录抽取空气的体积，选用过滤材料（如聚苯乙烯薄膜、纤维薄膜、玻璃薄膜等）时，应对滤材做过滤效率测试。

大气采样总体积不应少于10000L，采样期间应同时记录采样的起、止时间和气象条件。

（4）生物样品的采集。根据监测目的确定采样地点及采样品种，采样后用水洗净，在室内将表面水分晾干，称量，然后切成小段。在110℃下烘干，再转入（或分次转入）

瓷蒸发皿中在电热板上碳化，无烟后放入马弗炉内，在400～450℃下灰化成灰白色灰样。

2.样品的制备

样品制备的目的主要是浓集对象核素、去除干扰核素、将样品的物理形态转换成易于进行放射性检测的形态。常用的制备方法有衰变法、共沉淀法、灰化法、电化学法及其他方法（有机溶剂溶解法、萃取法、离子交换法等）。

（1）水样。准确量取一定体积（1～2L）待测水样于事先酸化过的烧杯内蒸发浓缩，待样品体积浓缩到50mL左右时，将其移入100mL瓷坩埚内继续蒸发，同时用少量蒸馏水将烧杯洗涤数次，分次加入瓷坩埚内，蒸干、置于马弗炉内，在500℃下灰化1～2h，取出，冷却后称量（事先将坩埚称量），然后用骨匙将灰样磨碎，研细，混匀，称取部分灰分（一般不超过300mg）置放于测量盘内，用骨匙轻轻压平，放在低本底测量仪上测定。

若水样浑浊，应在采样后自然澄清，取一定体积的上清液按上述同样方法制样，进行总放射性活度测定；沉淀物则转入已称量的坩埚或蒸发皿内，蒸干、灰化，再进行总活度测定。

（2）土壤样品。称取已研细（或40目分样筛下过筛）的样品灰300mg，用骨匙轻轻压平（也可用无水乙醇将灰分湿润后在红外灯下烤干），制成薄薄的、厚度均匀的样品源，测量其放射性活度。

（3）植物样品。由于采集的植物（蔬菜）品种不同，灰化温度也不一样，一般应由低温逐步升至高温，最后保持在400～450℃，并经常观察，防止烧结。灰化后若灰分仍为灰黑色，则应将灰取出放冷后，用6N[1N=（1moL/L）+离子价数]硝酸或6N亚硝酸钠溶液将灰分润湿，晾干后立即灰化。将灰化完全的样品放至室温，称总灰重。用骨匙或研钵将灰分捣细并混合均匀，封装在聚乙烯袋中备作总放射性活度测量。

3.质量保证措施

质量保证是使测量结果具有适当置信度而采取的有计划的系统行动。其目的是通过对监测过程的全面控制如监测过程的组织管理、参与人员的素质要求与岗位培训，仪器设备的管理与维护，样品采集，布点与频度设计，分析过程的质量控制，监测数据的记录、复核与审核等，以保证测量结果的代表性、准确性和可靠性。

五、辐射的标准

环境电磁波容许辐射强度标准分为二级，以电磁波辐射强度和频段特性对人体可能引起潜在性不良影响的阈下值为界分级。

一级标准为安全区，指在该环境电磁波强度下长期居住、工作、生活的一切人群（包括婴儿、孕妇和老弱病残者），均在不会受到任何有害影响的区域；新建、改建或扩建电台、电视台和雷达站等发射天线，在其居民覆盖区内，必须符合"一级标准"的要求

（表9-10）。

表9-10　工作人员、居民年最大容许剂量当量

受照射部位		职业放射性工作人员的年最大容许剂量当量①/Sv	放射性工作场所、相邻及附近地区工作人员和居民的年最大容许剂量当量①/Sv	广大居民年最大容许剂量当量②/Sv
器官分类	器官名称			
第一类	全身、性腺、红骨髓、眼晶体	5×10^{-2}	5×10^{-3}	5×10^{-4}
第二类	皮肤、骨、甲状腺	3.0×10^{-1}	3×10^{-2②}	1×10^{-2}
第三类	手、前臂、足踝	7.5×10^{-1}	7.5×10^{-2}	2.5×10^{-2}
第四类	其他器官	1.5×10^{-1}	1.5×10^{-2}	5×10^{-3}

注：①露天水源地的限制浓度是为广大居民规定的，其他人员也适用此标准。

②放射性工作场所空气中的最大容许浓度值是为职业放射性工作人员规定的，工作时间按每周 40h 计算。

二级标准为中间区，指在该环境电磁波强度下长期居住、工作和生活的一切人群（包括婴儿、孕妇和老弱病残者），可能引起潜在性不良反应的区域；在此区内可建造工厂和机关，但不许建造居民住宅、学校、医院和疗养院等，已建造的必须采取适当的防护措施。

超过二级标准地区，对人体可带来有害影响；在此区内可做绿化或种植农作物，但禁止建造居民住宅及人群经常活动的一切公共设施，如机关、工厂、商店和影剧院等；如在此区内已有这些建筑，则应采取措施，或限制辐射时间。

放射性同位素在放射性工作场所以外地区空气中的限制浓度，按表9-11放射性工作场所空气中的最大容许浓度乘以表9-12所列比值控制计算。国际放射委员会提出了个人剂量限值的建议值，见表9-13。

表9-11　放射性同位素在露天水源中的限制浓度和放射性工作场所空气中的最大容许浓度

放射性同位素		露天水源中限制浓度①/（Bq/L）	放射性工作场所空气中的最大容许浓度②/（Bq/L）	放射性同位素		露天水源中的限制浓度①/（Bq/L）	放射性工作场所空气中的最大容许浓度②/（Bq/L）
名称	符号			名称	符号		
氚	^3H	1.1×10^4	1.9×10^2	氪	^{85}Kr	—	3.7×10^2
铍	^7Be	1.9×10^4	3.7×10^1	锶	^{90}Sr	2.6	3.7×10^{-2}
碳	^{14}C	3.7×10^3	1.5×10^2	碘	^{131}I	2.2×10^1	3.3×10^{-1}
硫	^{35}s	2.6×10^2	1.1×10^1	氙	^{131}Xe	—	3.7×10^2

续表

放射性同位素		露天水源中限制浓度①/（Bq/L）	放射性工作场所空气中的最大容许浓度②/（Bq/L）	放射性同位素		露天水源中的限制浓度①/（Bq/L）	放射性工作场所空气中的最大容许浓度②/（Bq/L）
名称	符号			名称	符号		
磷	^{32}p	1.9×10^2	2.6	铯	^{137}Cs	3.7×10^1	3.7×10^{-1}
氩	^{41}Ar	—	7.4×10^1	氡	^{220}Rn③	—	1.1×10^1
钾	^{42}K	2.2×10^2	3.7		^{222}Rn	—	1.1
铁	^{55}Fe	7.4×10^3	3.3×10^1	镭	^{226}Ra	1.1	1.1×10^{-3}
钴	^{60}CO	3.7×10^2	3.3×10^{-1}	铀	^{235}U	3.7×10^1	3.7×10^{-3}
镍	^{59}Ni	1.1×10^3	1.9×10^1	钍	^{232}Th	3.7×10^{-1}	7.4×10^{-3}
锌	^{65}Zn	3.7×10^2	2.2				

注：①露天水源地的限制浓度是为广大居民规定的，其他人员也适用此标准。

②放射性工作场所空气中的最大容许浓度值是为职业放射性工作人员规定的，工作时间按每周 40h 计算。

③矿井下的 ^{222}Rn 子体或 ^{226}Ra 子体的 α 潜能值不得大于 $4 \times 10^4 MeV/L$。

表9-12　比值控制

放射性同位素	比值	
	放射性工作场所相邻及附近地区	广大居民区
^3H、^{35}S、^{41}Ar、^{85}Kr、^{131}Xe	1月30日	1/300
^{14}C、^{55}Fe、^{59}Ni、^{65}Zn、^{90}Sr、^{226}Ra	1月30日	1/200
其他同位素	1月30日	1/100

表9-13　国际放射委员会建议的个人剂量限值

人员类别		基本极限值/（mSv/a）	
职业性个人	非随机效应	眼晶体	150
		其他组织	500
		全身均匀照射	50
	随机效应	全身均匀照射	50
		不均匀照射	<50

第十章

环境监测质量保证

第一节　环境监测质量保证的内容、目的和意义

一、环境监测质量保证和环境监测质量控制

（一）环境监测质量保证的定义

环境监测质量保证是对整个环境监测过程进行技术上、管理上的全面监督，以保证监测数据的准确性和可靠性。

（二）环境监测质量控制的定义

环境监测的质量控制是为了满足环境监测质量需求所采取的操作技术和活动。

环境监测的质量控制是环境监测质量保证的一部分，主要是对实验室的质量、管理进行监督，包括实验室内部质量控制和外部质量控制。

二、环境监测质量保证的内容

环境监测质量保证是整个环境监测过程的全面质量管理，包括制订计划；根据需要和可能确定监测指标及数据的质量要求；规定相应的分析监测系统。其内容包括采样、样品预处理、贮存、运输、实验室供应，仪器设备、器皿的选择和校准，试剂、溶剂和基准物质的选用，统一测量方法，质量控制程序，数据的记录和整理，各类人员的要求和技术培训，实验室的清洁度和安全，以及编写有关的文件、指南和手册等。

三、环境监测质量保证的目的

环境监测质量保证的目的是确保分析数据达到预定的准确度和精密度，避免出现错误

的或失真的监测数据，给环境保护相关工作造成误导和不可挽回的损失。

从质量保证和质量控制的角度出发，为了使监测数据能够准确地反映环境质量的现状并预测污染的发展趋势，要求环境监测数据具有代表性、完整性、准确性、精密性和可比性。

（1）代表性：表示在具有代表性的时间、地点，并按规定的采样要求采集的能反映总体真实状况的有效样品。

（2）完整性：表示取得有效监测资料的总量满足预期要求的程度或表示相关资料收集的完整性。

（3）准确性：表示测量值与真值的符合程度。一般以准确度来表征。

（4）精密性：表示多次重复测定同一样品的分散程度。一般以精密度来表征。

（5）可比性：表示在环境条件、监测方法、资料表达方式等可比条件下所获资料的一致程度。

四、环境监测质量保证的意义

环境监测质量保证是环境监测中十分重要的技术工作和管理工作。质量保证和质量控制，既是一种保证监测数据准确可靠的方法，也是科学管理实验室和监测系统的有效措施，它可以保证数据质量，使环境监测建立在可靠的基础之上。因此，环境监测质量保证的意义在于使各个实验室从采样到结果所提供的数据都有规定的准确性和可比性，以便做出正确的结论。

一个实验室或一个国家是否开展质量保证活动是表征该实验室或国家环境监测水平的重要标志。

第二节　监测实验室基础

一、实验用水

水是最常用的溶剂，配制试剂和标准物质、玻璃仪器的洗涤均需大量使用。它对分析质量有着广泛而根本的影响。在环境监测实验中，根据不同用途，需要采用不同质量的水。

（一）实验室用水的规格

国家标准《分析实验室用水规格和试验方法》（GB/T6682—2008）将适用于化学分析和无机痕量分析等试验用水分为三个级别：一级水、二级水和三级水。表10-1列出了各级实验室用水的规格。

表10-1　各级实验室用水的规格

项目	一级水	二级水	三级水
外观（目视观察）	无色透明液体		
pH范围（25℃）	—	—	5.0～7.5
电导率（25℃）（ms/m）≤	0.01	0.10	0.50
可氧化物质（以O计）（mg/L）≤	—	0.08	0.4
吸光度（254nm，1cm光程）≤	0.001	0.01	—
蒸发残渣（105℃±2℃）（mg/L）≤	—	1.0	2.0
可溶性硅（以SiO_2计）（mg/L）≤	0.01	0.02	—

（二）实验室用水的分类

实验室用水主要有以下三大类：蒸馏水、去离子水、特殊用水。

1.蒸馏水

蒸馏水的质量因蒸馏器的材料与结构而异，水中常含有可溶性气体和挥发性物质。现在介绍几种常用蒸馏器及其所得蒸馏水的用途：金属蒸馏器所获得的蒸馏水含有微量金属杂质，而玻璃蒸馏器由含低碱高硅硼酸盐的"硬质玻璃"制成，所得的水中含痕量金属。石英蒸馏器含99.9%以上的二氧化硅，所得蒸馏水仅含痕量金属杂质，不含玻璃溶出物。亚沸蒸馏器是由石英制成的自动补液蒸馏装置，其热源功率很小，使水在沸点以下缓慢蒸发，故而不存在雾滴污染问题，所得蒸馏水几乎不含金属杂质。

2.去离子水

去离子水是用阳离子交换树脂和阴离子交换树脂以一定形式组合进行水处理。去离子水含金属杂质极少，适于配制痕量金属分析用的试液，因其含有微量树脂浸出物和树脂崩解微粒，所以不适于配制有机分析试液。

3.特殊用水

在分析某些指标时，对分析过程中所用的纯水中这些指标的含量应越低越好，因此，以下提出了某些特殊要求的纯水以及制取方法。

（1）无氯水：加入亚硫酸钠等还原剂将水中余氯还原为氯离子，以联邻甲苯胺检查不显黄色。用附有缓冲球的全玻璃蒸馏器（以下各项的蒸馏同此）进行蒸馏制得。

（2）无氨水：加入硫酸至pH小于2，使水中各种形态的氨或胺均转变成不挥发的盐类，收集馏出液即得，但应注意避免实验室空气中存在的氨对水的重新污染。

（3）无二氧化碳水：可由两种方法制得。第一种方法是煮沸法：将蒸馏水或去离子水煮沸至少10min（水多时），或使水量蒸发10%以上（水少时），加盖放冷即得。第二种方法是曝气法：用惰性气体或纯氮通入蒸馏水或去离子水至饱和即得。

制得的无二氧化碳水应贮于以附有碱石灰管的橡皮塞盖严的瓶中。

（4）无铅（重金属）水：用氢型强酸性阳离子交换树脂处理原水即得。所用贮水器应事先用6mol/L硝酸溶液浸泡过夜再用无铅水洗净。

（5）无砷水：一般蒸馏水和去离子水均能达到基本无砷的要求。应避免使用软质玻璃制成的蒸馏器、贮水瓶和树脂管。进行痕量砷分析时，必须使用石英蒸馏器、石英贮水瓶、聚乙烯树脂管。

（6）无酚水：通常采用加碱蒸馏法制取。加氢氧化钠至水的pH大于11，使水中的酚生成不挥发的酚钠后蒸馏即得；也可同时加入少量高锰酸钾溶液至水呈深红色后进行蒸馏。

（7）不含有机物的蒸馏水：加入少量高锰酸钾碱性溶液，使水呈紫红色，进行蒸馏即得。若蒸馏过程中红色褪去应补加高锰酸钾。

二、化学试剂

（一）化学试剂的分类

一般按试剂的化学组成或用途分类，分为无机试剂、有机试剂、基准试剂、等效试剂、食品分析试剂、生化试剂、指示剂和试纸、高纯物质、标准物质、液晶。

（二）化学试剂的规格及应用范围

1.分类

规格按纯度和作用要求分为化学纯试剂、分析纯试剂、优级纯试剂、基准试剂、光谱纯试剂和色谱纯试剂。

2.应用范围

（1）化学纯试剂：为三级试剂，简写为CP，一般瓶上用深蓝色标签。主成分含量高、纯度较高，存在干扰杂质，适用于化学实验和合成制备。

（2）分析纯试剂：为二级试剂，简写为AR，一般瓶上用红色标签。主成分含量很高、纯度较高，干扰杂质很低，适用于工业分析及化学实验。

（3）优级纯试剂：又称保证试剂，为一级试剂，简写为GR，一般瓶上用绿色标签。主成分含量很高、纯度很高，适用于精确分析和研究工作，有的可作为基准物质。

（4）基准试剂：简写为PT，可直接配制标准溶液，专门作为基准物用。

（5）光谱纯试剂：简写为SP，用于光谱分析。适用于分光光度计标准品、原子吸收光谱标准品、原子发射光谱标准品。

（6）色谱纯试剂：分为气相色谱（GC）分析专用和液相色谱（LC）分析专用。质量指标注重干扰色谱峰的杂质。主成分含量高。

3.化学试剂的标签颜色

我国国家标准《化学试剂包装及标志》（GB15346—2012）规定用不同的颜色标记化学试剂的等级及门类，见表10-2。

表10-2　化学试剂的标签颜色

级别	中文标志	英文标志	标签颜色
一级	优级纯	GR	绿色
二级	分析纯	AR	红色
三级	化学纯	CP	深蓝色
	基准试剂	PT	深绿色

4.化学试剂的使用方法

（1）应熟悉最常用的试剂的性质，如市售酸碱的浓度，试剂在水中的溶解度，有机溶剂的沸点，试剂的毒性等。

（2）要注意保护试剂瓶上的标签，它标明了试剂的名称、规格、质量，万一掉失应照原样贴牢。分装或配制试剂后应立即贴上标签。绝不可在瓶中装上不是标签指明的物质。无标签（无法识别）或失效（不能使用）的试剂要按照国家相关规定妥善处理、处置。

（3）为保证试剂不受沾污，应当用清洁的牛角勺从试剂瓶中取出试剂。

（4）不可用鼻子对准试剂瓶口猛吸气。

（5）试剂均应避免阳光直射及靠近暖气等热源。

（6）应根据实验要求恰当地选用不同规格的试剂。

三、分析仪器

分析仪器的应用领域十分广泛，有的用于生产过程分析，有的用于环境监测，还有许多用于各个学科和企业部门的实验室。为了适应不同的需要，分析仪器的结构比较庞杂。

在环境监测过程中，分析仪器是常用的基本工具。其质量和性能的好坏会直接影响分析结果的准确性和精密度。常用的分析仪器有玻璃类仪器、天平、烘箱及专用监测仪器等。

常用的玻璃类仪器有烧杯、量筒、移液管、滴定管、容量瓶等。在分析工作中，洗涤玻璃仪器不仅是一项必须做的实验前的准备工作，也是一项技术性的工作。仪器洗涤是否符合要求，对检验结果的准确度和精密度均有影响。

环境检测实验室的天平按照其精确度可分为以下三种。

（1）托盘天平。常用的精确度不高的天平。由托盘、横梁、平衡螺母、刻度尺、指针、刀口、底座、分度标尺、游码、砝码等组成。精确度一般为0.1g或0.2g。

（2）分析天平。分析天平一般是指能精确称量到0.0001g（0.1mg）的天平。

（3）电子天平。用电磁力平衡被称物体重力的天平称之为电子天平。其特点是称量准确可靠、显示快速清晰，并且具有自动检测系统、简便的自动校准装置以及超载保护等装置。电子天平甚至可以称出一个血红蛋白的质量。

专用监测仪器有pH计、电导率仪、紫外-可见分光光度计、原子吸收分光光度计、气象色谱仪、液相色谱仪、ICP、FTIR、GC-MS、HLPC-MS等。

四、实验室管理制度

实验室作为实践教学中的重要手段，在学习和教学中扮演了重要的角色。正是认识到了实验室教学的重要性，各个学校的实验室相继落成。实验室的仪器、耗材、低值品等的需求也越来越大，古老的登记管理方式已经无法满足需求。

面对日益增多的实验教学需求，古老的人工管理方式和人工预约方式受到了强烈的冲击，更加简便、清晰、规范的实验室管理系统应运而生。

通过使用实验室管理系统实现高校实验室、实验仪器与实验耗材管理的规范化、信息化；提高实验教学特别是开放实验教学的管理水平与服务水平；为实验室评估、实验室建设及实验教学质量管理等决策提供数据支持；智能生成每学年教育部数据报表，协助高校完成数据上报工作。运用计算机技术，特别是现代网络技术，为实验室管理、实验教学管理、仪器设备管理、低值品与耗材管理、实验室建设与设备采购、实验室评估与评教、实践管理、数据与报表等相关事务进行网络化的规范管理。

第三节　监测数据统计处理

一、数据处理和结果表述

（一）有效数字及有效数字的记录

1.有效数字

有效数字是指在分析和测量中所能得到的有实际意义的数字。有效数字的位数反映了计量器具的精密度和准确度。记录和报告的结果只包含有效数字，对有效数字的位数不能任意增删。因此，必须按照实际工作需要对测量结果的原始数据进行处理。

2.有效数字的记录

有效数字保留的位数，应根据分析方法与仪器的准确度来确定，一般使测得的数值中只有最后一位是可疑的。

例如，在分析天平上称取试样0.5000g，这不仅表明试样的质量为0.5000g，还表明称量的误差在±0.0002g以内；如将其质量记录成0.50g，则表明该试样是在台称上称量的，其称量误差为0.02g，故记录数据的位数不能任意增加或减少。

如在上例中，在分析天平上测得称量瓶的质量为10.4320g，这个记录有6位有效数字，最后一位是可疑的。因为分析天平只能准确到0.0002g，即称量瓶的实际质量应为10.4320±0.0002g，无论计量仪器如何精密，其最后一位数字总是估计出来的。因此，所谓有效数字就是保留末一位不准确数字，其余数字均为准确数字。同时，从上面的例子也可以看出有效数字和仪器的准确度有关，即有效数字不仅表明数量的大小而且也反映测量的准确度。

3.有效数字中"0"的意义

"0"在有效数字中有两种意义：一种是作为数字定值，另一种是有效数字。

例如，在分析天平上称量物质，得到如下质量：物质质量分别为10.1430g、2.1045g、0.2104g、0.0120g，其有效数字的位数分别为6位、5位、4位、3位。以上数据中"0"所起的作用是不同的。在10.1430中两个"0"都是有效数字，所以它有6位有效数字。在2.1045中的"0"也是有效数字，所以它有5位有效数字。在0.2104中，小数点前面的"0"是定值用的，不是有效数字，而在数据中的"0"是有效数字，所以它有4位有效数字。在

0.0120中，"1"前面的两个"0"都是定值用的，而末尾的"0"是有效数字，所以它有3位有效数字。

综上所述，数字中间的"0"和末尾的"0"都是有效数字，而数字前面所有的"0"只起定值作用。以"0"结尾的正整数，有效数字的位数不确定。例如，4500这个数，就无法确定是几位有效数字，可能为2位或3位，也可能是4位。遇到这种情况，应根据实际有效数字书写成：4.5×10^3表示有2位有效数字，4.50×10^3表示有3位有效数字，4.500×10^3表示有4位有效数字。因此，很大或很小的数，常用10的乘方表示。当有效数字确定后，在书写时一般只保留一位可疑数字，多余数字按数字修约规则处理。对于滴定管、移液管和吸量管，它们都能准确测量溶液体积到0.01mL。所以当用50mL滴定管测定溶液体积时，如测量体积大于10mL、小于50mL时，应记录为4位有效数字，如写成24.22mL；如测定体积小于10mL，应记录3位有效数字，如写成8.13mL。当用25mL移液管移取溶液时，应记录为25.00mL；当用5mL移液管移取溶液时，应记录为5.00mL。当用250mL容量瓶配制溶液时，所配溶液体积应记录为250.0mL。当用50mL容量瓶配制溶液时，应记录为50.00mL。总而言之，测量结果所记录的数字，应与所用仪器测量的准确度相适应。

（二）有效数字的修约规则

各种测量、计算的数据需要修约时，应遵守下列规则。

四舍六入五考虑。

五后非零则进一。

五后皆零视奇偶。

五前为偶应舍去。

五前为奇则进一。

（三）近似计算法则

1.加减运算

应以各数中有效数字末位数的数位最高者为准（小数即以小数部分位数最少者为准），其余数均比该数向右多保留一位有效数字。

2.乘除运算

应以各数中有效数字位数最少者为准，其余数均多取一位有效数字，所得积或商也多取一位有效数字。

3.平方或开方运算

其结果可比原数多保留一位有效数字。

4.对数运算

所取对数位数应与真数有效数字位数相等。

在所有计算式中，常数 π 、e的数值以及因子 $\sqrt{2}$ 等的有效数字位数，可认为无限制，需要几位就取几位。表示精度时，一般取一位有效数字，最多取两位有效数字。

（四）误差的基本概念

由于人们认识能力的局限、科学技术水平的限制，以及测量数值不能以有限位数表示（如圆周率 π ）等原因，在对某一对象进行试验或测量时，所测得的数值与其真实值不会完全相等，这种差异即称为误差。但是随着科学技术的发展，人们认识水平的提高，实践经验的增加，测量的误差数值可以被控制在很小的范围，或者说测量值可以更接近于其真实值。

1.真值

真值即真实值，是指在一定条件下，被测量客观存在的实际值。真值通常是个未知量，一般所说的真值是指理论真值、规定真值和相对真值。

（1）理论真值：理论真值也称绝对真值，如平面三角形三内角之和恒为180°。

（2）规定真值：国际上公认的某些基准量值，如1960年国际计量大会规定"1m等于真空中氪86原子的$2P_{10}$和$5d_5$能级之间跃迁时辐射的1650763.73个波长的长度"。1982年，国际计量局召开的米定义咨询委员会提出新的米定义为"米等于光在真空中1/299792458秒时间间隔内所经路径的长度"。这个米基准就当作计量长度的规定真值。规定真值也称约定真值。

（3）相对真值：计量器具按精度不同分为若干等级，上一等级的指示值即为下一等级的真值，此真值称为相对真值。例如，在力值的传递标准中，用二等标准测力计校准三等标准测力计，此时二等标准测力计的指示值即为三等标准测力计的相对真值。

2.误差

根据误差表示方法的不同，分为绝对误差和相对误差。

（1）绝对误差：是指实测值与被测之量的真值之差，但是，大多数情况下，真值是无法得知的，因而绝对误差也无法得到。一般只能应用一种更精密的量具或仪器进行测量，所得数值称为实际值，它更接近真值，并用它代替真值计算误差。

绝对误差具有以下性质：①它是有单位的，与测量时采用的单位相同。②它能表示测量的数值是偏大还是偏小以及偏离程度。③它不能确切地表示测量所达到的精确程度。

（2）相对误差：是指绝对误差与被测真值（或实际值）的比值，相对误差不仅反映测量的绝对误差，而且能反映出测量时所达到的精度。相对误差具有以下性质：①它是无单位的，通常以百分数表示，而且与测量所采用的单位无关，而绝对误差则不然，测量单位改变，其值亦变。②能表示误差的大小和方向，因为相对误差大时绝对误差亦大。③能表示测量的精确程度。

因此，通常都用相对误差来表示测量误差。

3.误差的来源

在任何测量过程中，无论采用多么完善的测量仪器和测量方法，也无论在测量过程中怎样细心和注意，都不可避免地存在误差。产生误差的原因是多方面的，可以归纳如下。

（1）装置误差。主要由设备装置的设计制造、安装、调整与运用引起的误差。如试验机示值误差，等臂天平不等臂，仪器安装不垂直、偏心等。

（2）环境误差。由于各种环境因素达不到要求的标准状态所引起的误差。如混凝土养护条件达不到标准的温度、湿度要求等。

（3）人员误差。测试者生理上的最小分辨力和固有习惯引起的误差。如对准示值读数时，始终偏左或偏右、偏上或偏下、偏高或偏低。

（4）方法误差。测试者未按规定的操作方法进行试验所引起的误差。如强度试验时，试块放置偏心，加荷速度过快或过慢等。

在此需要指出的是，以上几种误差来源，有时是联合作用的，在进行误差分析时，可作为一个独立的误差因素来考虑。

4.误差的分类

误差就其性质而言，可分为系统误差、随机误差（或称偶然误差）和过失误差（或称粗差）。

（1）系统误差。在同一条件下，多次重复测试同一量时，误差的数值和正负号有较明显的规律。系统误差通常在测试之前就已经存在，而且在试验过程中，始终偏离一个方向，在同一试验中其大小和符号相同。例如，试验机示值的偏差等。系统误差容易识别，并可通过试验或用分析方法掌握其变化规律，并在测量结果中加以修正。

系统误差的来源：仪器误差、方法误差、试剂误差和操作误差。

系统误差的特点：单向性、重复性和可测性。

（2）随机误差。在相同条件下，多次重复测试同一量时，出现误差的数值和正负号没有明显的规律，它是由许多难以控制的微小因素造成的。例如，原材料特性的正常波动、试验条件的微小变化等。由于每个因素出现与否，以及这些因素所造成的误差大小、方向事先无法知道，有时大、有时小，有时正、有时负，其发生完全出于偶然，因而很难在测试过程中加以消除。但是，完全可以掌握这种误差的统计规律，用概率论与数理统计方法对数据进行分析和处理，以获得可靠的测量结果。

随机误差的来源：可能是由于环境（气压、温度、湿度）的偶然波动或仪器的性能、分析人员对各试样处理不一致所产生的。

随机误差的特点：不确知性和随机性。

（3）过失误差。过失误差明显地歪曲了试验结果，如测错、读错、记错或计算错误等。含有过失误差的测量数据是不能采用的，必须利用一定的准则从测得的数据中剔除。因此，在进行误差分析时，只考虑系统误差与随机误差。

过失误差的来源：因操作不细心、加错试剂、读数错误、计算错误等引起结果的差异。

5.控制和消除误差的方法

（1）正确选取样品量。

（2）增加平行测定次数，减少偶然误差。

（3）对照试验。

（4）空白试验。

（5）校正仪器和标定溶液。

（6）严格遵守操作规程。

6.偏差

个别测量值和多次测量均值之差。分为绝对偏差、相对偏差、平均偏差、相对平均偏差、标准平均偏差等。

（1）绝对偏差。测定值与均值之差，用d表示。

$$d = x - \bar{x}$$

（2）相对偏差。绝对偏差与均值之比，以d_r表示，常以百分数表示。

$$d_r = \frac{d}{\bar{x}} \times 100\%$$

（3）平均偏差。又称算术平均偏差，是绝对偏差绝对值之和的平均值，常以$\bar{d}$表示，用来表示一组数据的精密度。

$$\bar{d} = \frac{1}{n}\sum_{i=1}^{n}|d_i| = \frac{1}{n}\left(|d_1| + |d_2| + |d_3| + \cdots + |d_n|\right)$$

（4）相对平均偏差。是平均偏差与均值之比，常以百分数表示。

$$相对平均偏差 = \frac{\bar{d}}{\bar{x}} \times 100\%$$

（5）差方和。又称离差平方或平方和，是指绝对偏差的平方值和，用S表示。

$$S = \sum_{i=1}^{n}\left(x_i - \bar{x}\right)^2$$

（6）样本方差。以s^2表示。

$$s^2 = \frac{1}{n-1}\sum_{i=1}^{n}\left(x_i - \bar{x}\right)^2 = \frac{1}{n-1}S$$

（7）样本标准偏差。以s或S_D表示。

$$s = \sqrt{\frac{1}{n-1}\sum_{i=1}^{n}\left(x_i - \bar{x}\right)^2} = \sqrt{\frac{1}{n-1}S} = \sqrt{\frac{\sum_{i=1}^{n}x^2_{i} - \frac{\left(\sum_{i=1}^{n}x_i\right)^2}{n}}{n-1}}$$

（8）样本相对标准偏差。又称变异系数，是样本标准偏差在样本均值中所占的百分数，用Cv表示。

$$Cv = \frac{s}{\bar{x}} \times 100\%$$

7.极差

极差是一组测量值中的最大值减去最小值之差，表示误差的范围。

8.总体和个体

研究对象的全体称为总体，其中一个单位叫个体。

9.样本和样本容量

总体中的一部分叫样本，样本中含有个体的数目叫此样本的容量，记作n。

10.平均数

平均数代表一组变量的平均水平或集中趋势，样本观测中的大多数测量值靠近平均数。

（1）算术均数。简称均数，是最常用的平均数。

$$样本均数\ \bar{x} = \frac{1}{n}\sum_{i=1}^{n}x_i$$

$$总体均数\ \mu = \lim_{n \to \infty}\frac{1}{n}\sum_{i=1}^{n}x_i$$

（2）几何均数。当变量呈等比关系时，常需用几何均数。

$$\bar{x}_g = (x_1, x_2, \cdots\cdots, x_n)^{\frac{1}{n}} = \lg^{-1}\left(\frac{\sum \lg x_i}{n}\right)$$

（3）中位数。将各数据按大小顺序排列，位于中间的数据即为中位数，若为偶数取中间两数的平均值。

（4）众数。一组数据中出现次数最多的一个数据。

平均数表示集中趋势，当监测数据是正态分布时，其算术均数、中位数和众数三者重合。衡量数据离散程度的量有：极差、平均偏差、标准偏差、变异系数。

（五）监测结果的表述

对于一个指定的试样的某一个指标的测定，其结果表达方式一般有以下几种。

1.用算术均值 $\bar{x}$ 代表集中趋势

测定过程中，排除系统误差和过失误差，只存在随机误差时，当测定次数为无限多时的总体均值（μ）与真值（x_i）非常接近，但是实际情况是只能测定有限次数。因此，样本的算术平均数是代表集中趋势表达监测结果最常见的一种方式。

2.用算术均数和标准偏差表示测定结果的精密度（$\bar{x} \pm s$）

算术均数代表集中趋势，标准偏差表示离散程度。算术平均数代表性的大小与标准偏差的大小有关，即标准偏差大，算术平均数代表性小，反之亦然。因此，监测结果常用 $\bar{x} \pm s$ 来表示。

3.用标准偏差和相对标准偏差（$\bar{x} \pm s$，Cv）表示结果

标准偏差大小还与所测均数水平或测量单位有关。不同水平或单位的测定结果之间，标准偏差是无法进行比较的，而相对标准偏差在一定范围内可用来比较不同水平或单位测定结果之间的变异程度。

4.均数置信区间和"t"值

均数置信区间是考察样本均数（$\bar{x}$）与总体均数（μ）之间的关系，即以样本均数代表总体均数的可靠程度。当从同一总体中随机抽取足够量的大小相同的样本，并对它们测定得到一批样本均数，如果原总体是正态分布，则这些样本均数的分布将随样本容量（n）的增大而趋向正态分布。

样本均数的均数符号为 $\bar{x}$，样本均数的标准偏差符号为 $s_{\bar{x}}$。标准偏差 x（s）只表示个体变量值的离散程度，而均数标准偏差表示样本均数的离散程度。

均数标准偏差的大小与总体标准偏差成正比，与样本含量的平方根成反比。

$$s_{\bar{x}} = \frac{s}{\sqrt{n}}$$

由于总体标准偏差不可知，故只能用样本标准偏差来代替，这样计算所得的均数标准偏差仅为估计值，均数标准偏差的大小反映抽样误差的大小，其数值越小则样本均数越接近总体均数，以样本均数代表总体均数的可靠性就越大；反之，均数标准偏差越大，则样本均数的代表性越不可靠。

样本均数与总体均数之差对均数标准差的比值称为t值。

$$t = \frac{\bar{x} - \mu}{s_{\bar{x}}}$$

上式有明确的概率意义，它表明真值 μ 落在置信区间（$\mu = \bar{x} - t\frac{s}{\sqrt{n}}$，$\mu = \bar{x} + t\frac{s}{\sqrt{n}}$）的置信概率为 P。

二、方差分析

方差分析是统计学上的一个概念，又称"变异数分析"或"F检验"，是R.A.Fisher发明的，用于两个及两个以上样本均数差别的显著性检验。

方差分析是分析试验数据和测量数据的一种常用的统计方法。环境监测是一个复杂的过程，各种因素的改变都可能对测量结果产生不同程度的影响。方差分析就是通过分析数据弄清与研究对象有关的各个因素对该对象是否存在影响以及影响程度和性质。在实验室的质量控制、协作试验、方法标准化以及标准物质的制备工作中，经常采用方差分析。

方差分析的应用条件如下。

（1）各样本须是相互独立的随机样本。

（2）各样本来自正态分布总体。

（3）各样本的总体方差相等，即具有方差齐性。

（一）方差分析中的名词

1.单因素试验和多因素试验

一项试验中只有一种可改变的因素叫单因素试验，具有两种以上可改变因素的试验称为多因素试验。在数理统计中，通常用A、B等表示因素，在实际工作中可酌情自定，如不同实验室用L表示，不同方法用M表示等。

2.水平

因素在试验中所处的状态称为水平。例如，比较使用同一分析方法的五个实验室是否具有相同的准确度，该因素有五个水平；比较三种不同类型的仪器是否存在差异，该因素有三个水平；比较九瓶同种样品是否均匀，该因素有九个水平。在数理统计中，通常用a、b等表示因素A、B等的水平数。在实际工作中可酌情自定，如因素I的水平数用i表示，因素M的水平数用m表示等。

3.总变差及总差方和

在一项试验中，全部试验数据往往参差不齐，这一总的差异称为总变差。总变差可以用总差方和ST来表示。ST可分解为随机作用差方和与水平间差方和。

4.随机作用差方和

产生总变差的原因中，部分原因是试验过程中各种随机因素的干扰与测量中随机误差的影响，表现为同一水平内试验数据的差异，这种差异用随机作用差方和SE表示。在实际问题中SE常代之以具体名称，如平行测定差方和、组内差方和、批内差方和、室内差方和等。

5.水平间差方和

产生总变差的另一部分原因是来自试验过程中不同因素以及因素所处的不同水平的影响，表现为不同水平试验数据均值之间的差异，这种差异用各因素（包括交互作用）的水平间差方和S_A、S_B、$S_{A \times B}$等表示，在实际问题中常代之以具体名称，如重复测定差方和、组间差方和、批间差方和、室间差方和等。

在多因素试验中，不仅各个因素在起作用，而且各因素间有时能联合起来起作用，这种作用被称为交互作用。如因素A与B的交互作用表示为$A \times B$。

（二）假定条件和假设检验

1.方差分析的假定条件

（1）各处理条件下的样本是随机的。

（2）各处理条件下的样本是相互独立的，否则可能出现无法解析的输出结果。

（3）各处理条件下的样本分别来自正态分布总体，否则使用非参数分析。

（4）各处理条件下的样本方差相同，即具有齐效性。

2.方差分析的假设检验

假设有K个样本，如果原假设样本均数相同，K个样本有共同的方差a，则K个样本来自具有共同方差a和相同均值的总体。

如果经过计算，组间均方远远大于组内均方，则推翻原假设，说明样本来自不同的正态总体，说明处理造成均值的差异有统计意义；否则承认原假设，样本来自相同总体，处理间无差异。

（三）基本步骤

整个方差分析的基本步骤如下。

（1）建立检验假设。

H_0：多个样本总体均值相等。

H_1：多个样本总体均值不相等或不全等。

检验水准为0.05。

（2）计算检验统计量F值。

（3）确定P值并得出推断结果。

（四）相关分类

1.单因素方差分析

单因素方差分析是用来研究一个控制变量的不同水平是否对观测变量产生了显著影响。此处，由于仅研究单个因素对观测变量的影响，因此称为单因素方差分析。

例如，分析不同施肥量是否给农作物产量带来显著影响，考察地区差异是否影响妇女的生育率，研究学历对工资收入的影响等。这些问题都可以通过单因素方差分析得到答案。

单因素方差分析的第一步是明确观测变量和控制变量。例如，上述问题中的观测变量分别是农作物产量、妇女生育率、工资收入；控制变量分别为施肥量、地区、学历。

单因素方差分析的第二步是剖析观测变量的方差。方差分析认为观测变量值的变动会受控制变量和随机变量两个方面的影响。据此，单因素方差分析将观测变量总的离差平方和分解为组间离差平方和与组内离差平方和两部分，用数学形式表述为：SST=SSA+SSE。

单因素方差分析的第三步是通过比较观测变量总离差平方和各部分所占的比例，推断控制变量是否给观测变量带来了显著影响。

单因素方差分析原理：在观测变量总离差平方和中，如果组间离差平方和所占比例较大，则说明观测变量的变动主要是由控制变量引起的，可以主要由控制变量来解释，控制变量给观测变量带来了显著影响；反之，如果组间离差平方和所占比例小，则说明观测变量的变动不是主要由控制变量引起的，不可以主要由控制变量来解释，控制变量的不同水平没有给观测变量带来显著影响，观测变量值的变动是由随机变量因素引起的。

单因素方差分析基本步骤如下。

（1）提出原假设：H_0——无差异；H_1——有显著差异。

（2）选择检验统计量：方差分析采用的检验统计量是F统计量，即F值检验。

（3）计算检验统计量的观测值和概率P值：该步骤的目的就是计算检验统计量的观测值和相应的概率P值。

（4）给定显著性水平，并做出决策。

单因素方差分析的进一步分析：在完成上述单因素方差分析的基本分析后，可得到关于控制变量是否对观测变量造成显著影响的结论，接下来还应做其他几个重要分析，主要包括方差齐性检验、多重比较检验。

方差齐性检验：是对控制变量不同水平下各观测变量总体方差是否相等进行检验。

前面提到，控制变量各水平下的观测变量总体方差无显著差异是方差分析的前提要求。如果没有满足这个前提要求，就不能认为各总体分布相同。因此，有必要对方差是否齐性进行检验。

单因素方差分析中，方差齐性检验采用了方差同质性检验方法，其原假设是：各水平下观测变量总体的方差无显著差异。

多重比较检验：单因素方差分析的基本分析只能判断控制变量是否对观测变量产生了显著影响。如果控制变量确实对观测变量产生了显著影响，还应进一步确定控制变量的不同水平对观测变量的影响程度如何，其中哪个水平的作用明显区别于其他水平，哪个水平的作用是不显著的等。

例如，如果确定了不同施肥量对农作物的产量有显著影响，那么还需要了解10kg、20kg、30kg肥料对农作物产量的影响幅度是否有差异，其中哪种施肥量水平对提高农作物产量的作用不明显，哪种施肥量水平最有利于提高产量等。掌握了这些重要的信息就能够帮助人们制定合理的施肥方案，实现低投入高产出。

多重比较检验利用全部观测变量值，实现对各个水平下观测变量总体均值的逐对比较。由于多重比较检验问题也是假设检验问题，因此也应遵循假设检验的基本步骤。

2.多因素方差分析

多因素方差分析基本思想：多因素方差分析用来研究两个及两个以上控制变量是否对观测变量产生显著影响。由于研究多个因素对观测变量的影响，因此称为多因素方差分析。多因素方差分析不仅能够分析多个因素对观测变量的独立影响，而且能够分析多个控制因素的交互作用能否对观测变量的分布产生显著影响，进而最终找到利于观测变量的最优组合。

例如，分析不同品种、不同施肥量对农作物产量的影响时，可将农作物产量作为观测变量，品种和施肥量作为控制变量。利用多因素方差分析方法，研究不同品种、不同施肥量是如何影响农作物产量的，并进一步研究哪个品种与哪种水平的施肥量是提高农作物产量的最优组合。

3.协方差分析

通过上述分析可以看到，不论是单因素方差分析还是多因素方差分析，控制因素都是可控的，其各个水平可以通过人为的努力得到控制和确定。但在许多实际问题中，有些因素是很难人为控制的，但这些因素的不同水平确实又对观测变量产生了较为显著的影响。

例如，在研究农作物产量问题时，如果仅考虑不同施肥量、品种对农作物产量的影响，而不考虑不同地块等因素的影响，显然是不全面的。事实上，有些地块可能有利于农作物的生长，而有些地块却不利于农作物的生长。如果不考虑这些因素进行分析可能会导致：即使不同的施肥量、不同品种的农作物对产量没有产生显著影响，但分析的结论却可能相反。

再例如，分析不同的饲料对生猪增重是否产生显著差异。如果只分析饲料的作用，而不考虑生猪各自不同的身体条件（如初始体重不同），那么得出的结论很可能是不准确的。因为，体重增重的幅度在一定程度上是受到诸如初始体重等其他因素的影响的。

协方差分析的原理：协方差分析将人为难以控制的控制因素作为协变量，并在排除协变量对观测变量影响的条件下，分析控制变量（可控）对观测变量的作用，从而更加准确地对控制因素进行评价。

协方差分析仍然依凭方差分析的基本思想，并在分析观测变量变差时，考虑了协变量的影响，人为观测变量的变动受以下四个方面的影响：即控制变量的独立作用、控制变量的交互作用、协变量的作用和随机因素的作用，并在去除协变量的影响后，再分析控制变量的影响。

方差分析中的原假设是：协变量对观测变量的线性影响是不显著的；在协变量影响去除的条件下，控制变量各水平下观测变量的总体均值无显著差异，控制变量各水平对观测变量的效应同时为零。检验统计量仍采用F统计量，它们是各均方与随机因素引起的均方比。

三、测量结果的统计检验

与正常数据不是来自同一分布总体，明显歪曲试验结果的测量数据，称为离群数据；可能会歪曲试验结果，但尚未经检验断定其是否是离群数据的测量数据，称为可疑数据。

在数据处理时，必须剔除离群数据以使测定结果更符合客观实际。正常数据总有一定的分散性，如果人为地删去一些误差较大但并非离群的测量数据，那么由此得到精密度很高的测量结果并不符合客观实际。因此，对可疑数据的取舍必须遵循一定的原则。

测量中发现明显的系统误差和过失误差，由此而产生的数据应随时剔除。而可疑数据的取舍应采用统计方法判别，即离群数据的统计检验。检验的方法有很多，现介绍最常用的一种。

对监测结果进行统计检验是对分析结果的准确度进行检验。影响准确度的因素很多，除偶然误差外，主要由系统误差引起。

（一）均值检验方法（t检验法）

发现隐藏在随机误差后面的系统误差。发现大于或与随机误差大小相等的系统误差。如精密度越高，随机误差越小，那么即使小的系统误差也易被发现。

1.平均值（样本均数）与标准值（总体均数）的显著性检验（t检验法）

检查分析方法或操作过程是否存在较大系统误差，可对标样进行若干次分析，再利用t检验法比较分析结果的均值与标准值是否存在显著性差异。若有显著性差异，则存在系统误差，否则就是由偶然误差引起的。

检验步骤如下。

（1）计算 t 值，$t_{计}=\dfrac{|\bar{x}-\mu|}{s}\sqrt{n}$。

（2）根据自由度 f 与置信度 P，求得 t 值。

（3）将与 $t_{计}$ 进行比较，若 $t_{计}$ 小于 t，则无显著性差异，反之，则存在显著性差异。

2.两组平均值的检验（t 检验法）

不同的人、不同的方法、不同的仪器对同一种试样进行分析时，所得平均值一般不会相等。t 检验法是检验两组平均值之间是否存在显著性差异的一种统计假设检验方法。例如，检验两个分析人员的测定结果有无显著性差异或两种测定方法有无显著性差异。

检验步骤如下。

（1）计算，$t_{计}=\dfrac{|\bar{x}_1-\bar{x}_2|}{s_{合}}\sqrt{\dfrac{n_1 n_2}{n_1+n_2}}$，$s_{合}=\sqrt{\dfrac{(n_1-1)\cdot s_1^2+(n_2-1)\cdot s_2^2}{n_1+n_2-2}}$。

（2）用 $P=95\%$，$F=n_1+n_2-2$ 的值查表10-3，得 t 值。

（3）t 与 $t_{计}$ 比较，若 $t_{计}$ 小于 t，则无显著性差异；反之，则存在显著性差异。

（二）F检验法（方差分析）

方差是描述分散程度的，因此方差检验实际上是有关分散程度的检验，两个总体方差是否一致，或者说两组数据是否等精度，可用 F 检验法。

检验步骤如下。

（1）计算出两组数据的标准方差的平方 $S_{大}^2$、$S_{小}^2$。

（2）计算 $F_{计}=\dfrac{S_{大}^2}{S_{小}^2}$。

（3）查表10-3，得 F 值，与 $F_{计}$ 比较。

（4）若 $F_{计}$ 小于 F，则无显著性差异；反之，则存在显著性差异。

表10-3　置信度95%时F值（单边）

$F_{小}$	$F_{大}$									
	2	3	4	5	6	7	8	9	10	∞
2	19.0	19.16	19.25	19.30	19.33	19.36	19.37	19.38	19.39	19.5
3	9.55	9.28	9.12	9.01	8.94	8.88	8.84	8.81	8.78	8.53
4	6.94	6.59	6.39	6.26	6.16	6.09	6.04	6.00	5.96	5.63
5	5.79	5.41	5.19	5.05	4.95	4.88	4.82	4.78	4.74	4.36

$F_小$	$F_大$									
	2	3	4	5	6	7	8	9	10	∞
6	5.14	4.76	4.53	4.39	4.28	4.21	4.51	4.10	4.06	3.67
7	4.74	4.35	4.12	3.97	3.87	3.79	3.73	3.68	3.63	3.23
8	4.46	4.07	3.84	3.69	3.58	3.50	3.44	3.39	3.34	2.93
9	4.26	3.86	3.63	3.48	3.37	3.29	3.23	3.18	3.13	2.71
10	4.10	3.71	3.48	3.33	3.22	3.14	3.07	3.02	2.97	2.54
∞	3.00	3.60	2.37	3.21	2.10	2.01	1.94	1.88	1.83	1.00

（三）监测数据的回归处理与相关分析

在环境监测中经常要了解各种参数之间是否有联系，可用一元线性回归处理的方法判断各参数之间的联系。

若两个变量x和y之间存在一定的关系，并通过试验获得x和y的一系列数据，用数学处理的方法得出这两个变量之间的关系式，就是回归分析，也就是工程上所说的拟合问题，所得关系式称为经验公式，或回归方程、拟合方程。

如果两个变量x和y之间的关系是线性关系，就称为一元线性回归或称直线拟合。如果两个变量之间的关系是非线性关系，则称为一元非线性回归或曲线拟合。

1.相关和直线回归方程

变量之间的关系有以下两种主要类型。

（1）确定性关系。例如，欧姆定律$V=IR$，已知三个变量中的任意两个就能按照公式求第三个量。

（2）相关关系。有些变量之间既有关系又无确定性关系，即称为相关关系，它们之间的关系式叫回归方程式，最简单的直线回归方程为：

$$\bar{y} = a\bar{x} + b$$

式中，a、b为常数。

根据最小二乘法建立直线回归方程，首先测定一系列x_1，x_2，……，x_n和相对应的y_1，y_2，……，y_n，然后按下式求常数a和b。

$$a = \frac{n\sum xy - \sum x\sum y}{n\sum x^2 - \left(\sum x\right)^2}$$

$$b = \frac{\sum x^2 \sum y - \sum x \sum xy}{n \sum x^2 - \left(\sum x\right)^2}$$

2.相关系数及其显著性检验

（1）相关系数r。r表示两个变量之间关系的性质和密切程度的指标，其值在$-1 \sim +1$之间。公式为：

$$r = \frac{\sum (x - \bar{x})(y - \bar{y})}{\sqrt{\sum (x - \bar{x})^2 \sum (y - \bar{y})^2}}$$

对于环境分析与监测工作中的标准曲线，应力求相关系数$|r| \geqslant 0.9990$；否则，应找出原因，加以纠正，并重新进行测定和绘制。

其中，x与y的相关关系有如下几种情况。

①若x增大，y也相应增大，则称x与y呈正相关，此时$0 < r \leqslant 1$。

②若x增大，y相应减小，则称x与y呈负相关，此时$-1 \leqslant r < 0$。

③若x与y的变化无关，则称x与y不相关，此时$r = 0$。

（2）相关系数显著性检验。

（3）计算r值。

$$r = \frac{\sum (x - \bar{x})(y - \bar{y})}{\sqrt{\sum (x - \bar{x})^2 \sum (y - \bar{y})^2}}$$

（4）按给定的n和a查相关系数临界值表得r_a。

（5）比较r和r_a。

若$|r| > r_a$时，线性相关，根据回归直线方程绘制的直线才有意义；反之，不存在线性关系。

第四节　实验室质量控制

实验室质量控制包括实验室内部质量控制和实验室间质量控制两部分。常用的方法有分析标准样品以进行实验室之间的评价和分析测量系统的现场评价等。

一、基本概念

（一）准确度

用同一方法自某一总体反复抽样时，或自同一（或均匀）样本用同一方法反复测量时，各观测值（x_i）离开观测平均值（x'）的程度。数据越分散，准确度越差。引起数据分散的随机误差作为反映准确度的定量指标。

（二）精密度

用同一测量方法自某一总体反复抽样时，样本平均值（x'）离开总体平均值（μ）的程度。系统误差越大即二者的偏差越大，则精密度越低。通常将系统误差的大小作为反映精密度高低的定量指标。

由此可见，精密度与准确度分别是对两类不同性质的系统误差和随机误差的描述。只有当系统误差和随机误差都很小时才能说精确度高。精确度是对系统误差和随机误差的综合描述。

对于上述概念，目前国内外尚不完全统一，有的把准确度称为正确度，而把精密度称为准确度；有的把精密度简称为精度，而有的则把精确度简称为精度。尽管在名词的称谓上有所差异，但其所包含的内容（系统误差与随机误差对测量结果影响的程度）是完全一致的。

（三）灵敏度

灵敏度指某方法对单位浓度或单位量待测物质变化所产生的响应量变化程度。它可以用仪器的响应量或其他指示量与对应的待测物质的浓度或量之比来描述。如分光光度法，常用校准曲线的斜率度量灵敏度。K值越大，灵敏度越高。灵敏度与实验条件有关。

（四）检出限

检出限是指对某一特定的分析方法在给定的可靠程度（置信度）内可以从样品中检出待测物质的最小浓度或最小量。

所谓"检出"是指定性检测，即断定样品中确实存有浓度高于空白的待测物质。

检出上限指与校准曲线直线部分的最高界限点相应的浓度值。

方法适用范围指某一特定方法的检出限到检测上限之间的浓度范围。在此范围内可做定性或定量的测定。

（五）校准曲线

校准曲线指描述待测物质浓度或量与相应的测量仪器响应量或其他指示量之间的定量关系曲线。

标准曲线——用标准溶液系列直接测量，没有经过水样的预处理过程。

工作曲线——所使用的标准溶液经过与水样相同的消解、净化、测量等全过程。

校准曲线的线性范围——某方法校准曲线的直线部分所对应的待测物质的浓度或量的变化范围，称为该方法的线性范围。

标准曲线的绘制方法如下。

（1）配制在测量范围内的一系列已知浓度标准溶液，至少应包括五个浓度点的信号值。

（2）按照与样品测定相同的步骤测定各浓度标准溶液的响应值。

（3）选择适当的坐标纸，以响应值为纵坐标，浓度（或量）为横坐标，将测量数据标在坐标纸上。

（4）通过各点绘制一条合理的曲线。在环境监测中，通常选用它的直线部分。

（5）校准曲线的点阵符合要求|r|＞0.9999时，可用最小二乘法的原理计算回归方程。

（六）空白试验

空白试验也称作空白测定，指除用水代替样品外，其他所加试剂和操作步骤均与样品测定的完全相同的操作过程。空白试验应与样品测定同时进行。空白值的大小和它的分散程度，影响着方法的检测限和测试结果的精密度。

影响空白值的因素包括纯水质量、试剂纯度、试液配制质量、玻璃器皿的洁净度、精密仪器的灵敏度和精确度、实验室的清洁度、分析人员的操作水平和经验等。

二、实验室内部质量控制

实验室内部质量控制，是实验室自我控制质量的常规程序，它能反映、分析质量的稳定性如何，以便及时发现分析中的异常情况，随时采取相应的校正措施。其内容包括空白试验、校准曲线核查、仪器设备的定期标定、平行样分析、加标样分析、密码样品分析和编制质量控制图等。

三、实验室间质量控制

实验室间质量控制包括分发标准样对诸实验室的分析结果进行评价、对分析方法进行协作实验验证、对加密码样进行考察等。它是发现和消除实验室间存在的系统误差的重要措施。通常由常规监测以外的中心监测站或其他有经验的人员执行，以便对数据质量进行独立评价，各实验室可以从中发现所存在的系统误差等问题，以便及时校正、提高监测质量。

参考文献

[1] 孙成，鲜启鸣.环境监测[M].北京：科学出版社，2019.

[2] 奚旦立主编.环境监测[M].北京：高等教育出版社，2019.

[3] 李理，梁红.环境监测[M].武汉：武汉理工大学出版社，2018.

[4] 卢洪友，刘啟明，祁毓.中国环境保护税的污染减排效应再研究：基于排污费征收标准变化的视角[J].中国地质大学学报（社会科学版），2018，18（05）：67-82.

[5] 胡冠九，陈素兰，王光.中国土壤环境监测方法现状、问题及建议[J].中国环境监测，2018，34（02）：10-19.

[6] 刘佳奇.环境保护税收入用途的法治之辩[J].法学评论，2018，36（01）：158-166.

[7] 王海芹，高世楫.生态环境监测网络建设的总体框架及其取向[J].改革，2017（05）：15-34.

[8] 王桥，刘思含.国家环境遥感监测体系研究与实现[J].遥感学报，2016，20（05）：1161-1169.

[9] 竺效，丁霖.绿色发展理念与环境立法创新[J].法制与社会发展，2016，22（02）：179-192.

[10]吴文晖，于勇，雷晶，等.我国环境监测方法标准体系现状分析及建设思路[J].中国环境监测，2016，32（01）：18-22.

[11]康晓风，于勇，张迪，等.新形势下环境监测科技发展现状与展望[J].中国环境监测，2015，31（06）：5-8.